U0169039

济阳坳陷石油地质条件研究进展

JIYANG AOXIAN SHIYOU DIZHI TIAOJIAN
YANJIU JINZHAN

郭元岭　王惠勇　张飞燕　何　娟　著

中国地质大学出版社
ZHONGGUO DIZHI DAXUE CHUBANSHE

图书在版编目(CIP)数据

济阳坳陷石油地质条件研究进展/郭元岭等著.—武汉:中国地质大学出版社,2022.5

ISBN 978-7-5625-5259-8

Ⅰ.①济⋯

Ⅱ.①郭⋯

Ⅲ.①坳陷-含油气盆地-石油地质学-研究-济阳县

Ⅳ.①P618.130.2

中国版本图书馆 CIP 数据核字(2022)第 073123 号

| 济阳坳陷石油地质条件研究进展 | 郭元岭　王惠勇
张飞燕　何　娟 | 著 |

责任编辑:韩　骑　　　　选题策划:张晓红　韩　骑　　　　责任校对:张咏梅

出版发行:中国地质大学出版社(武汉市洪山区鲁磨路 388 号)	邮编:430074
电　　话:(027)67883511　　传　真:(027)67883580	E-mail:cbb@cug.edu.cn
经　　销:全国新华书店	http://cugp.cug.edu.cn
开本:787 毫米×1092 毫米　1/16	字数:299 千字　印张:12.25
版次:2022 年 5 月第 1 版	印次:2022 年 5 月第 1 次印刷
印刷:武汉中远印务有限公司	
ISBN 978-7-5625-5259-8	定价:128.00 元

如有印装质量问题请与印刷厂联系调换

前　言

    自从 1961 年东营凹陷华 8 井突破发现以来,济阳坳陷已经走过了 60 多年的石油勘探历程。在经历了初期探背斜、钻断块的构造油气藏勘探阶段,20 世纪 80 年代至 90 年代初期的复式油气聚集带勘探阶段,20 世纪 90 年代中后期至 21 世纪初近 20 年的隐蔽油气藏勘探阶段之后,济阳坳陷目前已经全面进入了寻找复杂岩性、复杂地层、复杂断块、复杂潜山等类型油气藏的后隐蔽油气藏勘探阶段,整体处于中高勘探程度,已成为陆相断陷盆地成熟探区的典型代表。

    在济阳坳陷石油勘探过程的不同阶段,不同领域的科研人员分别从各自的学科专业出发,对济阳坳陷的石油地质成藏条件进行了多层次、多角度的反复研究。研究成果与认识在勘探实践中反复被检验、被证实、被修正、被提升,有效地指导了不同地区、不同层系、不同类型油气藏的勘探部署与发现。济阳坳陷石油勘探充分体现了实践—认识—再实践—再认识的循序渐进过程,在陆相断陷盆地的地层序列、构造演化、沉积储层,以及油气生成、运移、聚集、成藏等方面均形成了具有代表性的地质认识,为济阳坳陷 50 多亿吨石油地质储量的发现与探明奠定了雄厚的理论基础。

    有鉴于此,本书作者通过大量调研济阳坳陷 2000 年以来的期刊论文、学位论文,共同撰写了这本《济阳坳陷石油地质条件研究进展》。

    本书共分为五章,第一章主要介绍了济阳坳陷近年来在沉积地层方面的研究成果,由王惠勇撰写;第二章主要介绍了构造层划分、构造演化、典型构造类型等方面的研究认识,由何娟撰写;第三章重点介绍了变质岩、海相碳酸盐岩、湖相碳酸盐岩、低渗透致密砂岩以及火山岩等复杂类型储层的岩性、物性及分布特征等方面的研究进展,由王惠勇撰写;第四章重点介绍了下古生界海相、上古生界海陆过渡相、中生界陆相、古近系咸水—淡水湖相烃源岩的最新研究成果,由张飞燕撰写;第五章主要介绍了济阳坳陷的温压场与地层水特征,以及油气运移动力、油气成藏期次、油气输导体系与盖层等成藏地质条件,着重介绍了当前阶段的主要勘探类型,由郭元岭撰写。全书由郭元岭最终统稿。

    本书的顺利完成,得益于参考文献中每位作者的真知灼见和专业智慧,在此一并表示真挚的感谢。

    本书内容涵盖了近年来济阳坳陷石油地质条件研究新认识的各个方面,专业性强,内容丰富,资料翔实,行文流畅,通俗易懂,图文并茂,可作为油气勘探地质专业相关人员、高等院校相关专业师生的参考书。由于作者水平有限,书中难免出现不妥之处,敬请广大读者批评指正。

笔者

2022 年 3 月

目　录

第一章　沉积地层

　　沉积相是沉积物形成时的气候环境、物源条件、地形地貌、水体特征及形成的沉积体系的总和。加里东、印支运动导致济阳坳陷志留纪、泥盆纪、三叠纪地层完全缺失。济阳坳陷其他地层序列较为完整。经过多期构造运动形成了不同的盆地类型与沉积条件，发育了复杂多样的沉积相与地层序列(见表 1-1)。

表 1-1　济阳坳陷构造层序及要素(据潘元林等,2003,修改)

构造层序	地层层序		沉积速率/(mm·ka⁻¹)	三级层序	火成岩特征	断层及褶皱几何学	构造演化阶段	
顶层	Qp		255		以霞石碱玄岩为主,次为碱性玄武岩,局部安山岩	断层活动弱,披覆背斜发育	拗陷阶段	
	Nm		355					
	Ng		45					
上层	Kz	Ed		6	碱性玄武岩为主,次为霞石碱玄岩、拉斑玄武岩	NE、ENE、NW、WNW、SN 和 EW 向断层及其组合断层带发育,断层带内滚动背斜,同沉积褶皱,调节地垒、走向斜坡及调节背斜发育,早期 NE 向断裂带伴有 SN 向逆冲断层	扭张断陷阶段	断陷Ⅳ幕
		E₂₋₃s	E₂₋₃s¹	129	5				断陷Ⅲ幕
			E₂₋₃s²上					
			E₂₋₃s²下	237	4			
			E₂₋₃s³		3				断陷Ⅱ幕
					2			
			E₂₋₃s⁴		1			
下层		E₁₋₂k	E₁₋₂k¹	260		拉斑玄武岩为主,其次为碱性玄武岩	NW 向负反转断层为主,间以 SN 向左旋扭张断层,局部地区可能存在 ENE 向压性构造(如逆冲断层)	负反转阶段	断陷Ⅰ幕
			E₁₋₂k²					
			E₁₋₂k³					
	Mz	K₂			钙碱性玄武岩为主,次为拉斑玄武岩及碱性玄武岩等			
		K₁		<30				
		J₃				NW 向负反转断层为主		
基底层		J₁₋₂				NW 向逆断层及褶皱	逆冲造山阶段	
	Pz	C-P		<10	中、酸性侵入岩	一般认为没有大规模断层和褶皱作用	被动大陆边缘	
		∈-O						
	Ar	ArT			基性及中、酸性侵入岩	NW 向逆断层及褶皱	安地斯造山阶段	

第一节 太古宇

济阳坳陷内部结晶基底属于新太古代,钻井岩芯锆石 U－Pb 测年为 2540～2500Ma(刘宁等,2009),名称上统一使用现今鲁西隆起露头区岩石地层单位——泰山群,泰山群地质年龄为 2760～2515Ma。

近年来,泰山群岩石性质、来源及内部差异的研究有了重要进展。研究发现济阳坳陷太古宇结晶基底是一套原岩为巨厚砂质、钙泥质、泥砂质碎屑岩沉积,经历了中压角闪岩相中深变质作用,形成了黑云斜长片麻岩、斜长角闪岩、变粒岩、黑云片岩等,经后期的混合岩化作用,形成了目前的结晶基底。钻井揭示的太古宇岩石类型,以二长花岗岩、花岗闪长岩等岩浆岩为主,变质岩较少。

通过对鲁西南隆起泰山群露头及济阳坳陷太古宇岩芯研究,发现泰山群岩石内部组成存在较大差异。张鹏飞等(2015)发现济阳坳陷泰山群岩石主要包括两种类型:第一种是以黑云角闪变粒岩及斜长角闪岩为主的区域变质岩,其原岩为一套沉积-火山建造,后经中压角闪岩相区域变质形成;第二种是以二长花岗岩、钾长花岗岩、片麻状花岗岩类及片麻状闪长岩类等为主的岩浆岩,多在新太古代岩浆构造活动中形成。从岩石分布类型看,西部宁津凸起主要为区域变质岩;惠民凹陷主要为中基性花岗岩,埕北—桩西地区主要为二长花岗岩、闪长岩和正长花岗岩岩体(图 1-1)。

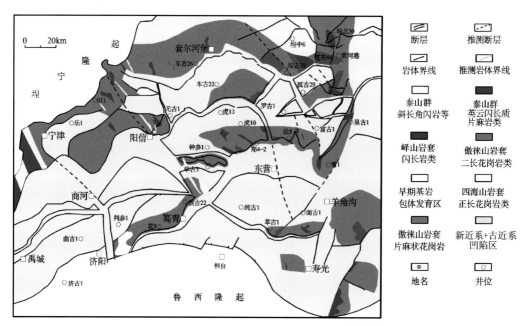

图 1-1 济阳坳陷太古宇岩性分区(据张鹏飞,2015,修改)

王学军等(2016)将泰山群自下而上分为孟家屯组、雁翎关组、山草峪组和柳杭组。孟家屯组为一套成熟度中等的含泥质石英碎屑岩建造。雁翎关组一段为超基性火山岩建造,二、三段为基性火山岩建造,原岩是一套浅海(含石墨)拉斑玄武岩-科马提岩及其伴生岩石组合。

山草峪组为陆源碎屑岩建造,原岩由杂砂岩及泥质岩组成,以杂砂岩占优势,为深海浊积岩沉积,沉积韵律和粒序层理发育。柳杭组为碎屑岩沉积,一段主要以中基性凝灰岩为主,属于中基性火山岩建造,其上部发育基性熔岩,具变余杏仁状气孔充填构造;二段属中酸性火山-沉积建造,由变质中酸性火山岩、变质火山凝灰角砾熔岩、变质中酸性熔岩、英安质凝灰岩和变质砾岩组成,属钙碱性火山岩。

第二节 下古生界

寒武纪—中奥陶世,华北地台稳定沉降,接受了大面积从南向北超覆的浅海相陆表海台地碳酸盐岩沉积。

一、寒武系

济阳坳陷内寒武系与下伏太古宇呈区域角度不整合接触,对应地震反射界面 Tg_2。

寒武纪时期,华北地台遭受海侵,沉积了厚层海相地层,自下而上划分为 7 个地层组:下寒武统馒头组 $\epsilon_1 m$,中寒武统毛庄组 $\epsilon_2 mz$、徐庄组 $\epsilon_2 x$、张夏组 $\epsilon_2 z$,上寒武统崮山组 $\epsilon_3 g$、长山组 $\epsilon_3 c$、凤山组 $\epsilon_3 f$(洪太元等,2004;王永诗,2009),见图 1-2。

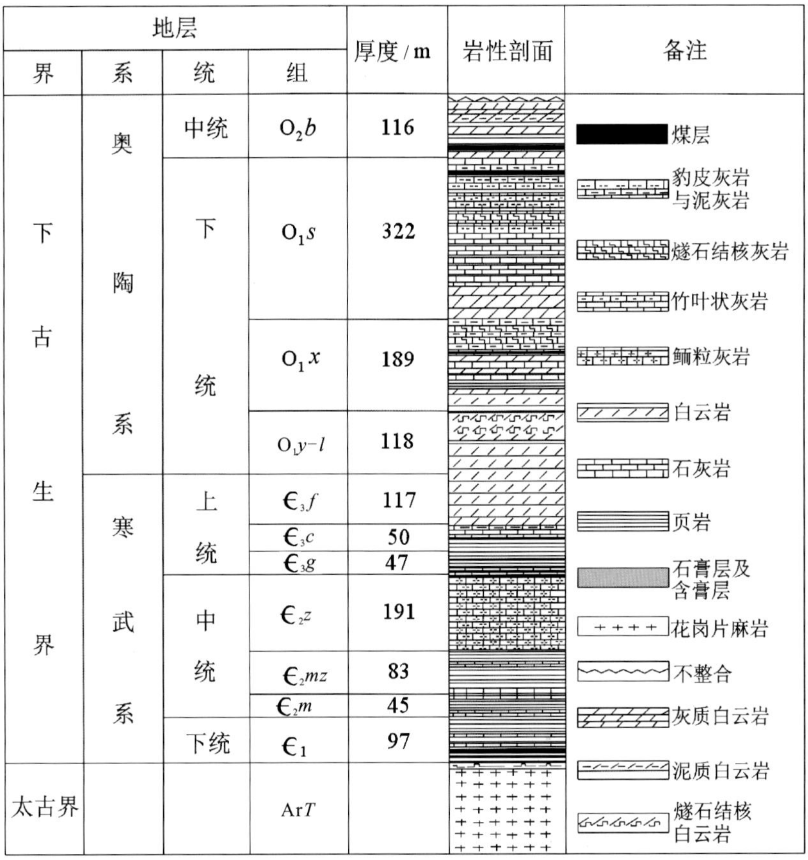

地层				厚度/m	岩性剖面	备注	
界	系	统	组				
下古生界	奥陶系	中统	O_2b	116		■	煤层
		下统	O_1s	322			豹皮灰岩与泥灰岩
							燧石结核灰岩
							竹叶状灰岩
			O_1x	189			鲕粒灰岩
							白云岩
			O_1y-l	118			石灰岩
	寒武系	上统	$\epsilon_3 f$	117			页岩
			$\epsilon_3 c$	50			
			$\epsilon_3 g$	47			石膏层及含膏层
		中统	$\epsilon_2 z$	191			花岗片麻岩
			$\epsilon_2 mz$	83			不整合
			$\epsilon_2 m$	45			灰质白云岩
		下统	ϵ_1	97			泥质白云岩
太古界			ArT				燧石结核白云岩

图 1-2 桩西—埕岛地区下古生界地层综合剖面(据王永诗,2009)

1. 馒头组

下寒武统馒头组是在太古宇长期风化剥蚀面之上沉积的大规模海水侵入的海相地层。海侵初期,地形起伏,海水被阻隔,形成海湾、潟湖等安静的潮上低能环境,沉积了白云岩及蒸发岩类;馒头组沉积晚期,逐步演化为局限海或水下浅滩环境。

馒头组地层厚100～150m,主要分布在陈家庄—埕东一带,岩性主要为泥灰岩、泥晶灰岩和紫红色页岩,偶见白云质砂岩;其他地区以泥晶、粉晶白云岩和紫红色页岩为主。

例如,桩古35井,馒头组地层厚134m。下部28m为细晶—微晶白云岩,含硬石膏及燧石结核;中部66m为紫红色页岩夹微晶白云岩;上部40m主要为灰色微晶灰岩夹薄层紫红色页岩,页岩中含少量粉砂质。本组未见生物化石。

2. 毛庄组

中寒武统毛庄组下部为水下浅滩高能带沉积,向上过渡为潟湖、局限海沉积。

毛庄组地层厚60～90m。滨洲—惠民一带,主要为泥灰岩、页岩、泥岩夹泥质白云岩;陈家庄—孤岛一线向北至桩西,向南至草桥,主要以鲕粒灰岩夹细砂岩为主,除鲕粒灰岩外还有泥晶灰岩、泥质白云岩、页岩等。

例如,草古1井,毛庄组地层厚63m。下部为鲕粒灰岩、含泥质白云岩;上部主要为一套灰紫色、暗紫红色页岩,含粉砂质,富含白云母,夹有薄层灰岩及粉砂岩,生物化石少见。

3. 徐庄组

中寒武统徐庄组页岩中含少量白云母,页理较发育,为潟湖、局限海等低能环境产物;石英砂岩及鲕粒灰岩,属水下浅滩沉积。

徐庄组地层厚80～100m,惠民—埕岛一带以北地区主要为紫灰色、灰绿色页岩夹鲕粒灰岩(义和庄地区);南部大部分地区(王判镇—滨州—孤岛一线以南),主要为紫红—黄绿色粉砂质页岩夹粉砂岩等。含海绿石灰质石英细砂岩是徐庄组标志岩性。

例如,草古1井,徐庄组地层厚99m,主要为一套紫灰色、灰绿色页岩,夹有鲕粒灰岩、泥质粉砂岩。页岩中含有粉砂质及少量的白云母,底部为深绿灰色、深灰色含海绿石石英砂岩,为中、下寒武统的分界层。本组生物化石稀少,主要有三叶虫、软舌螺等。

4. 张夏组

中寒武统张夏组下部为纯净的碳酸盐岩,中、上部泥质含量增高,至顶部则完全演化成为一套泥岩,为水下浅滩至局限海沉积。

张夏组地层厚120～190m,横向上无大变化。

例如,草古1井,张夏组地层厚180m。下部70m主要为一套灰色鲕粒灰岩,鲕粒粗大,肉眼即可鉴定;中部78m为一套灰色微晶灰岩夹薄层黄绿色页岩;上部32m以一套黄绿色页岩为主。本组生物化石有三叶虫、棘皮动物、葛万藻、海绵骨针等。

5.崮山组

上寒武统崮山组可能为局限海沉积,代表了早古生代第二次大规模海侵的开始。

崮山组地层厚50～110m,除在桩西地区发育鲕粒灰岩外,其他地区岩性基本无变化。例如,草古1井,崮山组地层厚101m,以灰色、黄绿色页岩为主,局部页岩为紫红色,夹灰色灰岩、泥质条带灰岩、鲕粒灰岩等。页岩质纯,不含砂质及云母,肉眼观察夹有薄层灰岩。灰岩中含有三叶虫、棘皮动物、灌木藻等化石。该组常见海绿石。

6.长山组

上寒武统长山组为潮间带与潮下带沉积。

长山组地层厚50～100m。惠民—孤岛一线以北地区以泥晶灰岩、泥灰岩为主,次为黄绿色、紫红色泥岩或页岩,以及少量白云岩;桩西地区发育鲕粒灰岩;其他地区主要为泥质灰岩、泥晶灰岩和少量黄绿色泥岩、页岩,夹链条状灰岩、竹叶状灰岩。灰岩中生物化石较多,有三叶虫等。

例如,草古1井,长山组地层厚102m,主要为灰色隐晶灰岩、链条状灰岩、竹叶状灰岩互层,夹鲕粒灰岩、泥质条带灰岩等。生物化石主要为三叶虫,其次为棘皮动物、灌木藻。灰岩以含海绿石为特征。

7.凤山组

上寒武统凤山组属潮下高能带至开阔海沉积。

凤山组地层厚100～160m,除桩西地区有一些鲕粒灰岩沉积外,其他地区均以灰色次生中—细晶白云岩为主,夹泥质条带灰岩、泥—粉晶白云岩,灰岩中生物化石常见。

例如,桩古35井,凤山组地层厚159m,主要为一套灰色次生中—细晶白云岩,夹少量泥质条带白云岩、含生物—砂屑灰岩、鲕粒灰岩等,普遍含海绿石及燧石结核。生物化石主要为三叶虫、棘皮动物及海绵骨针(洪太元等,2004)。

二、奥陶系

济阳坳陷奥陶系以海相碳酸盐岩为主,分布稳定,除冶里—亮甲山组在南部地区受准同生后白云岩化影响外,其余各组基本一致,易于对比。奥陶系与下伏寒武系为平行不整合接触,奥陶系顶面对应地震反射界面 Tg_1。

济阳坳陷缺失上奥陶统,中、下奥陶统自下而上可分为4个组:冶里—亮甲山组 O_1y-l、下马家沟组 O_2x、上马家沟组 O_2s 和八陡组 O_2b(图1-2)。

1. 冶里—亮甲山组

下奥陶统冶里—亮甲山组由于均为次生白云岩,故其原生沉积环境较难判别,从其下部残余的竹叶、鲕粒等结构可看出,原岩应属水下浅滩高能带沉积。

冶里—亮甲山组地层厚80～135m,例如草古1井地层厚104m。济阳坳陷内,下奥陶统均为一套灰色、浅灰色次生结晶白云岩,以中—细晶白云岩为主,次为微晶白云岩;泥质含量较低,常见燧石条带及结核,并常见残余竹叶、残余生物、残余方解石脉等交代残余结构,部分地区见硬石膏。

2. 下马家沟组

下奥陶统下马家沟组底部角砾岩中泥质含量高,为潮间带、潟湖相沉积;往上演变为豹皮灰岩,生物化石丰富,应为低能的开阔海沉积。

下马家沟组地层厚200m,在滨洲—曲堤一带,为灰黄色隐晶白云岩及显微晶白云岩,底部有厚层角砾状白云岩、角砾状灰岩,含石膏;其他地区为深灰色豹皮灰岩、隐晶灰岩夹白云岩,含砂屑、生物。

例如,孤古3井,下马家沟组地层厚237m,可分为三段。下段厚46m,主要为灰黄色隐晶白云岩及显微晶白云岩,底部有厚层角砾状白云岩、角砾状灰岩,陆源碎屑含量较高,是早古生代第三次大规模海侵开始时的沉积,其底界也是中奥陶统与下奥陶统的界线,区域上可以对比。中段厚95m,为深灰色豹皮灰岩、生物—砂(粉)屑灰岩夹薄层灰岩,本段生物及砂(粉)屑含量较高,形成又一个生物集中段。上段厚132m,主要为深灰色豹皮灰岩、隐晶灰岩夹白云岩,含砂屑及生物。

3. 上马家沟组

下奥陶统上马家沟组底部地层泥质含量较高,应属潮间带至潮上带低能环境沉积;中段属正常的开阔海沉积;上马家沟组沉积晚期,海退开始,故其上段地层应属潮下带与开阔海交替沉积的产物。

上马家沟组地层厚200～322m,在北部大王庄地区以含有较多的砾屑灰岩、生物碎屑灰岩、砂屑灰岩为特征;其他地区为灰色厚层含燧石结核灰岩、豹皮灰岩、泥晶灰岩,几乎不含白云岩,灰岩中富含生物化石,保存较好,除常见类型外,海绵骨针也比较多见。

例如,孤古3井,上马家沟组地层厚289m,可分三段。下段厚69m,为灰黄色泥质白云岩夹薄层灰岩,底部有一层角砾状白云岩或角砾状灰岩,为上、下马家沟组的分界线。中段厚140m,为深灰色豹皮灰岩、生物隐晶灰岩、砂屑隐晶灰岩夹少量含燧石结核灰岩,豹斑发育,生物及砂屑在下古生界最发育,含量在10%～50%之间。生物种类主要有棘皮、软体动物,次为腕足类、海绵骨针、三叶虫、介形虫、海松藻,个别井见葛万藻,构成一厚层生物集中段,在博山大蛟龙剖面的深灰色灰岩中含大量的生物碎片,完整的角石、三叶虫化石随处可见。上段厚 80m,为深灰色灰岩、豹皮灰岩及生物、砂屑灰岩,夹少量白云岩,豹斑发育,生物化石较少,含量一般在 10% 左右,种类有棘皮、软体动物、海绵骨针、三叶虫、介形虫等。

4.八陡组

中奥陶统八陡组,早期继承了上马家沟组开始的海退,中间经过一次小规模的海进和海退,其沉积环境由开阔广海沉积逐渐演变成潟湖及潮间带局限海沉积。

八陡组残余厚度在济阳坳陷各地不一致,整体呈现出由东北向西南增厚的趋势。岩性在区域上也有所变化,孤岛—义和庄一带,为灰色砂屑灰岩、生物砂屑灰岩夹灰色隐晶白云岩、含泥质白云岩、细晶灰岩及少量豹皮灰岩,有时含有石盐假晶;其他地区以泥晶灰岩为主,夹泥质条带灰岩、泥—粉晶白云岩,灰岩中生物化石常见。

例如,滨古 11 井,八陡组地层厚 128m,可分三段。下段厚 44m,为浅灰色、灰黄色隐晶灰岩、含泥质白云岩夹豹皮灰岩,见鲕粒灰岩薄层,偶见砂屑和生物,底部有薄层角砾状白云岩,为八陡组与上马家沟组地层分界线。中段厚 44m,为深灰色隐晶白云岩、含泥质白云岩夹薄层灰岩、鲕粒灰岩,局部见白云质泥岩及硬石膏层。上段厚 40m,为灰色砂屑灰岩、生物砂屑灰岩夹灰色隐晶白云岩、细晶灰岩、含泥质白云岩及少量豹皮灰岩,在博山、明水一带见海松藻灰岩,岩石中含硬石膏假晶,个别地区有石盐假晶存在,生物化石有棘皮动物、腕足类、三叶虫、介形虫、海松藻,含量不超过 20%。

第三节 上古生界

中奥陶世,华北地台抬升,结束了早古生代海相沉积,开始了漫长的风化剥蚀,直至晚石炭世才又接受沉积。石炭—二叠纪,该地区经历了海陆交互相→海陆过渡相→河流相的沉积过程(表 1-2)。上古生界主要包括石炭系和二叠系,其中石炭系在中国曾经三分,2001 年后,全国地层委员会改成上下两个统。原来研究区石炭系发育中石炭统本溪组 C_2b 和上石炭统太原组 C_2t,现在统一改为上石炭统本溪组 C_2b 和太原组 C_2t。二叠系分为下二叠统山西组 P_1s、下石盒子组 P_1x,上二叠统上石盒子组 P_2s、石千峰组 P_2sh。上古生界为海陆过渡相沉积,主要发育砂岩、泥岩和煤层,其厚度为 820~1230m。

受多期构造运动的改造,济阳坳陷石炭—二叠系地层具有明显的以无棣—陈家庄凸起为界的南北分带、东西分块、不连续、分割性较强等特征,主要分布于各凹陷斜坡部位,残留厚度为 250~750m,最厚达 1000m。平面上埋深与残留厚度变化较大(图 1-3)。其中,惠民凹陷埋深主要在 3000~5000m,少数埋深 7000~8000m,残留地层厚度为 200~600m,个别厚度达 800m;东营凹陷埋深主要集中在 5000~7000m,厚度为 200~600m;沾化、车镇凹陷埋深集中在 3000~5000m,厚度主要在 200~400m 之间,个别厚度达 1000m;凹陷边缘埋深变浅,深度为 1000~2000m(李增学等,2006;缪九军,2008;杨显成等,2009;贾志明,2016;杨仁超等,2021)。

表 1-2 济阳坳陷石炭—二叠纪地层划分简表(据焦叶红,2006)

地层		组	段	标志层	
				1 级	2 级
侏罗系		坊子组		碳质页岩和薄煤层,地震反射界面 T_f	
二叠系	上二叠统	石千峰组			底部:紫色砂砾岩
		上石盒子组	孝妇河段		
			奎山段		顶部:厚层粗粒石英砂岩
			万山段	顶部:A 层铝土矿 底部:B 层铝土矿	
	下二叠统	下石盒子组			底部:黄绿色长石石英砂岩(S 砂岩)
		山西组		含煤地层	底部:黑灰色海相泥岩
		太原组			下、中、上 3 层石灰岩(上灰岩为该组之顶)
					底部:厚层石英砂岩
石炭系	上石炭统	本溪组		徐家庄灰岩距奥陶系灰岩20m 左右,厚 3~10m;底部:铝土 岩风化壳	南定灰岩:厚 1~2m 草埠沟灰岩:厚 1~2m

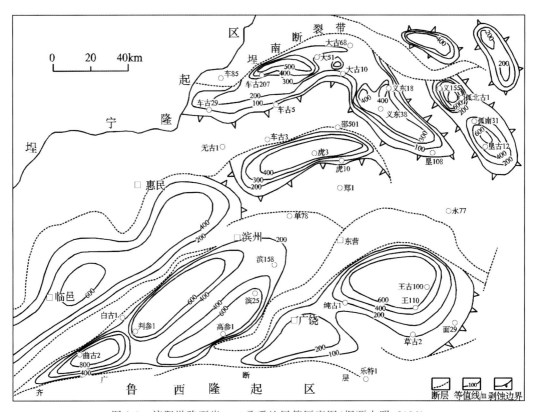

图 1-3 济阳坳陷石炭—二叠系地层等厚度图(据贾志明,2016)

一、石炭系

济阳坳陷缺失下石炭统。上石炭统本溪组、太原组,主要发育障壁岛相、潮坪相、潟湖相等沉积,属于陆相含煤碎屑岩夹海相石灰岩层,砂体不连续分布(图 1-4)。

图 1-4　济阳坳陷本溪—太原期沉积模式图(据贾志明,2016)

1. 本溪组

上石炭统本溪组时期,济阳坳陷北部沉降遭受海水入侵,开始接受沉积,在中奥陶统马家沟组灰岩风化壳不整合面之上,沉积了一套潟湖相、障壁岛相及潮坪相等的浅海碳酸盐岩台地相地层。惠民凹陷西部发育潮坪相,惠民凹陷东部、东营凹陷及沾化凹陷广泛发育碳酸盐岩台地相,车西地区发育障壁岛沉积,车西北部发育小范围潟湖沉积(图 1-5)。

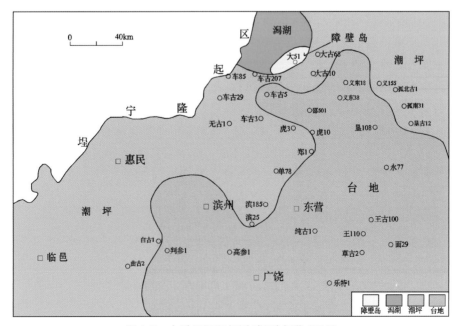

图 1-5　本溪组沉积相图(据贾志明,2016)

受后期抬升剥蚀影响,渤南—郭局子地区本溪组残留厚度为 60～200m,孤南、罗家及其他地区本溪组厚度较稳定,孤北地区大多缺失本溪组。

总体来看,本溪组下部由紫红色—黄褐色和灰色含铁质泥岩(山西式铁矿层)、灰白色铝土岩、铝质泥岩、黏土岩、砂质泥岩等组成,为滨海至浅海相沉积,是中奥陶统风化剥蚀面之上的一套残积层,在济阳坳陷分布不太稳定,厚度变化较大。上部主要为深灰色浅海相生物碎屑灰岩夹灰色砂质泥、页岩和薄煤层。地层厚度一般为 30～50m,西南薄、东北厚。惠民凹陷较薄,如曲古 2 井和曲古 3 井厚度只有 22m;东营凹陷厚度约 40m 左右;孤岛凸起周围厚度可达 60m 左右。本溪组与奥陶系为假整合接触。本溪组厚度变化较大,惠民凹陷厚度较小,车镇厚度中等,沾化凹陷厚度变化大,青城凸起区中等。义和庄一带厚度也较小,垦利地区厚度增大。本溪组整体呈现由西南向东北增厚的趋势。

本溪组发育 2～3 层较为稳定的灰岩,自下而上分别为草埠沟灰岩、徐家庄灰岩、南定灰岩。草埠沟灰岩为褐灰色、浅灰色、灰色生物隐晶灰岩,含海相生物化石及黄铁矿晶粒。徐家庄灰岩为灰色、深灰色厚层生物灰岩,含丰富的海相化石及燧石结核或条带。南定灰岩为灰色、深灰色生物隐晶灰岩。

本溪组发育 1～3 层不稳定薄煤层,富含动植物化石。

草埠沟灰岩、徐家庄灰岩区域分布稳定,易于对比,为区域标志层。特别是徐家庄灰岩厚度大,分布稳定,距下伏奥陶系顶面 20m 左右,层厚 3～10m,是钻井确定奥陶系顶部风化面的标准层。南定灰岩分布不太稳定。

2. 太原组

上石炭统太原组时期,在地壳北升南降的控制下,华北地台海水向东南方向退却,济阳地区海水变浅,陆源碎屑含量增加,发育了一套在气候潮湿、植被发育环境中的陆表海碳酸盐岩台地与潟湖、障壁环境交互相含煤沉积地层,障壁岛相规模及分布范围较本溪组大。惠民凹陷、东营凹陷、车镇凹陷西北部主要发育潟湖相沉积,惠民凹陷东南部、东营凹陷东部及车镇凹陷东部主要发育障壁岛相沉积,平面上呈近平行带状分布。太原组沉积相图见图 1-6。

上石炭统太原组与下伏本溪组为连续沉积,两者的分界为徐家庄灰岩以上的泥岩顶面或不稳定薄层灰岩顶面,与本溪组之间主要依据各自独特的蜓类化石与牙形刺区分。

总体来看,太原组发育浅海—滨海—潮坪—潟湖相沼泽相深灰色、灰黑色泥岩,碳质泥岩与砂岩、页岩互层,夹多层深灰色生物灰岩及煤层。标志层特征十分明显,旋回结构清楚。剖面颜色以深灰色—黑色为主,是石炭—二叠系颜色最深的层组。太原组地层厚度较稳定,一般厚 61～250m,例如,大 678 井、孤古 15 井太原组分别厚 61m、250m,平均厚 170m 左右,主要分布在北部构造运动强烈的地区。

太原组底部为厚层长石石英砂岩,含 5～7 层灰岩,单层厚度为 2～3m。灰岩可划分为三套:下部灰岩为深灰色、褐色薄层生物灰岩,偶见石英、长石等陆源碎屑,厚度为 2～3m;中部灰岩为深灰色、褐灰色薄层含生物隐晶灰岩或生物灰岩,含陆源碎屑,厚度为 2～3m;上部灰岩为灰色、灰黑色生物灰岩,含陆源碎屑,一般由 2～3 层组成,单层厚度在 1m 左右。灰岩层是太原组重要标志层。

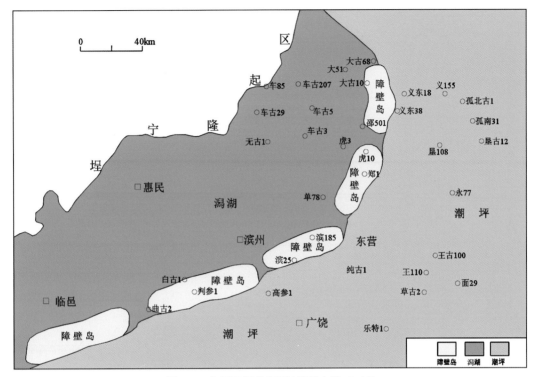

图 1-6 太原组沉积相图(据贾志明,2016)

太原组是济阳坳陷上古生界主要含煤层系,一般含煤 8～10 层,煤层厚 150～220m,是煤成气主要的源岩层段,富含动植物化石。单层煤层厚度一般在 10～20m 之间,个别厚度较大,如义古 30 井厚 41.5m。平面上,煤层自北向南有变薄的趋势;纵向上,下部煤层较好,中部次之,向上逐渐变差。

太原组顶部广泛发育含晚石炭世腕足类化石的黑色泥岩,与上覆山西组底界砂岩界面清楚。

二、二叠系

二叠系沉积时期,济阳坳陷海水基本退出,转变为三角洲、陆地河流沉积环境。济阳坳陷二叠系自下而上分为下二叠统山西组 P_1s、下石盒子组 P_1x,以及上二叠统上石盒子组 P_2s、石千峰组 P_2s。地层厚度为 350～520m。二叠系砂体呈北东-南西向条带状展布。

1.山西组

早二叠世山西组沉积早期,受古亚洲洋和古秦岭洋的俯冲挤压,华北地区北部抬升,海水向西南退却,沉积环境由晚石炭世的浅海过渡到障壁岛—潮坪—潟湖体系,陆源碎屑物质从北部不断向东南部输送至海陆过渡地带,并在济阳地区过渡为三角洲沉积。来自北东方向的分流河道由一条分为两条,一条位于车镇凹陷东北部,止于惠民南坡;另一条位于沾化凹陷,止于陈家庄凸起(图 1-7)。

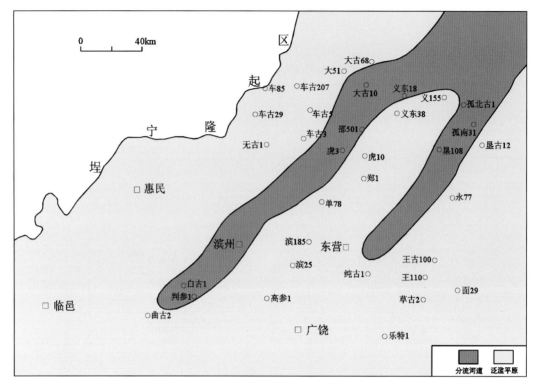

图 1-7　山西组沉积相图(据贾志明,2016)

山西组总体上为一套在温暖、潮湿、植物繁茂气候中形成的障壁海岸沉积地层,主要发育河控浅水三角洲相,另有潟湖、海湾、潮道等沉积相。三角洲平原亚相又可识别出水下分流河道、分流河道间、天然堤、三角洲平原泥炭沼泽等沉积微相,是陆表海盆地充填沉积的上部序列。下二叠统山西组与下伏太原组呈整合接触。

山西组主要是一套三角洲平原相沉积的深灰色及灰色泥岩、砂质泥岩、中细粒石英砂岩与碳质泥岩及煤层组成的多旋回韵律层。下段为以煤层和暗色泥岩为主的良好气源岩,上段为以三角洲平原分流河道砂体为主的有利储层。地层厚度较稳定,一般厚度为 50～90m,平均约为 73m。砂岩中含有菱铁质结核或条带。地层不含海相灰岩,但含灰质砂岩。与太原组相比,山西组砂岩明显变厚。分流河道水动力条件较强,底部常见冲刷面,泥砾、砾石可呈定向排列,岩石粒度向上逐渐变细,呈正粒序,见脉状层理、平行层理、板状层理等。

山西组含煤 3～4 层,厚度在 0～19m 之间,平均约为 6m,富含孢粉化石。与太原组煤层相比,山西组煤层数较少,但主力煤层单层厚度较大,多为中厚—厚煤层。与太原组煤层南薄北厚相反,山西组煤层自北向南加厚。纵向上主力煤层集中于山西组中下部,向上含煤性变差,一般只夹有煤线甚至无煤层。桩古 50、义古 45、孤古 15 等井在山西组没有钻遇煤层。

山西组既与富含海相生物化石的太原组不同,也与较干旱气候和纯陆相环境下沉积的下石盒子组不同。

2. 下石盒子组

下石盒子组沉积时期,海岸线进一步南迁,海水逐步退出华北地区。北部、南部的碰撞造山运动,造成了华北板块周缘高、中间低的地形特征,沉积中心转移至济阳地区,主要物源来自北部阴山地区,沿北东方向河流注入济阳沉积区。曲流河河道呈北东-南西方向分布,经过沾化凹陷和东营凹陷,继续向西南方向的鲁西隆起推进(图 1-8)。在潮湿向干旱环境过渡中下石盒子组沉积了一套曲流河砂岩、粉砂岩、细砂岩和杂色泥岩地层,局部发育煤线,颜色由下部灰色、黄灰、灰绿色逐渐变化到上部紫、灰、黄绿等杂色。

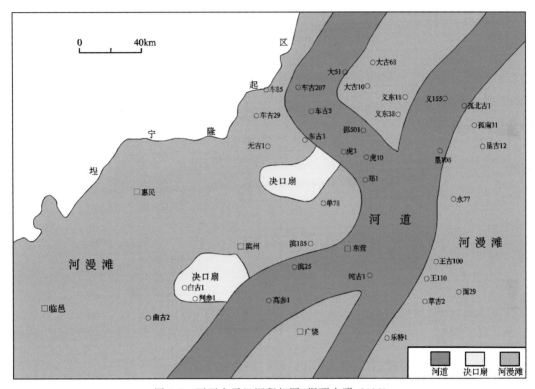

图 1-8　下石盒子组沉积相图(据贾志明,2016)

下石盒子组保存不完整,上部常被剥蚀。地层厚 60～110m,个别可达 200m。下二叠统下石盒子组与下伏山西组呈整合接触。

总体来看,下石盒子组底部发育一套黄绿色巨厚层粗—中粒长石石英砂岩,上部发育灰黄色泥质粉砂岩夹黑—灰色薄层泥岩、碳质泥岩;顶部发育一套灰白色、紫色等杂色铁铝质泥岩(B 层铝土岩),厚度约为 110m。

下石盒子组顶部的 B 层铝土岩,在山东地区广泛发育,与河北唐山地区的 A 层铝土岩、山西及河北西南部的桃花泥岩、河南的大紫泥岩、安徽的泡泡砂岩之上的紫斑铅质泥岩,层位相当,是区域性标志层,也是一个区域性煤成气盖层。

3. 上石盒子组

上石盒子组沉积时期,海水全部退出华北地台,受北部造山运动的挤压抬升,华北地区沉积中心继续南移,济阳地区广泛发育厚度较大的辫状河砂砾岩地层,河道仍然呈北东-南西方向展布,主河道两侧发育大面积河漫滩。

上二叠统上石盒子组与下石盒子组呈整合接触,主要为一套辫状河沉积的黄灰、黄绿色夹紫色陆相不含煤层的碎屑岩地层,主要为暗紫色、灰紫色、紫红色砂岩与泥岩的互层,地层上部夹数层硅质岩和硅质海绵岩。辫状河河床亚相可识别出心滩、河床滞留等微相。心滩水动力条件强,砂岩厚度大、分布广,主要发育含砾砂岩、中砂岩,见槽状层理、沙纹层理及板状层理。

上石盒子组自下而上划分为万山段 P_2s^w(柴煤段)、奎山段 P_2s^k 与孝妇河段 P_2s^x,地层总厚度为 400~500m,其中孝妇河段厚度为 300m 左右。济阳坳陷上石盒子组上部剥蚀较严重,残留不全,有的只保存到万山段,厚度较薄,一般为 0~90m。

万山段:主要发育湖泊相灰黄色、黄绿色厚层砂岩,绿色、紫色砂质泥岩。

奎山段:自下而上砂岩粒度无明显规律,下部主要发育灰白色厚层粗粒长石石英砂岩、泥质粉砂岩,上部发育黄绿色、紫色泥质粉砂岩和泥岩,顶部发育灰黄色、白色巨厚粗粒石英砂岩;奎山段石英砂岩是上古生界的主力储层;发育斜层理。

孝妇河段:主要发育浅灰色泥质粉砂岩,紫色、紫红色泥岩、砂泥岩,局部夹浅灰色砂岩。孝妇河段中上部夹有海湾相等近海过渡相的铝质黏土矿(需查证)沉积,是华北晚二叠世中期大范围海侵在山东的地史记录。

万山段、奎山段、孝妇河段之间均为整合接触关系,自下而上砂岩粒度由粗变细,具有正韵律特征;颜色由黄绿等色逐渐演变为紫红等色,显示气候由潮湿向干旱过渡。

4. 石千峰组

济阳坳陷石千峰组剥蚀严重,分布零星,仅在孤北地区有少量残留,残余地层厚 0~430m。

通过野外露头观察,石千峰组早期发育辫状河、晚期发育滨浅湖相沉积环境,主要发育紫红色、棕红色、灰绿色泥岩与浅紫色砂岩互层,以及淡水泥灰岩,局部发育少量石膏层。其中,淡水泥灰岩与石膏层可以作为本组地层的标志层。大多地区遭受剥蚀。义 135 井残留厚度 200m,钻井显示厚度 0~600m。

石千峰组顶界面发育一套石膏钙核层,覆于泥灰岩之上,与上覆中生界为角度不整合。

总体来看,济阳坳陷本溪组以黏土岩为主,夹有少量粉砂岩及薄煤层,以山西式铁矿和 G 层铝土矿为特征。太原组主要发育泥岩、粉细砂岩和碳质泥岩,中部可见灰岩和薄煤层。山西组主要发育页岩、粉砂岩、粉砂质页岩,以薄煤层为特征,平行层理较发育。下石盒子组主要发育粉砂岩、细砂岩和杂色泥岩,局部发育煤线。上石盒子组发育一套不含煤层的碎屑沉积,主要为砂岩与泥岩的互层。石千峰组剥蚀严重,残留有限,主要发育灰色、紫色泥岩、粉砂岩、淡水泥灰岩,局部发育少量石膏层。

第四节 中生界

一、三叠系

渤海湾地区早、中三叠世继承了海西期台内坳陷的盆地原型,沉积了巨厚地层。沉积厚度横向变化不大,在 2400~2600m。但印支运动使渤海湾地区强烈抬升,济阳坳陷早、中三叠世地层基本被剥蚀,导致济阳坳陷广泛缺失三叠纪地层。

根据济阳坳陷晚古生界 R_o 值的显著变化建立了古成熟度方程,计算出印支运动的剥蚀量,东营、沾化、车镇凹陷的上古/中生界不整合面剥蚀量分别为 3.1~4.1km、2.0~4.1km、3.1~4.1km,平均在 3.5km 左右(陈中红等,2008)。

二、侏罗系

济阳坳陷侏罗—白垩系呈北西走向,厚达 4000~4500m。由于燕山末期遭受抬升剥蚀,且被古近纪北东向断陷切割,因而中生代地层保留较全的地区往往位于古近纪断陷的最深部位。通过剥蚀量计算,侏罗—白垩系在断陷深部剥蚀量较小,约 500m;凸起部位剥蚀量较大,几乎被剥蚀殆尽(图 1-9)。

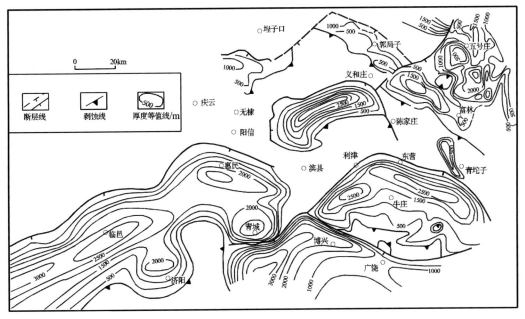

图 1-9 济阳坳陷中生界残留地层等厚图(据王永诗等,2009)

侏罗系与白垩系是构造背景、沉积速率截然不同的两套地层。侏罗纪为逆冲—拉张的过渡期,白垩纪则为初始拉张裂陷阶段(图 1-10)。

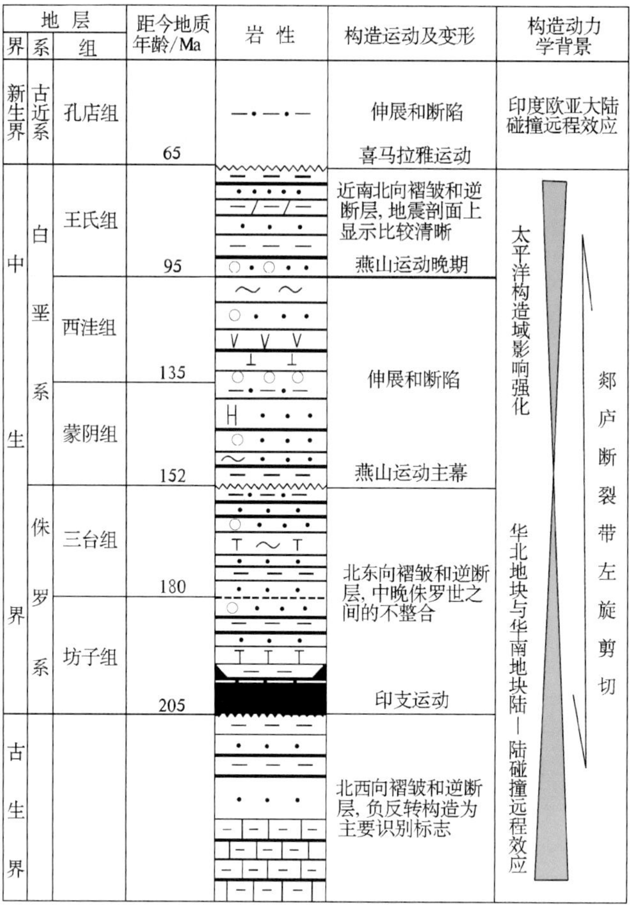

地层			距今地质年龄/Ma	岩性	构造运动及变形	构造动力学背景
界	系	组				
新生界	古近系	孔店组	65		伸展和断陷 / 喜马拉雅运动	印度欧亚大陆碰撞远程效应
中生界	白垩系	王氏组	95		近南北向褶皱和逆断层,地震剖面上显示比较清断 / 燕山运动晚期	太平洋构造域影响强化
		西洼组	135		伸展和断陷	郯庐断裂带左旋剪切
		蒙阴组	152		燕山运动主幕	
	侏罗系	三台组	180		北东向褶皱和逆断层,中晚侏罗世之间的不整合	华北地块与华南地块陆—陆碰撞远程效应
		坊子组	205		印支运动	
古生界					北西向褶皱和逆断层,负反转构造为主要识别标志	

图 1-10 济阳坳陷中生界地层柱状图(据宋明水等,2019,修改)

济阳坳陷侏罗—白垩纪地层岩性变化较大:东部靠近郯庐断裂带,粒度较粗,以含砾砂岩、砾岩、火山碎屑岩为主,夹薄层泥岩,底部发育煤层;西部远离郯庐断裂带,粒度较细,以泥岩、粉砂质泥岩为主。

侏罗纪地层自下而上可划分为中下侏罗统坊子组 $J_{1-2}f$、上侏罗统三台组 J_3s(徐振中等,2005、2007;王建国,2007;程荣,2008;林红梅,2017)。

1.坊子组

中下侏罗统坊子组平行不整合于下伏二叠系地层之上,或角度不整合于下古生界、太古宇地层之上。

早中侏罗世坊子组时期,济阳坳陷被五号桩、孤西、罗西、车西、阳信、石村、滋镇 7 条北西向逆冲断层分割,形成 5 个山间盆地,主要发育河流、三角洲、扇三角洲、滨浅湖和沼泽等沉积相类型(图 1-11、图 1-12),属于温带潮湿气候植物繁盛的环境,沉积了暗色含煤碎屑岩地层,厚 90~300m,主要分布在济阳坳陷东部的南北边缘。K - Ar 法同位素测年,坊子组年龄为199~179Ma。

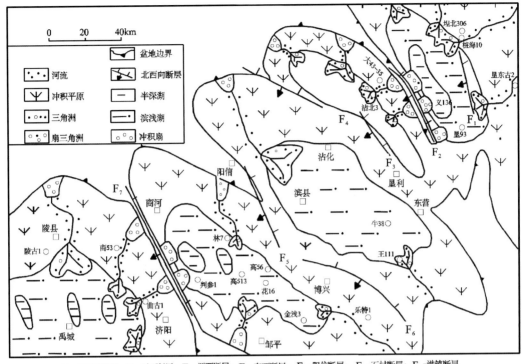

F_1-五号桩断层; F_2-孤西断层; F_3-罗西断层; F_4-车西断层; F_5-阳信断层; F_6-石村断层; F_7-滋镇断层

图 1-11 济阳坳陷早中侏罗世坊子期岩相古地理图(据徐振中等,2007)

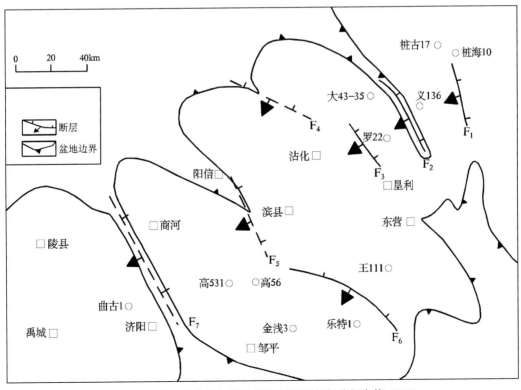

图 1-12 济阳坳陷早中侏罗世构造纲要图(据徐振中等,2005)

北西向断层下降盘(东北侧)为湖盆陡坡带,上升盘(南西侧)为湖盆缓坡带。陡坡带主要发育扇三角洲—半深湖沉积,缓坡带及湖盆北西-南东长轴方向主要发育冲积扇—河流—三角洲—滨浅湖相沉积。总体来看,坊子组湖水较浅,以滨浅湖亚相为主。

坊子组底界为薄层状粗砂岩或含砾砂岩;下部为灰、灰黑色、灰绿色泥岩、碳质泥岩夹硬砂岩,煤层发育且分布广泛;中部为灰色、灰紫色泥岩,细砂岩,硬砂岩夹碳质泥岩和煤层;上部为灰色砂岩、硬砂岩和紫色泥岩夹薄层碳质泥岩和煤层。

2. 三台组

上侏罗统三台组与下伏坊子组呈平行不整合关系。

三台组时期,济阳地区被7条北西向断层分割为5个山间坳陷,沉积了一套干旱气候中冲积扇—河流相沉积的厚层紫红色粗碎屑岩地层,几乎遍布全区(图1-13、图1-14)。地层厚度一般为200~300m,最厚可超过500m。K-Ar法同位素测年,三台组年龄为175~166Ma。

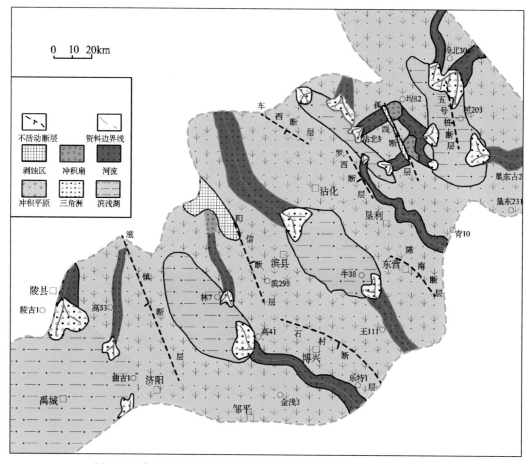

图1-13　济阳坳陷中生界三台组原型盆地沉积相图(据王建国,2007)

总体来看,三台组以紫红色、灰紫色泥岩和灰色白云质泥岩、白云质粉砂岩、硬砂岩互层为主,底部有厚层紫红色含砾砂岩或砾岩,上部较细,泥岩增多,有煌斑岩穿插。

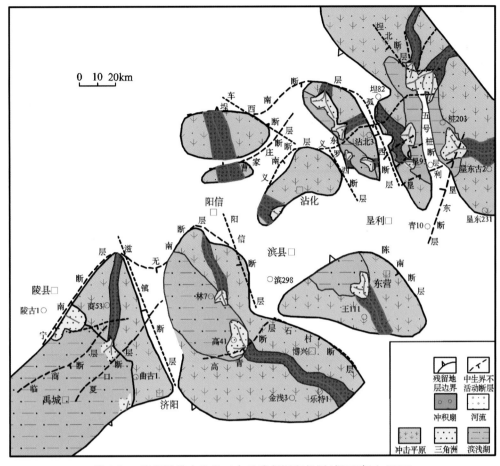

图 1-14　济阳坳陷中生界三台组残留沉积相图(据王建国,2007)

三、白垩系

济阳坳陷白垩系仍然分布在北西向断层控制的块断盆地中,自下而上可划分为下白垩统蒙阴组 K_1m、西洼组 K_1x,上白垩统王氏组 K_2w,现今残留地层最厚达 2500m(徐振中等,2006;王建国,2007;程荣,2008)。

1.蒙阴组

下白垩统蒙阴组与下伏三台组之间呈角度不整合接触关系。

蒙阴组时期,济阳坳陷发育北西向负反转正断层控制的山间断陷盆地,断层上升盘(东北侧)发育冲积扇—河流—三角洲相沉积体系,地层厚度较薄;下降盘(南西侧)发育扇三角洲—滨浅湖相沉积体系,地层厚度较厚。总体上为一套温带—亚热带半干旱气候中的红色碎屑岩沉积及火山岩地层,全区分布,纵向上可分为两段,构成下粗上细的正旋回。地层厚度一般为200m,最厚可超过 600m(图 1-15、图 1-16)。这一时期,渤海湾盆地构造活动剧烈,火山喷发频繁。K-Ar法同位素测年,蒙阴组年龄为 141~138Ma。

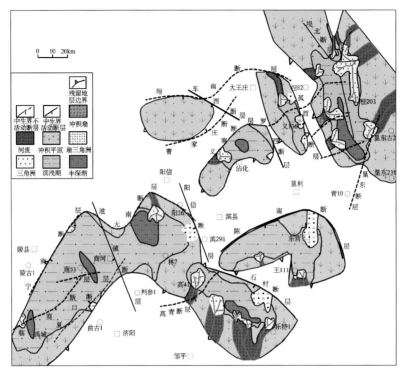

图 1-15　济阳坳陷中生界蒙阴组残留沉积相图（据王建国，2007）

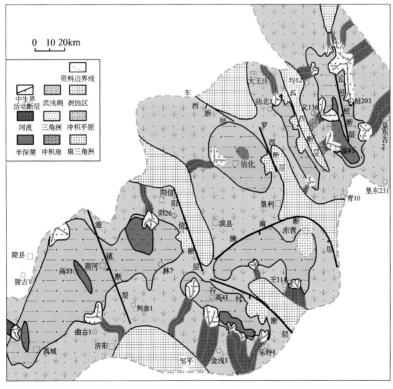

图 1-16　济阳坳陷中生界蒙阴组沉积相图（据王建国，2007）

蒙阴组以凝灰质含砾粗砂岩、粗砂岩和岩屑砂岩为主,夹灰、深灰色泥岩,白云质泥岩及玄武岩,玄武质安山岩,下段粒度偏粗、上段较细。蒙阴组地层生物化石极为丰富,灰绿、灰色等暗色细粒沉积物开始出现。

2. 西洼组

下白垩统西洼组与下伏蒙阴组呈整合接触。

西洼组早期,为强烈断陷阶段,断裂活动仍以北西向正断层为主,沉积了浅灰色安山岩夹灰绿色凝灰岩、紫色泥岩和砂质泥岩地层。西洼组末期,断陷湖盆范围逐渐萎缩,沉积了棕红色泥岩、杂色泥岩、砂质泥岩夹灰白色泥岩地层。西洼组总体为一套温带—亚热带半干旱气候中沉积的河流、冲积扇体系,在济阳坳陷分布广泛。西洼组的典型特征是火山岩极为发育,见大量厚层安山岩、玄武岩(图 1-17、图 1-18)。地层厚度为 50~280m。K-Ar 法同位素测年,西洼组年龄为 122~104Ma。

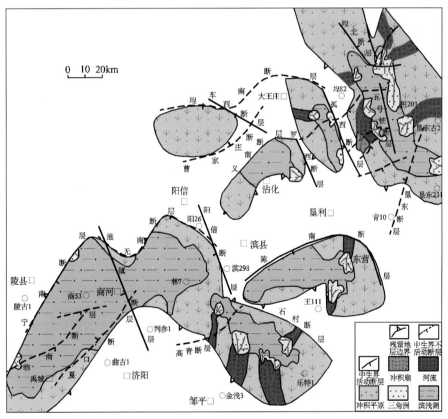

图 1-17　济阳坳陷中生界西洼组残留沉积相图(据王建国,2007)

3. 王氏组

上白垩统王氏组与下伏蒙阴组为连续沉积,是一套在干燥的亚热带半干旱气候中沉积的由冲积扇向河流相过渡的碎屑岩地层。下段以红色含砾砂岩为主,上段主要为紫色泥岩、棕

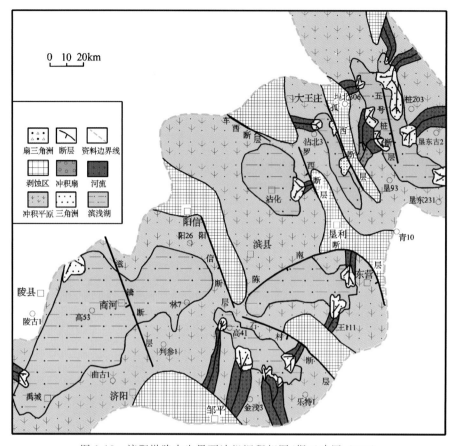

图 1-18　济阳坳陷中生界西洼组沉积相图（据王建国，2007）

红色泥质粉砂岩夹灰色含膏泥岩，露头区局部发育火山岩，常见耐旱植物。坳陷区王氏组分布较局限，仅在林樊家地区林 4 井有钻遇，地层厚度 391m。

第五节　新生界

济阳坳陷新生界与下伏地层为区域性角度不整合接触，对应区域地震反射界面 Tr。下伏地层包括中生界、古生界或太古宇，多数褶皱变形或高角度倾斜，不同地域有上超、下超和对下伏层的削蚀、削截及断层破裂的错落现象。该界面全区发育且易于追踪对比，连续性中等到较好，振幅中等偏强，在地震剖面上常呈双轨出现。

济阳坳陷新生代存在古近纪的断陷活动期、新近纪的拗陷活动期，发育了古近纪的断陷层与新近纪的坳陷层。

一、古近系

济阳坳陷古近纪地层分布广、厚度大，最深可达 7000m 以上，由凹陷中心向边缘地带减薄，至凸起处厚度仅为几米。从演化过程来看，济阳坳陷古近纪经历了孔店构造转型期、沙河街组断陷发育期、东营末期构造反转期 3 个发展阶段。根据岩石学和古生物特征，古近系可分为孔店组 $E_{1-2}k$、沙河街组 $E_{2-3}s$、东营组 E_3d（图 1-19）。

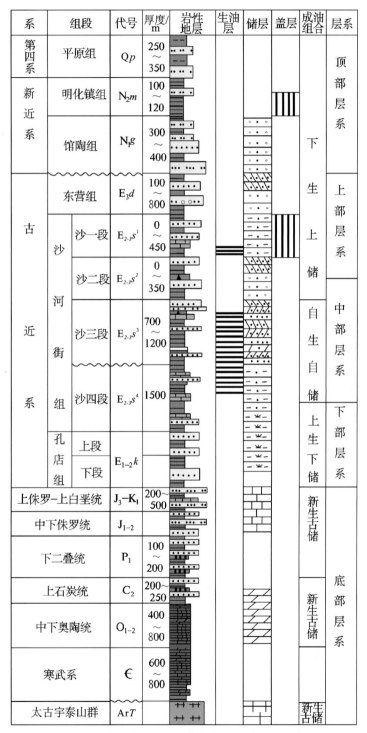

图 1-19　济阳坳陷地层综合柱状图（胜利油田资料）

（一）孔店组

古新统—早始新统孔店组超覆于下伏的中生代地层之上。中生界与孔店组之间的区域不整合面，为区域标准地震反射界面 Tr。

孔店组沉积盆地既受燕山期郯庐断裂左行平移的影响，又受喜马拉雅期郯庐断裂右行平移的影响，形成了介于北西向构造与北东向构造之间、总体呈现北断南超的小型零星断陷湖盆，湖盆长、短轴长度相当。北部断裂活动强烈，南部断裂活动缓慢。北部断裂下降盘开始出现小型汇水湖盆，湖盆逐渐向南扩张，在南部形成冲积平原和滨浅湖沉积，北部则形成近岸水下扇和深湖环境。

孔店组是济阳断陷盆地初期在干旱环境中沉积的一套河流、滨浅湖相红色陆相碎屑岩，称为"红层"，地层厚度一般为 $200\sim2600m$，平均为 $1000m$ 左右；埋藏深度差别较大，从盆地边缘的几百米到盆地中央的几千米，最大埋藏深度可达 $7000m$ 以上；地质年龄为 $65\sim50.5Ma$。

孔店组地层主要分布在惠民、东营凹陷，沾化、车镇凹陷仅零星分布。惠民凹陷孔店组沉积中心在阳信洼陷，厚 $2600m$，北以宁津、无棣断层为界，西到商河，东到林樊家，南到王判镇；另一沉积中心在盘河地区，最厚达 $2200m$。东营凹陷沉积中心在牛庄洼陷郝科 1 井的东南方向，厚 $2000m$。沾化凹陷的流钟洼陷也沉积了相当厚的孔店组地层。孔店组沉降速度约为 $250m/Ma$。

孔店组火成岩以亚碱性系列为主，主要有玄武岩、玄武安山岩、安山岩，次为碱性玄武岩及苦橄岩类。

孔店组依据岩石学及古生物学特征，自下而上分为 3 段：孔店组三段（孔三段）$E_{1-2}k^3$、孔店组二段（孔二段）$E_{1-2}k^2$、孔店组一段（孔一段）$E_{1-2}k^1$（陈洁，2003；袁伟文，2011；谭先锋等，2016）。

1. 孔三段

孔三段以灰绿色、紫灰色厚层玄武岩为主，夹少量紫红色、灰绿色及灰色泥岩，砂质泥岩，发育膏盐。

2. 孔二段

孔二段上部碳质页岩顶部的地震反射界面为 T_8。

孔二段主要沉积一套暗色湖相灰色、深灰色泥岩夹砂岩，含砾砂岩、油页岩、碳质泥岩等。东营凹陷中央背斜带的郝科 1、胜科 1、王 46 等井区，主要发育粉砂岩和砂质泥岩等，膏盐沉积较少。

恢复孔二段原型盆地发现，济阳坳陷主要发育东营、沾化、惠民 3 个沉降中心。地层厚度最大处位于惠民凹陷滋镇洼陷，可达 $2800m$ 以上（图 1-20）。

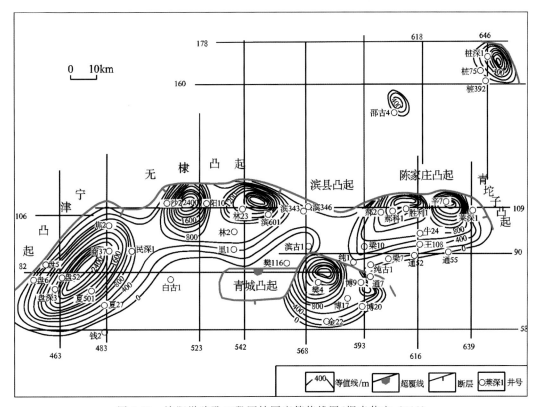

图 1-20　济阳坳陷孔二段原始厚度等值线图(据袁伟文,2011)

3. 孔一段

孔一段主要发育棕红色砂岩与紫红色泥岩不等厚互层,夹少量绿色泥岩。下部见较多的灰色砂岩,自下而上砂岩逐渐变细、厚度减薄。上部常有含膏泥岩及薄层石膏和钙质砂岩成组出现。凹陷内孔一段岩性变化较大,北部为粗碎屑,中央为黏土和膏盐沉积,缓坡以细粒砂岩和黏土岩类为主。滨浅湖环境中砂泥岩韵律互层尤为发育。

孔一段原型盆地地层厚度最大位于阳信洼陷南部,可达 3800m 以上。惠民、东营地区继承了孔二段盆地形态,沾化地区则受本期构造运动影响开始沉降(图 1-21)。

(二)沙 河 街 组

沙河街组分为 4 段:沙河街组四段(沙四段)$E_{2-3}s^4$、沙河街组三段(沙三段)$E_{2-3}s^3$、沙河街组二段(沙二段)$E_{2-3}s^2$、沙河街组一段(沙一段)$E_{2-3}s^1$。

1. 沙四段

中始新统沙四段局部超覆于孔店组之上,两者之间的界面为区域标准地震反射界面 T_7。

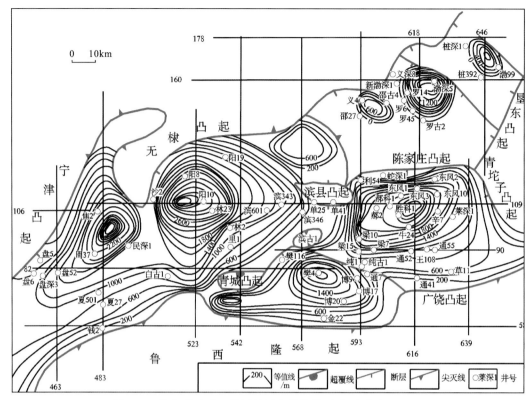

图 1-21　济阳坳陷孔一段原始厚度等值线图(据袁伟文,2011)

沙四段是古近纪断陷盆地发展阶段,在由干旱—半干旱向温暖湿润气候转变过程中沉积的湖相地层,最大沉积厚度在东营凹陷,为 2600m,其他凹陷沉积中心也可达千米,湖盆长轴方向主要是北东向,沾化凹陷受之前北西向构造影响近于等轴展布,地质年龄为 50.5~42Ma 。

沙四段火山岩发育,临邑、商河、阳信、滨南、草桥、邵家等地均出现大面积分布的火山锥叠合体。

沙四段地层自下而上可分为 2 个亚段:沙四下 $E_{2-3}s^{4下}$、沙四上 $E_{2-3}s^{4上}$(陈洁,2003;王广利,2010)。

(1)沙四下。沙四下亚段为干旱—半干旱气候中沉积的扇三角洲、浅水盐湖相地层,为紫红色泥岩夹棕色、棕褐色粉砂岩、砂质泥岩以及薄层碳酸盐岩。在凹陷北部陡坡带发育砂岩与砂砾岩,砂砾岩厚度百分含量可达 60%~70%。沙四下地层厚度较小。凹陷东部发育数量不等的盐岩及石膏夹层。

孔店组—沙四下沉积时期,惠民、东营凹陷沉积速率最大,分别为 0.19mm/a、0.15mm/a;车镇、沾化凹陷沉积速率较小,分别为 0.08mm/a、0.05mm/a(表 1-3)。

表 1-3 济阳坳陷古近纪各凹陷沉积速率表(据苏宗富等,2008) 单位:mm/a

时代	类别	东营凹陷	惠民凹陷	沾化凹陷	车镇凹陷
E_3d 沉积期	范围	0.04~0.14	0.04~0.12	0.04~0.20	0.06~0.20
	平均	0.09	0.08	0.12	0.13
$E_{2-3}s^1$ 沉积期	范围	0.04~0.14	0.04~0.12	0.04~0.12	0.04~0.12
	平均	0.09	0.08	0.08	0.08
$E_{2-3}s^2$ 沉积期	范围	0.04~0.12	0.04~0.14	0.02~0.10	0.04~0.14
	平均	0.08	0.09	0.06	0.09
$E_{2-3}s^3$ 沉积期	范围	0.14~0.50	0.12~0.43	0.07~0.33	0.07~0.33
	平均	0.32	0.28	0.20	0.20
$E_{2-3}s^{4上}$ 沉积期	范围	0.04~0.10	0.06~0.20	0.025~0.08	0.02~0.05
	平均	0.07	0.13	0.05	0.035
$E_{1-2}k$—$E_{2-3}s^{4下}$	范围	0.07~0.24	0.08~0.31	0.02~0.08	0.04~0.12
沉积期	平均	0.15	0.19	0.05	0.08

(2)沙四上。沙四下与沙四上之间呈角度不整合接触,区域标准地震反射界面为 T_7',是一个初始湖泛面。

对比济阳坳陷古近纪湖平面与全球海平面变化,可以看出沙四上、沙三下、沙一下沉积时期的湖侵与全球海侵吻合(图 1-22)。

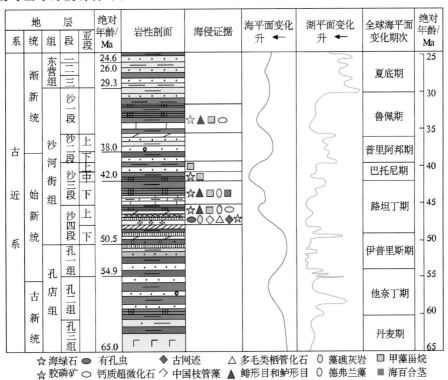

图 1-22 济阳坳陷古近纪湖平面升降曲线与全球海平面升降曲线对比(据袁文芳等,2006,修改)

沙四上—沙三下地层中的$^{87}Sr/^{86}Sr$值为0.707 6~0.709 9,属于同时期海相锶同位素的范围;沙四上$\delta^{34}S$为15‰~24‰,属于同期海相硫同位素范围(袁波等,2008)。

海绿石是海相沉积的标志,沾车地区沙四上、沙三中下、沙二底部、沙一底部均见到分布较集中的原生海绿石(葛瑞全,2004)。

济阳坳陷3个咸化层段沙四上、沙三下、沙一下均发育了较高丰度的甲藻甾烷和C_{31}甾烷,推测此3个层段的咸化与海侵相关(袁文芳等,2008)。这3个层段也分别发育了一套优质烃源岩。

总体来看,沙四上亚段为温暖湿润气候中沉积的咸水湖相地层,由于断陷活动逐渐加强,湖盆面积不断扩大,早期盐度可达4%,之后逐渐降低,主要包括渤南、孤北、东营3个沉积中心。沙四上沉积时期,惠民凹陷沉积速率最大,为0.13mm/a;东营、沾化、车镇凹陷沉积速率较小,分别为0.07mm/a、0.05mm/a、0.035mm/a(表1-3)。

沙四上亚段下部以蓝灰色泥岩、灰白色盐岩石膏层为主,夹深灰色泥质白云岩及少量灰色、紫红色泥岩;蓝灰色泥岩多集中在上段,盐岩石膏层多集中在中下段。上部主要为深灰色、灰褐色泥岩,油页岩,泥质灰岩和灰岩互层,顶部夹生物灰岩和白云岩。在北部陡坡带沉积了厚度不等的砂砾岩体,缓坡带广泛发育滩坝砂岩、灰岩、白云岩夹薄层油页岩,洼陷带则发育有泥岩、泥灰岩及油页岩等。

沙四上早期,在断陷湖盆的缓坡构造带,湖水频繁震荡、变迁,受古地貌、古水动力、古湖水面变化的共同控制,广泛发育了滩坝砂体,展布面积超过1200km²(图1-23)。

沙四上时期,海侵导致湖水咸化,济阳断陷还广泛发育湖相碳酸盐岩,往往呈环带状分布

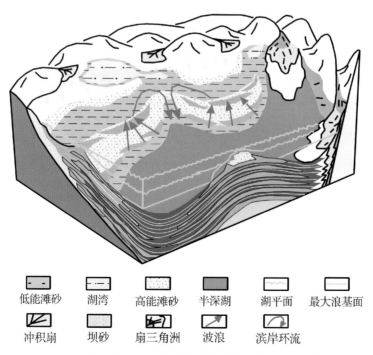

图1-23　滨浅湖滩坝"三古"控砂模式(据张善文,2012)

于斜坡断裂带(图1-24)。其中,缓坡带分布广,以滨浅湖相碎屑灰岩、鲕粒灰岩为主,经常与砂岩滩坝相间发育。水下隆起处发育生物礁体。洼陷带由于水体较深不利于形成碎屑碳酸盐岩,一般发育泥灰岩、泥晶灰岩、泥晶白云岩等。

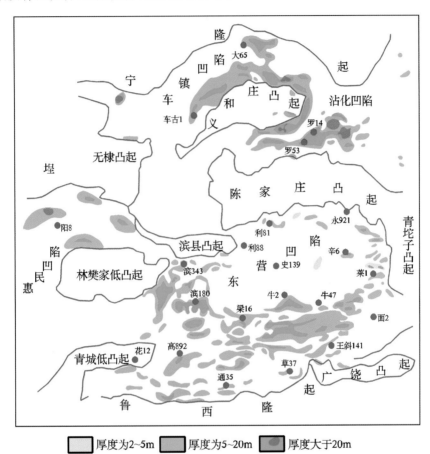

厚度为2~5m 厚度为5~20m 厚度大于20m

图1-24 济阳坳陷沙四段碳酸盐岩厚度分布图(据姜秀芳,2010)

在沙四上湖相碳酸盐岩中,生物礁灰岩是最为有利的储集体。例如,在平方王以东、义东、邵家、东辛东部等地区水下低隆起之上的波浪迎风面,生长堆叠了藻生物层、藻礁丘等生物礁灰岩体(图1-25)。往往由若干个较小单礁体叠置组成复式礁体,一般可分为礁核、礁前、礁后3个相带,厚度从几米到上百米不等,如西3-9井、西3-12井碳酸盐岩总厚度分别为30m、42m,平方王礁体残留厚度约为50m,面积可达几十平方千米,岩性变化快,横向可对比差,空间连通性好。

2. 沙三段

中始新统沙三段与下伏沙四段之间呈局部角度不整合接触,两者之间的区域不整合面,为区域标准地震反射界面T_6,该界面对应断陷期第一期最大湖泛面。

沙三段时期,由于边界断层活动强烈,湖盆地形高差大,形成深湖、半深湖沉积环境。加上气候湿润,水系丰富,沉积物源区风化剥蚀作用强烈,沉积了巨厚的湖相碎屑岩地层。主要

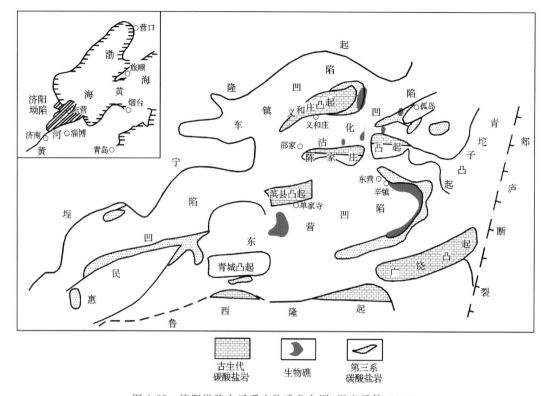

图 1-25　济阳坳陷古近系生物礁分布图(据李勇等,2006)

为灰色、深灰色泥岩夹砂岩、油页岩及碳质泥岩。地层厚度一般为 700～1000m,凹陷中部最厚可达 1200m 以上。沙三段沉积时期,东营凹陷沉积速率最大,达 0.32mm/a;惠民、沾化、车镇 3 个凹陷沉积速率较小,分别为 0.28mm/a、0.20mm/a、0.20mm/a(表 1-3)。

沙三段火山岩以碱性玄武岩为主,主要分布于北东东向,北东向及北西(西)向断裂带及其交会部位。

沙三段自下而上可分为 3 个亚段:沙三下 $E_{2-3}s^{3下}$、沙三中 $E_{2-3}s^{3中}$、沙三上 $E_{2-3}s^{3上}$。

(1)沙三下。沙四段与沙三下之间为连续沉积,沙三下底界对应区域标准地震反射界面 T_6,是沙四段特殊岩性段顶面的反射界面,是济阳断陷湖盆第一期最大洪泛面。

分析渤南洼陷罗 69 井沙三下 2 911.00～3 140.75m 井段长度为 229.75m 的岩芯样品,古盐度指标表现出自下往上逐渐降低的趋势,其中 B/Ga 从 9.1 降到 5.4,Sr/Ba 从 2.61 降到 1.67,S/TOC 从 0.75 降到 0.26。这些变化揭示了古盐度从海水的盐度 35‰下降到了高盐半咸水的盐度 21‰～28‰(魏巍等,2021)。古盐度变化可能记录了一次海侵中期到结束的阶段,这次海侵开始时间应在沙三下之前。如前所述,全球海平面对比、同位素对比、海绿石证据都表明济阳坳陷沙三下时期经历了一次海水入侵。

沙三下亚段与下伏沙四上之间呈角度不整合。沙三下时期气候温暖湿润,是古近纪湖盆发育的鼎盛期之一。随着湖盆的扩大,沙四上的半咸水迅速演变为微咸水环境。沙三下以发育深湖—半深湖相大套灰褐色纹层页岩和深灰色泥岩为特征,夹少量灰岩,是全区稳定标志层,地层一般厚 100～300m,最厚达 400m,具有多个沉积中心。

(2)沙三中。沙三下与沙三中之间为连续沉积,沙三中底界面对应区域标准地震反射界面 T_6,是沙三下特殊岩性段顶部密集段底部的地震反射界面。牛 38 井沙三中亚段顶界年龄为 34.892Ma(表 1-4)。

表 1-4　牛 38 井中国、国际地层表始新统—渐新统年龄对比表(据姚益民等,2007)

中国区域地层表(2001)			东营凹陷 38 井		国际地层表(2004)		
统	阶	年龄/Ma	层位	年龄/Ma	统	阶	年龄/Ma
渐新统	塔本布鲁克阶	顶 23.3	东营组底	31.83	渐新统	夏特阶	底 28.4
	乌兰布拉格阶	底 32				鲁培尔阶	底 33.9
始新统	蔡家冲阶		沙一段底	32.94			
			沙二上底	33.40			
			沙二下底	33.80			
			沙三上底	34.90	始新统	普利亚本阶	

沙三中时期盆地由断陷鼎盛期向稳定期转化,气候湿润,湖水注入量大大超过蒸发量,陆源碎屑物质开始以河流—三角洲或扇三角洲进积体系对盆地进行充填,沉积了巨厚的淡水深湖—半深湖相灰色、深灰色泥岩、泥页岩,夹多组浊积砂岩或薄层碳酸盐岩,地层厚度一般为 200~400m,最厚达 600m。

沙三中时期,济阳坳陷在深水环境中广泛发育深水重力流沉积,可分为三角洲前缘滑塌型深水重力流(碎屑流)、洪水型深水重力流(浊流)两种类型(图 1-26)。

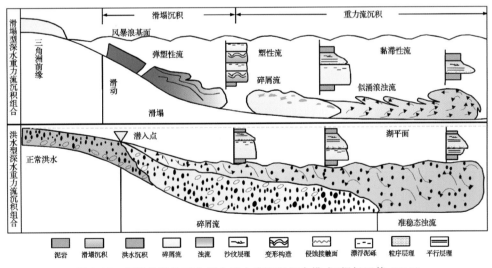

图 1-26　济阳坳陷沙三中深水重力流沉积组合模式(据杨田等,2015)

(3)沙三上。沙三中与沙三上之间为连续沉积,沙三上底界面对应区域标准地震反射界面 T_4。

沙三上亚段以灰色、深灰色泥岩,油泥岩与粉砂岩互层,夹钙质砂岩、含砾砂岩、泥页岩、薄层灰质页岩等。砂泥岩顶部常发育钙质砂岩、含砾砂岩或鲕状灰岩。最大地层厚度 500m。

3. 沙二段

上始新统—下渐新统沙二段与沙三段之间为连续沉积,沙二段底界面对应区域标准地震反射界面 T_3。

沙二段沉积时期,惠民、车镇凹陷沉积速率最大,均为 0.09mm/a;东营、沾化凹陷沉积速率较小,分别为 0.08mm/a、0.06mm/a(表 1-3)。

沙二段以砂岩及砂泥岩互层沉积为特征,据岩性与生物组合特征,自下而上分为 2 个亚段:沙二下 $E_{2-3}s^{2下}$、沙二上 $E_{2-3}s^{2上}$。

(1)沙二下。上始新统沙二下亚段沉积时期,济阳坳陷大部分地区未接受湖相沉积,而以河流沉积为主,湖泊面积较小,主要发育灰绿色、灰色泥岩与砂岩、含砾砂岩互层,夹碳质泥岩,上部见少量紫红色泥岩。地层一般厚 0～200m,最厚达 400m,分布不稳定,多出现在各凹陷中部,向凹陷边部往往缺失。至沙二下时期,济阳断陷湖泊消亡。

如前所述,自下而上,沙四上为湖盆初始扩展期,沙三下为湖盆快速扩展期、沙三中—沙三上为最大湖盆期、沙二下为湖盆萎缩期,构造运动呈减弱趋势,气候由湿润向干旱转变,沉积环境由深湖向半深湖过渡,以河流、三角洲为主,是古近系断陷盆地持续稳定发展到萎缩的一个完整阶段。沙三下—沙二下地质年龄为 42～38Ma。根据牛 38 井岩芯分析与计算,沙二下底面年龄为 33.799Ma。

(2)沙二上。下渐新统沙二上亚段与沙二下地层薄,产状近于平行,但区域上仍然可以见到明显的角度不整合标志。沙二下与沙二上之间的区域不整合面,对应区域标准地震反射界面 T_2。根据牛 38 井岩芯分析与计算,沙二上底面年龄为 33.338Ma。

沙二下为继沙三段后期湖相河流三角洲发育晚期之后形成的沼泽、浅湖环境,沙二上暴露出水面,砂岩多为明显的正旋回,旋回顶部见明显冲刷现象,冲刷面有较多砾石及泥砾,生物化石少,说明是在急水流的洪积条件下形成的,俗称"红粗段"。在湖盆边缘,特别是在斜坡带可见到沙二上亚段明显的上超、削蚀等现象。

沙二上主要为冲积扇—河流—浅湖相砂泥岩互层,在湖泊边部发育有各类小型三角洲,沿岸滩坝沉积,以灰绿色、紫红色泥岩与灰色砂岩互层为主,夹钙质砂岩、含鲕砂岩及含砾砂岩。沾化、车镇凹陷本段顶部夹薄层白云岩、白云质灰岩或生物灰岩。地层厚度为 0～100m,沾化、车镇凹陷可大于 200m。车镇凹陷最厚达 250m,主要为低能浅湖相,沾化凹陷较薄,以高能浅湖相为主。惠民、东营凹陷湖盆不发育,以河流相沉积为主。

沙二段上、下亚段之间存在生物绝灭,济阳坳陷沙二下介形虫有 24 个属 59 个种,到沙二上绝灭了 54 个种。腹足类中,老的种属几乎全部绝灭;藻类中,沟鞭藻和疑源类也大规模绝灭。

4. 沙一段

下渐新统沙一段与下伏沙二段为连续沉积,沙二段与沙一段之间的区域不整合面,为区域标准地震反射界面 T_2,该界面对应断陷期第二期最大湖泛面,主要对应于大范围分布的碳酸盐岩、泥页岩等特殊岩性界面,是整个济阳坳陷乃至渤海湾盆地的区域标志层。根据牛 38 井岩芯分析与计算,沙一段底面年龄为 32.940Ma。

由于沙一段湖盆再度大范围扩张,成为济阳湖盆发育的又一鼎盛时期,是济阳坳陷沉积范围最大的地层。沙一段沉积时期,东营凹陷沉积速率最大,为 0.09mm/a;沾化、惠民、车镇凹陷沉积速率较小,均为 0.08mm/a(表 1-3)。

对比济阳坳陷沙二上—沙一中地层中的古盐度指标 B/Ga 发现,惠民、东营凹陷 B/Ga 比值较低,为 3.01~4.16,车镇凹陷较高,为 4.08~8.26,沾化凹陷为 6~6.95。车镇凹陷东部—沾化凹陷古盐度最大,很可能代表沙一段的海侵通道。同时,沾化凹陷桩 32 井沙一段 2 784.8m发现了叠层石和少量海百合茎化石(王冠民等,2005)。如前所述,在沾化、车镇凹陷沙一段发现海绿石,以及通过全球海平面对比、同位素对比等,都表明济阳坳陷沙一下时期经历了一次海水入侵。

沙一段主要发育灰色、深灰色、灰褐色泥岩,油泥岩,碳酸盐岩和钙质纹层页岩。下部为泥岩、油泥岩或泥页岩夹砂质灰岩、白云岩;上部为灰色、灰绿色泥岩,油泥岩,夹钙质砂岩、粉砂岩。最大地层厚度 600m,沾化、车镇凹陷沙一段地层厚度大于东营、惠民凹陷。由于岩性特殊,化石丰富,沙一段成为区域对比标志层之一。

(三)东营组

上渐新统东营组与沙一段呈整合接触。

东营组时期,鲁西隆起快速抬升,济阳坳陷南升北降,陈家庄凸起对坳陷的南北分隔减弱,构造格局由各凹陷独立断陷转化为由南向北倾斜的单斜式区域构造。在该单斜式构造背景下,济阳东部发育了以鲁西隆起东部—青坨子凸起—垦东凸起为物源的跨东营、沾化凹陷的大型辫状河三角洲体系,其中,东营凹陷为辫状河三角洲平原、前缘亚相,沾化—滩海地区为前三角洲亚相。惠民凹陷成为相对独立的小型湖盆,接受宁津凸起、鲁西隆起西段的物源供应,发育小型近源辫状河三角洲。济阳坳陷形成了南北一体、东西分异的沉积地貌,也意味着济阳断陷盆地逐渐消亡的过程。

东营组以灰绿色、灰色、少量紫红色泥岩与厚层砂岩、含砾砂岩呈不等厚互层为主,或夹薄层碳酸盐岩。从凹陷中心向边缘,粒度逐渐变粗,砂砾岩比例增加,泥质岩比例减少。地层厚度为 0~420m,东营凹陷较薄,惠民、沾化、车镇凹陷较厚。东营组沉积时期,车镇、沾化凹陷沉积速率较大,分别为 0.13mm/a、0.12mm/a;东营、惠民凹陷沉积速率较小,分别为 0.09mm/a、0.08mm/a(表 1-3)。

如前所述,自沙二上、沙一段到东营组,济阳坳陷完成了古近系断陷盆地第二轮湖泊的形成、发展、消亡的过程,地质年龄为 38~24.6 Ma。根据牛 38 井岩芯分析与计算,东营组底面年龄为 31.829Ma(姚益民等,2007)。该过程中,尽管济阳湖盆仍然以伸展运动为主,但相对于沙四段—沙二下阶段,凹陷边界断层活动强度及基底掀斜翘倾作用程度明显降低,导致地形高差较小,沉积物源丰度减少。

沙二上—东营组火山岩不发育,除了惠民凹陷临邑—商河地区仍有较大规模火山喷发外,其他地区以浅层侵入为主,或停止活动。

东营组自下而上可分为东营组三段(东三段)E_3d^3、东营组二段(东二段)E_3d^2、东营组一段(东一段)E_3d^1。

(1)东三段。是大型辫状河三角洲主要发育期,三角洲前缘推进到邵家—五号桩一线,车镇—埕岛地区为深湖—半深湖沉积,临南洼陷发育独立的小型辫状河三角洲,阳信洼陷则为一套闭塞的浅湖相灰色、绿灰色泥岩。济阳坳陷东北部地层厚度一般为 100～500m,西南较薄,一般为 100～300m(图 1-27)。

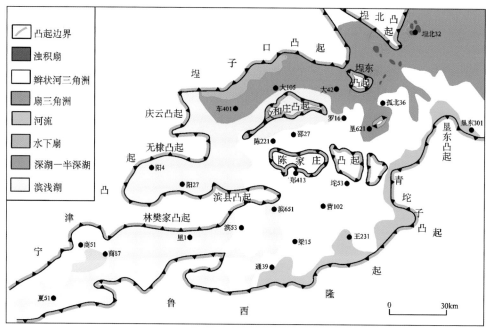

图 1-27　济阳坳陷东三段沉积相分布(据向立宏等,2016)

(2)东二段。湖盆收缩,水体变浅,东营凹陷以辫状河沉积为主,沾化—滩海地区发育辫状河三角洲,惠民、车镇凹陷以滨浅湖沉积为主(图 1-28)。

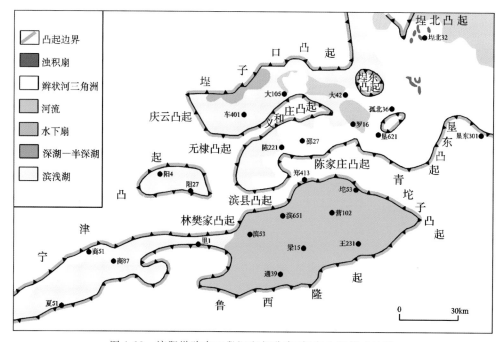

图 1-28　济阳坳陷东二段沉积相分布(据向立宏等,2016)

（3）东一段。湖盆萎缩，东营、沾化、埕岛地区广泛发育河流相。惠民、车镇地区则发育滨浅湖沉积。济阳坳陷东一段地层厚度差异不大，一般为100～200m。受东营组末期近东西向挤压抬升作用的影响，东营组地层整体遭受剥蚀，惠民凹陷仅在临南断层附近残留东一段，阳信地区基本剥蚀殆尽，东营凹陷剥蚀严重，沾化凹陷剥蚀较弱（图1-29）。

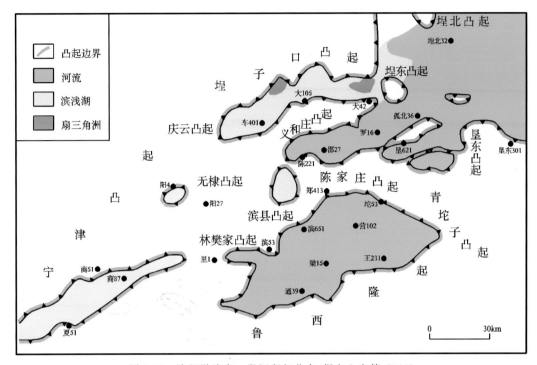

图 1-29　济阳坳陷东一段沉积相分布（据向立宏等，2016）

二、新近系

由于东营运动的挤压抬升，济阳坳陷东营组顶面遭受剥蚀，东营组剥蚀量为200m，惠民凹陷剥蚀量为300m，造成古近系与新近系之间的区域不整合，在凹陷边缘可见明显的角度不整合接触（王亚琳，2019）。两者之间的界面，对应地震反射标志层 T_1。

新近系意味着济阳盆地整体进入拗陷期，是统一的渤海湾坳陷型盆地的一部分，年龄24.6～2.0Ma。

新近系地层自下而上划分为两个组：馆陶组 N_1g、明化镇组 N_2m（国景星，2002；陈洁，2003；孙喜新，2005；房煦，2014）。

（一）馆陶组

馆陶组与下伏新近系地层呈角度不整合接触。馆陶组底界面对应区域标准地震反射界面 T_1，为一套以粗碎屑岩为主的地震反射界面。受东营运动影响，济阳坳陷整体抬升，湖平面下降，沉积物露出水面，遭受长时期的风化、剥蚀，形成区域大范围的不整合，横向上延伸距离远，纵向上剥蚀时间久。T_1 界面上超下削现象明显，除各洼陷中心削蚀较弱以外，大部分地区有明显削截。馆陶组地质年龄为 24.6～5.1Ma。

馆陶组主要发育河流相沉积,为棕红色泥岩和砂、砾岩组成的陆相碎屑沉积。地层厚度最大达 900m,南薄北厚,反映了坳陷沉降中心逐渐北移的演化过程。自下而上可以分为馆陶组下段(馆下段)$N_1g^下$、馆陶组上段(馆上段)$N_1g^上$。

1. 馆下段

济阳坳陷馆下段是在东营组末期地壳上升、湖水退出、古近纪地层抬升遭受风化剥蚀之后,地壳再一次下降形成的沉积。此时,济阳坳陷隆凹相间、地形坡降大,沉积体系明显受古地形影响,以近源沉积为主,在北亚热带温湿气候环境中,主要发育了冲积扇—辫状河沉积体系,发育灰色、浅灰色、灰白色厚层块状砾岩、含砾砂岩、砂岩,夹灰色、灰绿色、紫红色泥岩、砂质泥岩。砂岩连片叠置,形成毯状分布的厚层砂砾岩。

济阳坳陷东部馆下段发育三大冲积扇—辫状河水系:北区为车镇—沾化水系,物源主要来自西北部的埕宁隆起,由车镇凹陷流经沾化凹陷东部。南区东部为垦东—青东水系,物源主要来自东南部的鲁东隆起,往北流向沾化凹陷东部。南区西部为东营水系,物源主要来自东营凹陷周围的凸起,向东北流经沾化凹陷东部。沾化凹陷东部成为馆下段辫状河水系的汇聚区(图 1-30)。

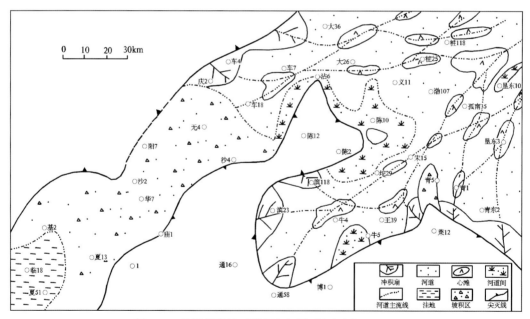

图 1-30 济阳坳陷馆下段沉积相图(据孙喜新,2005)

由于陈家庄凸起的存在,凸起南北馆下段地层厚度差异明显,北部为冲积扇—辫状河沉积体系,车镇、沾化凹陷地层厚度较大,一般为 100～300m,砂岩厚度百分含量一般大于 60%。南部为中、小型冲积扇—洪泛平原沉积体系,东营凹陷厚度较小,一般为 50～100m,砂岩厚度百分含量一般为 40%～60%;惠民凹陷最小,一般小于 80m,砂岩厚度百分含量一般为20%～40%。

馆下段时期,气候温暖湿润,降雨量大,陆地表面河流纵横交错,河道宽而浅,河道侧向迁移迅速。剖面上砂岩较发育,呈现"砂包泥"特征。

2. 馆上段

馆下段与馆上段之间为连续沉积,地层界面对应地震反射界面 T_1。

馆上段时期,济阳坳陷中局部凸起被填平,地形更加趋于平缓,4 个凹陷连为一体,相互贯通,河道砂体叠置程度减弱。馆上段早期,济阳坳陷仍然发育三大冲积扇—辫状河水系,但车镇-沾化水系明显南移,并扩展至惠民凹陷,砂体厚度一般近百米;垦东-青东水系仍然发育,砂岩由南往北逐渐增厚,厚 40~60m;东营水系相对衰退,碎屑物质供应减少,但砂体仍然向北东延伸到沾化凹陷东部,厚度约为 80m。

馆上段总体上以中亚热带温湿气候末期向干热气候转变的曲流河、网状河沉积体系为主,发育紫红色、暗紫色、灰绿色泥岩、砂质泥岩、粉砂质泥岩与粉砂岩互层,夹粉细砂岩。下部为棕褐色含砾砂岩、块状砂岩、粉砂岩与棕黄色、灰绿色砂质泥岩、泥岩互层,上部为杂色砂质或粉砂质泥岩夹有灰色粉砂岩及少量泥灰岩;顶部为富含化石的紫红色、灰色泥岩段,化石有瓣鳃类及腹足类。馆上段泥岩较发育,河流相地层多表现为正韵律。

(二)明化镇组

馆陶组与明化镇组之间属于过渡性质,无明显沉积间断,两者的地层界面对应地震反射界面 T_0,横向连续性一般。馆陶组晚期,整个坳陷地形已趋平坦,河流性质由早期的冲积扇—辫状河水系逐渐向曲流河过渡。两套层系的岩性组合差异明显,明化镇组以泥质沉积为主,砂岩百分含量较馆陶组明显减小。明化镇组地质年龄为 5.1~2.0Ma。

明化镇组时期,渤海湾盆地处于北亚热带干旱气候,发育了统一的沉积地层,坳陷边部的凹凸差异近于消失,平面上为大面积泛滥平原,逐渐形成了控制全区的 4 大水系:车镇-沾化水系、惠民-沾化水系、惠民-东营-沾化水系、东营水系,最后汇水于渤中坳陷。由于大气降水较少,主要为间歇性河流,河道较窄且狭长弯曲,河身相对稳定,为典型的曲流河沉积,砂岩单层厚度一般较小,河道砂体孤立分布,连通性差,剖面具有明显的"泥包砂"特征。局部发育浅水湖泊。主要为棕红色泥岩夹浅灰色、棕黄色粉砂岩夹部分海相薄层,最大厚度为 1000m。

三、第四系

第四纪时期主要为河流相、洪积相夹海相沉积,局部也有火山喷发,属新构造运动范畴。第四系与下伏明化镇组之间属于局部不整合接触。

第四系平原组 Qp 底部见含砾砂层,向上为细砂与黏土互层,岩性较粗。

第二章　构　造

第一节　构造层

济阳坳陷地处华北板块渤海湾盆地,经历了全部地壳构造事件,但与其成因相关的构造运动主要有太古宙晚期强烈褶皱变形期的泰山运动、元古宙中期板块离散分裂期的蓟县运动、古生代地台震荡升降期的加里东—海西—印支运动、中生代块断期的燕山运动、古近纪断陷期的喜马拉雅运动Ⅰ~Ⅱ幕(济阳—东营运动)、以及新近纪以来的新构造运动(喜马拉雅运动Ⅲ幕/新构造运动)。

在综合各种划分方案(陈洁,2003;杨超等,2005;贾红义等,2007;林红梅,2017)的基础上,本书将济阳坳陷划分为6个构造层,自下而上分别为:太古宇构造层、寒武纪构造层—奥陶纪构造层、石炭纪构造层—二叠纪构造层、侏罗纪构造层—白垩纪构造层、古近纪构造层、新近纪构造层。

太古宇基底构造层,是指泰山群中深变质岩及岩浆岩层系,主要发育流动褶皱和韧性剪切构造。

寒武—奥陶纪加里东期构造层,是指下古生界稳定克拉通内部沉降型盆地沉积的滨浅海相碳酸盐岩层系。由于近南北向板块俯冲挤压作用,发育近东西走向极为宽缓的褶皱构造。末期,地壳平稳上升遭受长期剥蚀,碳酸盐岩层系顶面风化溶蚀作用明显。海西期全区整体抬升,遭受剥蚀。

石炭—二叠纪印支期构造层,是指上古生界克拉通海陆交互相含煤碎屑岩层系。划分为两个亚构造层:石炭系、二叠系。早期由于板块碰撞、拼贴,形成北西西—近东西向大型挤压褶皱。晚期夹持在郯庐断裂与兰聊断裂之间,遭受强烈挤压,形成逆冲推覆褶皱构造。

侏罗—白垩纪燕山期构造层,是指中生界河流滨浅湖相碎屑岩层系,划分为2个亚构造层:侏罗纪逆冲—拉张过渡期构造层、白垩纪初始拉张裂陷期构造层。由于板块俯冲、地幔柱升降、郯庐断裂带左旋走滑共同作用,形成了以北北西向为主的逆冲断层及裂陷块断型盆地。

古近纪喜马拉雅早中期(济阳—东营)构造层,是指孔店组、沙河街组、东营组沉积期间的断陷湖盆沉积。划分为3个亚构造层:孔店组—沙四下断陷初始期构造层、沙四上—沙二下断陷鼎盛期构造层、沙二上—东营组断陷稳定期构造层。主要是在郯庐断裂右旋走滑作用下,前期形成北东、北东东走向张扭性断裂,形成了断陷盆地的现今构造格局,后期遭受近东西向区域挤压,接收抬升剥蚀并形成局部的挤压背斜构造。

新近系喜马拉雅晚期新构造层,是指馆陶组、明化镇组沉积期间形成的以坳陷型冲积扇—河流—淡水及浅湖相为主的沉积,也包括第四系沉积。划分为两个亚构造层:馆陶组坳陷初始期构造层、明化镇组坳陷稳定期构造层。东营组时期的挤压环境导致断陷消亡,形成了统一的坳陷型沉积盆地。同时,郯庐断裂带剪切运动大为减弱,地幔上涌减弱,岩石圈整体蠕散沉降。

第二节　构造演化

济阳坳陷结晶基底为太古宇上部的泰山群。太古宙末期泰山运动造成华北地区整体抬升剥蚀,缺失整套元古宙地层。元古宙末期蓟县运动使华北地区整体沉降,接受了寒武—奥陶系海相沉积。这里重点讨论对济阳坳陷地层、构造起主要控制作用的加里东—海西、印支、燕山、喜马拉雅运动。

济阳坳陷经历了加里东—海西期的隆升剥蚀、印支期挤压造山运动、燕山期负反转运动、济阳运动期的强烈扭张断陷运动、东营运动期的短暂挤压抬升、新构造运动期的坳陷活动,形成了古生代逆冲褶皱、中生代负反转块断盆地、古近纪拉分断陷盆地、新近纪坳陷裂谷等原型盆地,并依次叠置。

一、加里东—海西运动

研究古生代地层中垂直缝合线的构造,判断古构造应力场,发现自奥陶纪开始,华北克拉通盆地就受到北北东-南南西向的水平挤压而整体抬升,在遭受 140Ma 风化剥蚀后,至本溪组时期在奥陶纪风化壳之上又接受海侵作用,发育了广泛分布的铁铝质沉积。

研究本溪组徐家庄灰岩段中的垂直缝合线,发现晚石炭世时期,华北地区仍受到北北东-南南西方向(20°~200°)的水平挤压。

晚石炭世—二叠纪,出现海陆交互沉积环境,华北盆地由本溪组时期的边缘海盆地逐渐转变为陆相沉积盆地(杨超等,2008)。

二、印支运动

早—中三叠世时期,构造活动以褶皱和隆升为主,强度较小,华北地区仍然保持着统一的沉积盆地,济阳坳陷可能沉积了 1500~2500m 的三叠纪地层。

中—晚三叠世时期,扬子板块顺时针转向华北板块拼接碰撞,郯庐断裂带作为转换断裂开始形成(250~208Ma,最大左行走滑距 430km)。济阳地区受到来自南南西方向的水平主动挤压,且到晚三叠世挤压作用达到最强,济阳地区整体强烈逆冲推覆抬升,夹持在郯庐断裂和兰聊断裂之间形成的楔形区域中,三叠纪地层基本上被剥蚀殆尽,并在华北板块内部发生局部挤压调整,形成逆冲断层。济阳坳陷北西向逆冲断层形成时期与华北板块、扬子板块及其他板块最终拼接成造山带的时期相吻合。这一运动持续到侏罗纪初期(王世虎等,2004;杨超等,2008;任建业等,2009;夏斌等,2011;方旭庆等,2013)。

扬子板块与华北板块碰撞产生的北北东向的强烈挤压,推动较为刚性的鲁西地块,沿郯庐与兰聊两条区域性走滑断裂之间向北北东向推挤,导致济阳坳陷发育向北东东方向弧形凸出的逆冲推覆构造体系。受两大板块的聚敛边界即北西向的秦岭-大别构造带的限制,加之主动应力方向来自南南西,因而所产生的逆冲断层与秦岭-大别构造带走向大致平行,而倾向为南西向。

印支期,济阳坳陷共形成 5 个近平行排列的北西-南东走向的逆冲褶皱带,分别是:无棣西-林樊家-青城断裂带、庆云-无棣东-滨县-广饶断裂带、义和庄-陈家庄-青坨子断裂带、埕东-孤岛断裂带、埕岛-垦东断裂带,自西南往东北分别受 5 条北西走向逆冲断层控制(图 2-1)。逆冲断层是济阳坳陷印支期最常见的构造变形样式,从平面上看,北西向逆冲断层的走向近于平行,断层之间不相交。

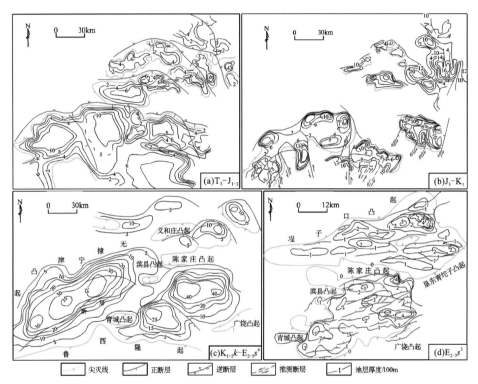

图 2-1 渤海湾盆地济阳坳陷 T_3—Es 时期盆地原型图(据李理等,2018)

印支运动形成了济阳地区轴向北西向的隆起与凹陷相间的构造格局。这些印支期的逆冲断裂带,负反转之后现今的下降盘古生代地层具有自南西向北东方向逐渐变薄的趋势,说明现今的下降盘古生代地层在印支期造山运动曾发生大规模的挤压隆升和地层剥蚀,且越靠近断裂带隆升剥蚀程度越高。

例如,北西走向的桩西倒转褶皱及逆断层,顶部古生界遭受剥蚀,被早—中侏罗世煤系地层超覆,褶皱核部为寒武纪和奥陶纪地层。义和庄凸起东部义古 47 井在中晚寒武世地层中存在逆掩断层,垂直逆掩断距为 300～600m。

根据断层的逆冲—负反转活动性分析,印支期形成断层的最终停止活动时间自南往北、自西往东逐渐延迟。例如,滋镇、阳信断层可能在燕山中晚期停止活动,而罗西、孤西、五号桩断层则分别在沙四、沙三、沙二段时期停止活动,石村、陈南断层则分别在东营组、馆陶组时期停止活动。

济阳坳陷印支晚期总体特征为中部发育一近东西向复式背斜,背斜西南部抬升较东北部要高。更多的印支期逆冲断层由于后期的伸展变形发生了负反转而表现为正断层,形成负反转构造。例如,车西洼陷北带车 571-5 井钻遇寒武—奥陶纪倒转地层,倒转构造沿北西向分布。桩西潜山桩古 13 井早古生代地层褶曲为典型的倒转褶皱,且褶皱仅发育于古生界内部,可推断褶皱形成于印支期。孤西潜山带同样发现古生界倒转褶皱的负反转构造(图 2-2、图 2-3)。

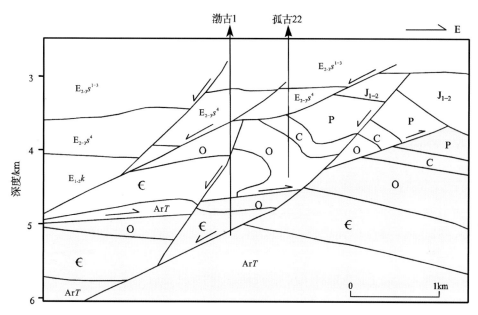

图 2-2　印支运动形成的褶皱冲断构造(据任建业等,2009)

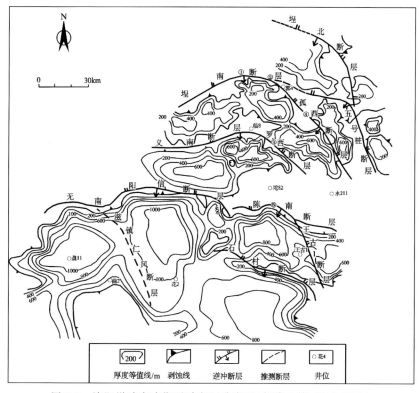

图 2-3　济阳坳陷印支期逆冲断层分布图(任建业等,2009,修改)

利用济阳坳陷上古生界 R_o 值的显著异常建立了古成熟度方程,对印支运动造成的早古生代地层的抬升剥蚀量进行了计算,东营、沾化、车镇凹陷分别为 3.1~4.1km、2.0~4.1km、3.1~4.1km,平均 3.5km 左右(陈中红等,2008)。济阳坳陷北部上二叠统石千峰组基本剥蚀殆尽。

三、燕山运动

燕山运动是中国东部古亚洲构造域向西太平洋构造域的转型期。济阳坳陷处于东部郯庐大断裂、西部兰聊大断裂以及南部大别山造山带夹持的三角形块体之内,其形成演化与太平洋板块活动密切相关,主要构造动力来自亚洲大陆东部的太平洋板块向北北西方向的斜向俯冲。济阳坳陷燕山期构造叠加在印支期近东西向构造之上。

侏罗—白垩纪期间,济阳坳陷经历了前期拉张、中期断陷、末期抬升的构造旋回。早期,主要是在太平洋伊泽奈崎板块向欧亚板块的北北西向斜向俯冲形成弧后伸展作用,与东西两侧的郯庐断裂带和兰聊断裂的左旋走滑共同作用下,多形成北西向断层,发生北西走向的差异沉降,形成隆凹相间的构造格局,是济阳坳陷潜山的主要形成时期。中生代主要断裂体系以北西向为主,南北向次之。边界断层以铲式断层为主,伸展断层主要沿印支期逆冲断裂带负反转,局部可见压性构造。中期,随着太平洋板块俯冲取代扬子板块碰撞挤压,成为主要区域动力,产生弧后拉张形成断陷。末期,遭受抬升剥蚀(图 2-4)。

燕山运动主要控制了中生代地层残留厚度与顶面风化壳的形成,也影响了部分地区太古宙和古生代地层的剥蚀。同一个凹陷内中生代地层厚度,东南方向厚、北西方向薄至尖灭(陈洁,2004;张鹏等,2006;金宠,2007;杨超等,2008;任建业等,2009;韩立国,2009;李伟等,2010;夏斌等,2011;方旭庆等,2013;宋明水等,2019)。

1. 燕山早期

燕山运动始于 195Ma。早—中侏罗世时期,济阳坳陷继承了印支期形成的北西向构造格局,由于扬子板块的碰撞,华北板块仍然受近南北向挤压作用,但趋势减弱,印支期形成的断层的逆冲程度大为降低。同时,太平洋伊泽奈崎板块向北北西方向的俯冲作用开始加强,中侏罗世时(距今 180Ma)低速俯冲,形成了近南北向拉张与近东西向挤压,郯庐断裂在 208~135Ma 期间表现为逆冲断层,断面受挤压较为紧闭,对华北地区的构造格局影响不明显。可以说,早—中侏罗世是构造转换的过渡期,是印支运动挤压隆升造山剥蚀作用结束、燕山运动山间坳陷型盆地开始形成的过渡阶段,中—早侏罗世地层具有披覆式沉积特点。

尽管如此,近南北向挤压作用的减弱与来自东部板块俯冲作用的逐步加强相互叠加,所产生的构造作用,导致前期的北西向逆冲断层发生负反转,早期的逆冲上升盘下降并接受沉积,下降盘上升遭受剥蚀,形成小型拉张盆地,大部分地区的早中侏罗世与古生代地层之间存在小角度不整合接触。

从活动强度看,东部的五号桩、桩西、罗西等断层活动较强,西部惠民凹陷的滋镇、阳信断层较弱。从地层厚度看,每个凹陷下中侏罗统都是由南西向北东方向减薄(图 2-5)。总体来看,燕山运动早期是对印支运动北西向逆冲断层造成的地势高差的填平补齐。这一阶段,济阳坳陷构造活动相对平静。

界	系	组·段	构造层	年龄/Ma	沉积体系	造山运动		盆地原型	构造动力学背景	
新生界	古近系	E_3d 东营组一沙三段	顶构造层	上亚层	湖泊	喜马拉雅运动旋回	济阳运动Ⅱ幕	北东向断陷盆地	太平洋板块转为北西西向俯冲,印度、欧亚板块全面碰撞	太平洋板块的俯冲和印度、欧亚板块碰撞远程效应
		$E_{2-3}s^3$ 沙四段一孔店组 $E_{1-2}k$		下亚层 43.5	湖泊			构造反转		
				65		晚燕山运动幕	近南北向褶皱冲断构造	北西向断陷盆地	56.5Ma时,印度、欧亚板块开始碰撞,太平洋板块向北北西向斜向俯冲	
中生界	白垩系	"王氏组"(未钻穿)	上构造层	上亚层	冲积扇湖相		近南北向逆冲构造	断陷萎缩	燕山运动末期,太平洋板块向北北西西向俯冲,以隆起为主,隆升剥蚀由东向西,逆冲作用	太平洋构造域影响强化
		西注组		中亚层 95		印支—燕山构造运动旋回		北西向走滑伸展型断陷盆地	强烈断陷	侵入作用和火山作用持续,郯庐右旋剪切持续,K_1末燕山运动结束了盆地发育进入萎缩期,断陷作用
		蒙阴组		下亚层 135	冲积扇				初始断陷	华北、华南板块碰撞结束,与俯冲有关板块的侵入作用和火山作用爆发,太平洋板块活动增强,断陷作用,燕山幕	郯庐断裂左旋剪切
	侏罗系	三台组	中构造层	152	河流、滨浅湖	燕山运动主幕	J_3/J_2之间角度不整合	大型地台基础上的小型河湖沼坳陷盆地	郯庐断裂左旋剪切,末期伊佐奈岐板块开始向北西西方向俯冲,燕山运动主幕发生,本区抬升剥蚀,形成J_2/J_3不整合面	华北、华南陆—陆碰撞远程效应
		坊子组		180	河流				大别山脚开始楔入到华南,郯庐成为陆内剪切带超覆在印支运动形成的北西向褶皱—冲断构造之上	
古生界	石炭—二叠系		下构造层	上亚层 C_2-P 205	滨浅海一海陆交互	海西造山运动旋回	北西—南东向褶皱—冲断构造	克拉通内部坳陷盆地	总体表现为抬升剥蚀运动。盆地北侧的天山一大兴安岭海间海槽经多次俯冲、消减,于二叠纪末以弧形切线方式碰撞闭合,对本区的充填、演化具有深刻影响。中三叠世末期,华北和华南陆陆碰撞,郯庐断裂为转换断层。	
	寒武—奥陶系			下亚层 ϵ-O_2	陆表海	加里东旋回	地壳抬升			
						蓟县运动	地壳抬升			
太古宇						结晶基底				

图 2-4　济阳坳陷深层地层格架、构造演化、盆地原型及其动力学背景(据任建业等,2009,修改)

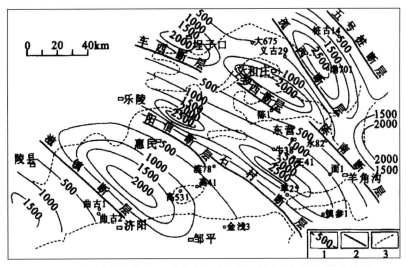

1.地层原始厚度等值线/m;2.中生代主要断裂;3.新生代凸起与凹陷的边界

图 2-5　济阳坳陷区早中侏罗世地层原始厚度等值线图(据李伟等,2005)

2. 燕山中期

自晚侏罗世开始,太平洋板块对欧亚板块的俯冲作用彻底取代了扬子-华北板块碰撞挤压对济阳坳陷构造发育的控制,济阳坳陷进入以太平洋板块影响为主的构造演化阶段。同时,洋壳俯冲带动了上地幔软流圈上涌,岩石圈拉张减薄,济阳坳陷整体处于垂向挤压、北东-南西向水平拉张的应力场环境,产生弧后拉张效应,形成断陷,沉积了较厚的晚侏罗世地层。同时,伴生了中酸性火山岩喷发。

早白垩世初(距今140Ma),可能由于太平洋超地幔柱的活动,伊泽奈崎板块突然改变运动方向和速度,以300mm/a的高速沿北北西方向高角度斜向俯冲于东亚大陆之下(图2-6),早白垩世中期(距今120Ma)还保持着207mm/a的高速俯冲,形成了郯庐断裂、太行山东断裂、沧东—兰聊断裂等一系列北北东(北东)向断裂,并使得这些断裂带于早白垩世发生了巨大的左行走滑平移错开。夹持在郯庐、兰聊两大走滑断裂带之中的济阳地区处于左旋剪切应力场,受到了南西-北东向的拉张作用,济阳坳陷由之前的山间坳陷转型为强烈的陆内断陷,沿惠民、东营、沾化凹陷自西南往东北方向,形成了雁列式的近北西向中生代断陷盆地,发育凹陷、凸起相间的构造格局,成为济阳断陷的雏形,沉积了较厚的白垩纪地层。高青—平南等北北东向断层在该时期发育形成。

燕山中期构造格局的根本变化,导致东营凹陷南坡、陈家庄凸起北坡等地区发育了中—下侏罗统与上侏罗统—白垩系之间明显的角度不整合,上侏罗统—白垩系表现为充填式沉积,白垩系由北东往南西方向超覆(图2-6、图2-7)。

朱光等(2004)对比郯庐断裂带同位素认为,早白垩世伊泽奈崎板块突然出现的高速斜向俯冲、郯庐断裂带大规模左行平移,与强烈岩浆活动在时间上一致,成因上耦合。

3. 燕山晚期

晚白垩世初期(距今90Ma),西太平洋板块活动又发生了重大调整,伊泽奈崎板块已运动到东亚东北部边缘(日本中部以北),并转变成北西向正向中速(13.6cm/a)俯冲,并持续到古近纪。西太平洋板块俯冲速度和角度的重大改变,使得中国东部大陆下出现了软流圈上涌、岩石圈减薄,导致郯庐断裂带左行压扭活动。在这一背景下,济阳坳陷发生大规模挤压隆升,形成大规模北西走向冲断带和地层剥蚀,中生界断陷盆地发生萎缩,只在东营、沾化凹陷残存上白垩统,其他地区大面积缺失上白垩统(图2-8)。燕山期挤压强度较低的地区多形成褶皱背斜,例如在东营南坡东西向地震剖面上可见中生界背斜,顶部被剥蚀夷平。

燕山运动的大规模挤压抬升剥蚀,是侏罗纪时期伊泽奈崎板块高速斜向俯冲于东亚大陆之下,使中国东部呈现左旋压扭所致。该时期形成的大部分逆冲断层在济阳运动期发生负反转,仅在桩西、孤岛、埕岛地区钻遇。

在采用地层对比法、声波时差法、镜质组反射率法、磷灰石裂变径迹法以及波动方程法等对济阳坳陷中生代地层剥蚀厚度进行计算,结合地震平衡剖面,恢复了中生代地层的剥蚀厚度(图2-9)。北西向断层是济阳坳陷中生代的主要控盆断层,各凹陷中心之间的鞍部轴走向呈明显的北西向。

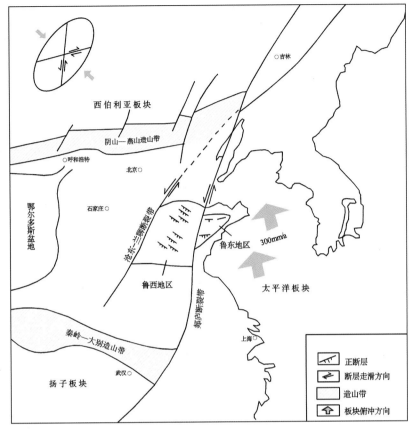

图 2-6　晚侏罗世—早白垩世时期研究区动力学背景图(据韩振玉,2011)

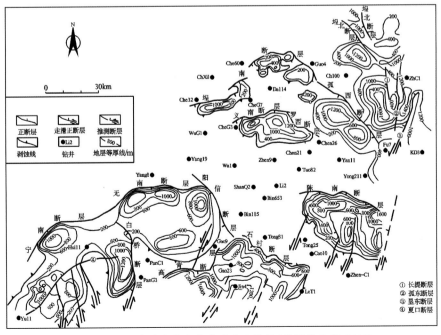

图 2-7　济阳坳陷晚中生代盆地分布格局(据任建业等,2009)

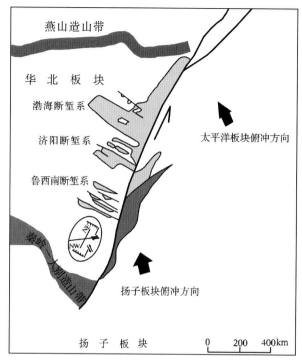

图 2-8　白垩纪华北地区构造格局及应力场模式(据张鹏等,2006)

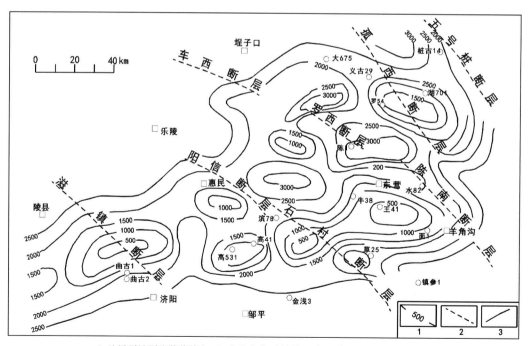

1.地层剥蚀厚度等值线/m;2.中生代主要断裂;3.新生代凸起与凹陷的边界

图 2-9　济阳坳陷区侏罗—白垩系顶面地层剥蚀厚度等值线图(据李伟等,2005)

印支运动与燕山运动同为挤压运动,造成地层挤压抬升,对济阳坳陷潜山的形成均具有重要影响,但也存在明显差异。一是挤压应力方向不同,印支期济阳地区主要受来自扬子板块往北北东方向的区域挤压,燕山期则主要受来自太平洋板块往北北西方向的区域挤压。二是产生的构造形态不同,印支运动多形成走向北西、倾向南西的逆冲断层,古生界残留地层厚度南西方向薄、北东方向厚;燕山运动多形成走向北东、倾向南东的逆冲断层;中生界残留地层厚度东南方向厚、北西方向薄。三是印支运动主要控制了太古宙与古生代地层及风化壳的分布,后期的燕山运动则同时影响了太古宙、古生代、中生代地层及风化壳的分布(宋明水等,2019)。

四、喜马拉雅运动

喜马拉雅运动是印度板块沿北北东方向在古近纪以来得以与欧亚板块相撞拼接,导致的以喜马拉雅山脉和青藏高原抬升隆升挤压褶皱为典型特征的大规模强烈造山运动。在这一时期,印度板块拼接远程效应与太平洋板块俯冲弧后拉张作用共同作用于济阳地区,奠定了济阳断陷盆地的构造格局,确定了盆山关系(图2-10)。喜马拉雅运动可分为两期:喜马拉雅早期的济阳运动、喜马拉雅晚期的东营运动。

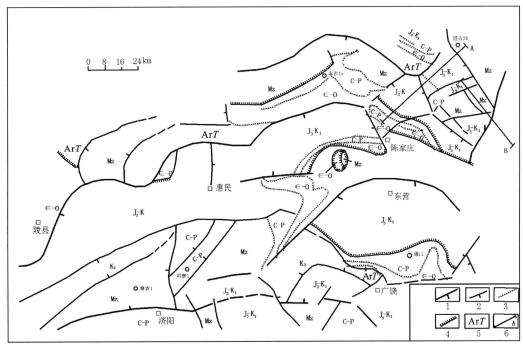

1.主断层;2.次级断层;3.平行不整合;4.角度不整合;5.地层代号;6.地震测线

图2-10 济阳坳陷剥新生界地质图(据李伟等,2005)

1.济阳运动

狭义的济阳运动,是指济阳坳陷沙四段强烈的断陷构造运动,奠定了济阳断陷盆地的构造基础。广义的济阳运动,是指济阳坳陷从孔店组到沙二下亚段的整个断陷构造演化阶段,包括了初期的断陷转型—强烈断陷—稳定断陷—短暂抬升剥蚀、平原—滨浅湖—半深湖—深湖—滨浅湖的构造沉积旋回与演化序列(图 2-11)。

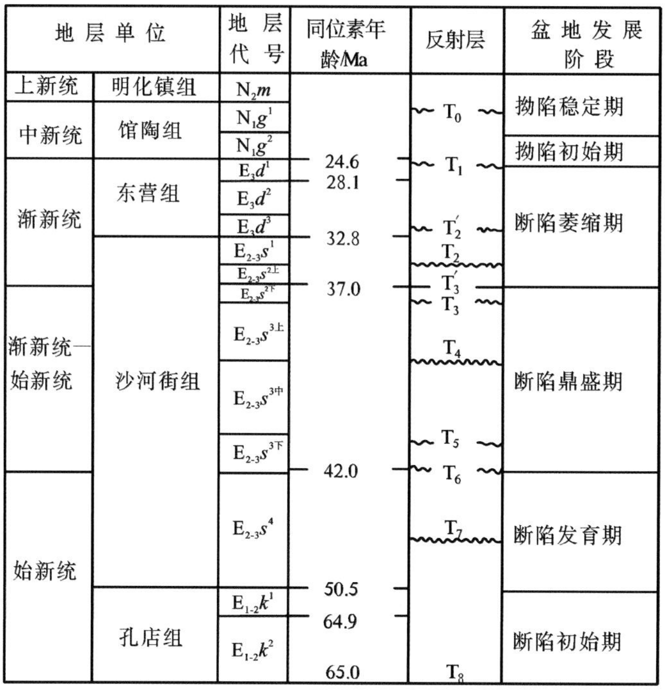

地 层 单 位		地 层 代 号	同位素年龄/Ma	反射层	盆 地 发 展 阶 段
上新统	明化镇组	N_2m		$\sim T_0$	拗陷稳定期
中新统	馆陶组	N_1g^1			拗陷初始期
		N_1g^2	24.6	$\sim T_1$	
渐新统	东营组	E_3d^1	28.1		断陷萎缩期
		E_3d^2			
		E_3d^3	32.8	$\sim T_2'$	
		$E_{2-3}s^1$		$\sim\sim T_2$	
		$E_{2-3}s^{2\text{上}}$	37.0	$\sim T_3'$	
		$E_{2-3}s^{2\text{下}}$		$\sim T_3$	
渐新统—始新统	沙河街组	$E_{2-3}s^{3\text{上}}$		$\sim T_4$	断陷鼎盛期
		$E_{2-3}s^{3\text{中}}$			
		$E_{2-3}s^{3\text{下}}$		$\sim T_5$	
			42.0	$\sim T_6$	
始新统		$E_{2-3}s^4$		$\sim\sim T_7$	断陷发育期
			50.5		
	孔店组	$E_{1-2}k^1$	64.9		断陷初始期
		$E_{1-2}k^2$	65.0	T_8	

图 2-11　济阳坳陷古近—新近系演化综合图(据刘建国等,2007,修改)

济阳运动是济阳坳陷的主要断陷期,是印度板块以北北东方向开始与欧亚板块碰撞,太平洋板块俯冲挤压方向由北北西向转为北西西向,郯庐断裂带从大型左旋压扭性走滑转变成右旋张扭性走滑(图 2-12),在华北地区受最大主压应力 108°、拉张应力 19°应力场作用下,济阳地区从北北西向块断型盆地转变为北东—近东西向断陷盆地的标志性构造运动(陈洁,2003、2004;张鹏等,2006;金宠,2007;刘建国等,2007;任建业等,2009;韩立国,2009;王鹏,2010;姜素华等,2011;宋明水等,2019)。

济阳运动可进一步划分为两个阶段:孔店组—沙四下期间的断陷转型阶段、沙四上—沙二下期间的强烈扭张断陷期。

(1)济阳裂陷 I 幕

孔店组—沙四下时期是济阳运动初期,太平洋板块先后以 104mm/a(孙喜新,2005)、78mm/a(韩振玉,2011)的速率对中国东部大陆往北北西方向俯冲产生弧后拉张作用,同时板块聚敛速度下降了近一半。弧后拉张及松弛的板块聚敛作用使中国东部构造应力由挤压转变为拉张,在东亚陆缘形成弧后伸展区,开始发育初始裂谷。

这一时期,郯庐断裂带在北北西斜向俯冲过程中仍表现为左行走滑运动。控制济阳坳陷古新世北西向盆地的 5 条主要断层——罗西、孤西、五号桩、陈南、石村断层呈斜列式集中分布在郯庐断裂带西侧,发生负反转运动。由于郯庐断裂带走滑作用大幅度减弱,济阳坳陷内

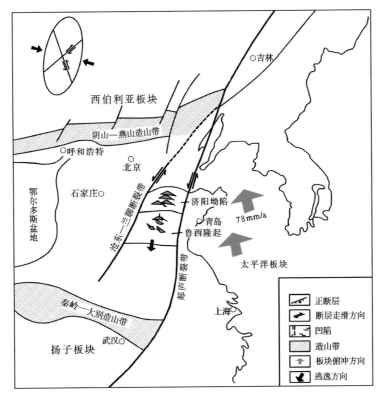

图 2-12 孔店组—沙四下时期研究区动力学背景(据韩振玉,2011;李润芳,2018)

正断层断面倾角较大,伸展量不大。

根据郝科 1 井测年,孔店组绝对年龄在 65.0～50.5Ma。孔店组时期,济阳坳陷继承了中生代的构造格局,但济阳运动导致中生代的北西向逆冲断层发生负反转,呈现为若干个分隔断陷,东营、惠民、沾化凹陷相对独立,沉积了巨厚的孔店组地层。北东—北东东向断层未对盆地发育起控制作用。

孔三段在盆地内埋藏较深,钻井资料少,不做分析。

孔二段时期,西太平洋板块继续沿北北西方向向欧亚大陆斜向俯冲,但聚敛速度降低了近一半。同时,印度板块北上与冈底斯碰撞,华北板块受到来自西南方向的挤压应力而向东逃逸,在济阳坳陷产生了北北东向拉伸应力场,在济阳坳陷北部发育了北东和近东西走向的边界断层。受这一构造背景的影响,孔二段时期形成了惠民、东营、沾化凹陷北断南超的构造雏形,孔二段地层厚度惠民凹陷明显大于东营、沾化凹陷。惠民凹陷的北部控凹边界断层为滋镇、阳信断层,东营凹陷北部控凹边界断层为陈南断层,沾化凹陷主要沉降中心在孤北洼陷,车镇地区未开始断陷。

郝科 1 井孔一段底面绝对年龄为 55.46Ma。孔一段时期,惠民、东营凹陷继承发展了孔二段构造格局,湖盆范围有所拓展,滋镇、阳信断层对惠民凹陷的沉积控制与陈南断层对东营凹陷的沉积控制都更为明显,沾化地区长堤—五号桩边界断层的断陷活动逐步加强,整个孔店期,沾化—车镇地区大部分暴露剥蚀,仅在五号桩附近有少量沉积。

沙四段时期,沿燕辽太行-中条断裂带发生了较强的右旋张扭性剪切运动,沧县隆起从太行山隆起分离,在沧县隆起以东的黄骅—德州—东明一线形成渤海湾盆地西部的走滑构造带,与东部的郯庐断裂带同时右旋张扭走滑,使济阳坳陷处于明显的右旋剪切拉分伸展的应力场中。在这一强烈构造背景下,济阳坳陷岩石圈裂陷伸展,沙四下末期,形成了惠民、东营、沾化、车镇一系列右行拉分北东东、北东走向断层控制的北断南超式箕状凹陷。

沙四下时期,印度板块与欧亚板块碰撞、太平洋板块由北北西向转为北西西向俯冲,沿燕辽太行—中条断裂带发生了较强的右旋张扭性走滑运动,沧县隆起从太行山隆起分离,在沧县隆起以东的黄骅—德州—东明一线形成了渤海湾盆地西部的走滑构造带,与东部郯庐断裂带共同的右旋张扭性走滑活动,使济阳坳陷处于明显的右旋剪切拉分伸展应力场中。受这一构造环境的强烈影响,济阳坳陷岩石圈裂陷伸展,形成了一系列北东走向的右行拉分断陷,整体表现为 4 个受北东东、北东走向断层控制的北断南超式的箕状凹陷。沙四下时期的强烈构造活动,对孔店组的凹陷形态产生了明显的改造作用,济阳坳陷孔店组顶部削蚀,局部可见与沙四段地层的角度不整合。但沙四下继承了孔店组一段干旱—半干旱的气候条件,与孔店组相似,同样沉积了红色—紫红色泥岩,勘探过程中,通常将孔店组—沙四下统称为“红层”。但济阳坳陷沙四下湖盆范围明显扩大,水下环境沉积的砂岩颜色多呈现灰白色—浅灰色。

经过孔店组—沙四下的构造演化,济阳坳陷完成了从中生代向新生代的构造转型,至此,古近纪盆地基本定型,北东—北东东向断层取代北西向断层,控制了盆地的发育。其构造特征具备北西向负反转构造向北东向伸展构造转换的过渡型样式(图 2-13)。凹陷走向为明显的北东向,沉积中心主要位于新生的北东向凹陷边界同沉积断层下降盘,各凹陷之间的鞍部轴向呈明显的北东向。

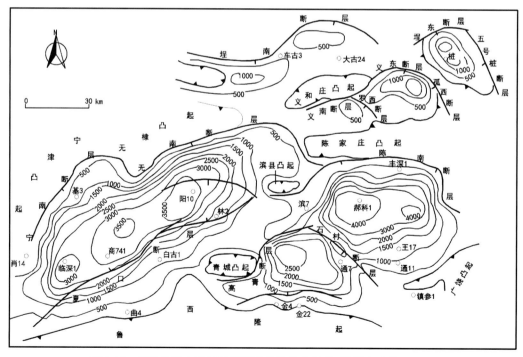

图 2-13 济阳坳陷古近纪早期原型盆地分布格局(据任建业等,2009)

孔店组—沙四下时期,东营凹陷受郯庐断裂带右行走滑应力场控制,惠民凹陷则弧后伸展作用与沧东—兰聊断裂带右行走滑应力场共同控制。这也是济阳运动早期构造格局东西分带的主要原因。北东向断层在惠民凹陷孔店组时期就开始发育,并在孔店组—沙四段达到高峰;而在东部的发育时间则较晚。

(2)济阳裂陷Ⅱ幕

沙四上—沙二下时期是济阳运动中后期,济阳坳陷处于太平洋板块近东西向俯冲挤压状态下,坳陷东侧的郯庐断裂带与西侧的沧东—兰聊断裂带均表现为右旋扭张走滑,坳陷内北东—北东东走向正断层开始强烈活动,并产生部分东西向正断层,断层倾向以南东向为主。这一时期,印支—燕山运动形成的北西向逆断层继续负反转,成为西南倾向的正断层,形成演化过程最为长久、切割层位最深的断层,如孤西、罗西、陈家庄南断层东段,无棣断层东段,石村断层等。

中始新世初沙四上时期,渤海湾地区发生了重大的构造运动调整事件,43.5Ma 时,太平洋板块向欧亚大陆的俯冲方向由北北西转为北西西的正向俯冲,该正向俯冲持续了整个古近纪;56Ma 开始的印度、欧亚板块的碰撞也在此时全面碰撞。亚洲大陆夹持在印度洋板块与太平洋板块之间,造成中国东部构造应力场的转变,形成了主压应力方向为 SE102°—NW282° 的构造应力场。同时,西太平洋板块的俯冲角由早期约 10° 转变为约 80° 的高角度正向俯冲,导致中国东部大陆下出现了软流圈上涌、岩石圈蠕散沉降,不仅改变了郯庐断裂带的活动性质,也基本形成了北断南超箕状断陷湖相盆地的构造格局(图 2-14)。

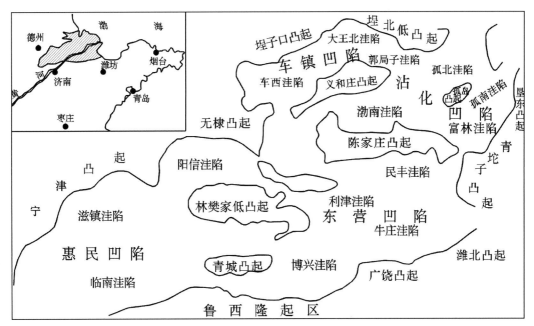

图 2-14　济阳坳陷构造单元分布简图(胜利油田资料)

中始新世沙三段时期(43Ma 左右),库拉板块消失,太平洋板块由北北西向俯冲转为北西西向俯冲,俯冲速率下降到 580mm/a(孙喜新,2005),使济阳坳陷断裂活动主要受北西-南东向区域伸展作用控制。太平洋板块与欧亚板块聚敛方向的改变与速度的回升,在中国东部形成了广泛的弧后伸展构造和走滑拉张构造。济阳坳陷发育了一系列北东—北东东向正断层(图 2-15)。

钻井证实,济阳坳陷古近纪近东西向正断层下降盘近源粗碎屑沉积物发育,属于同沉积断层,控制了洼陷区的沉积作用。而北北东向正断层形成于燕山期,在济阳运动时期局部复活,在济阳运动近南北向区域拉张应力下,以斜向拉伸为主,形成了以右行走滑作用为主的正断层,如高青—平南断层等,对凸起的形成和洼陷中的近源沉积控制作用不明显(徐春华等,2017)。

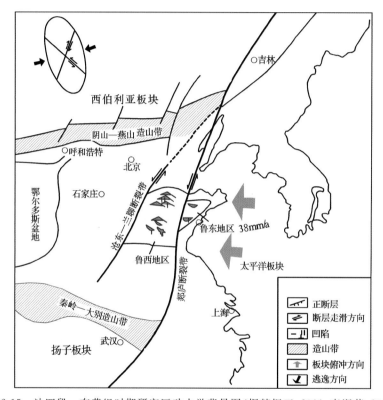

图 2-15 沙四段—东营组时期研究区动力学背景图(据韩振玉,2011;李润芳,2018)

沙四上—沙二下时期,济阳坳陷总体上表现为西南收敛、北东走向、东部—东北部撒开的断陷盆地,湖盆水体经历了沙四上的咸水—半咸水滨浅湖—半深湖、沙三下—沙三中的淡水半深湖—深湖、沙三上的淡水滨浅湖—深湖、沙二下的淡水滨浅湖—半深湖,呈现了一个较完整的湖相水进—水退过程。惠民凹陷为垒堑式断陷广盆,发育中央断裂带,沉积了大片三角洲、扇三角洲、河流相砂体。东营凹陷为北断南超式箕状断陷广盆,发育中央背斜构造带,沉积了厚层泥岩—油页岩、广布式滨浅湖滩坝砂、三角洲、河流相砂体。车镇凹陷为北断南超式箕状断陷窄盆、沾化凹陷为北断南超式多隆起广盆,沉积体系类型则更为多样。4 个凹陷之间分割清楚,各自独立,沙四上—沙三下半深湖—深湖沉积是古近系主力烃源岩层。

郯庐断裂在中生代末—新生代初由左旋到右旋的转变,是济阳坳陷中、新生代构造转型的直接原因。例如,郯庐断裂带在孔店组时期延续了中生代的左旋走滑,但由压扭变为张扭,沾化凹陷北西向断层为伸展断层。沙四段时期,郯庐断裂带由左旋张扭转为右旋张扭,沾化凹陷北东—北北东向断层成为伸展控盆断层,北西向断层则由伸展趋向于挤压。靠近郯庐断裂带的北西向五号桩断层,受右旋剪切应力相对更强,其南段走向变为近南北向(长堤断层)。受郯庐断裂右旋张扭性走滑剪切作用下,沿五号桩—长堤断层发育了一系列的近东西向断层,如桩南、孤北、孤南、垦利断层等(图 2-16)。

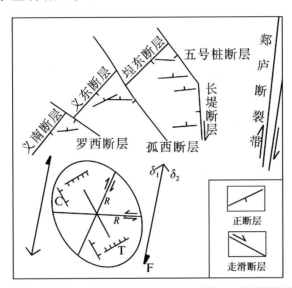

图 2-16　沾化凹陷裂陷 I 幕右旋剪切应力场成因模式图(据郑德顺等,2005)

车镇凹陷在济阳运动期间形成了右旋走滑—伸展构造体系,自东向西发育了 4 条北东走向的走滑断层,平面上近等间距分布(图 2-17)。

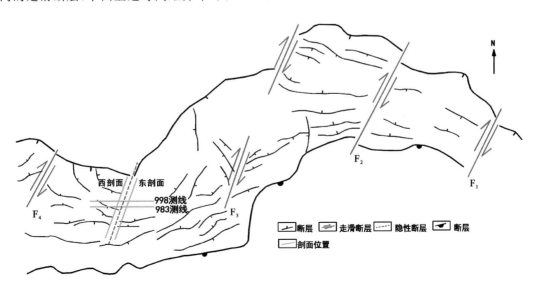

图 2-17　车镇凹陷沙三下地层走滑断层分布图(据穆星等,2021)

2. 东营运动

狭义的东营运动,是指东营组末期发生的大规模近东西向挤压抬升活动,造成了济阳坳陷东营组地层的抬升剥蚀,形成了区域角度不整合面。广义的东营运动,是指渐新世沙二上至东营组时期的整个构造活动,表现为平原河流—滨浅湖三角洲到挤压抬升剥蚀的较完整的构造旋回与构造转型期,即从济阳运动的负反转期又进入整体抬升剥蚀的正反转期,是济阳运动的断陷萎缩期。经历过东营运动之后,济阳地区逐步进入新构造运动的拗陷期,东营组与馆陶组之间存在区域角度不整合面,故东营运动期又被称为断拗转换期(陈洁,2003;杨超等,2005;吴时国等,2006;刘建国等,2007;鲍倩倩,2009;王亚琳,2019)。

沙二上时期,济阳坳陷基本继承了沙二下的构造特征,但部分地区沙二上与沙二下之间存在角度不整合,说明两者之间存在着短暂抬升与剥蚀。自沙二上开始,断裂活动逐渐减弱,北西向断层基本消失,惠民、东营凹陷地层厚度较薄,惠民凹陷主要发育滨浅湖相和三角洲沉积;东营凹陷深湖-半深湖相面积缩小;车镇、沾化凹陷沉积较厚。

东营组沉积时期,沉积中心由东营凹陷转向沾化凹陷,盆地沉积南北差异增大。在济阳坳陷南部发育了一套以浅湖相和河流冲积相为主的沉积组合,北部则发育了一套以湖相、三角洲相为主的沉积。

渐新世晚期(东营组末期),印度板块与欧亚板块再次强烈碰撞挤压,远程效应增强造成华北板块向东逃逸;而西太平洋板块侧向俯冲(俯冲速率为 1020mm/a,孙喜新,2005)造成日本海盆地弧后扩张,产生向西的侧向推力;两者共同作用,中国东部应力场发生了重大转变,济阳坳陷所处的华北东部地区整体处于近东西向(方位 102°)挤压应力场控制下(万天丰等,2004),郯庐断裂带由伸展转为挤压,表现为逆冲兼较大规模右旋走滑。同时,强烈的拉张断陷作用造成华北东部地区热地幔柱上升。在地幔隆升与板块挤压应力场联合控制下,济阳坳陷发生盆地正反转,局部存在正反转构造和正花状构造。正反转断层主要为边界大断层,走向以北北西向为主,如东营凹陷东部北东向断层与北西向断层的转折部位,具有典型的正反转构造特征。区域上东营组甚至沙一段地层遭受剥蚀。

东营运动,造成部分济阳运动走滑断层性质的变化。例如,罗西—车西断层在济阳运动中发生左旋张扭走滑,但在东营运动中表现为左旋压扭走滑;青西断层在济阳运动中发生右旋张扭走滑,但在东营运动中表现为右旋压扭走滑。在济阳、东营两期走滑应力作用下,罗西—车西断层左旋走滑了 9.5km,青西断层右旋走滑了 5km 以上。东营运动造成了北西向罗西—车西断层左行平移、近南北向青西断层右行平移,使夹持于二者之间的公共块体——民丰—青西地区整体北移(图 2-18)。

东营运动末期,区域应力场发生转变,济阳坳陷抬升遭受剥蚀,地层剥蚀量南大北小。根据埋藏史与古热流法模拟恢复,东营组地层剥蚀厚度可达 300~500m(表 2-1)。

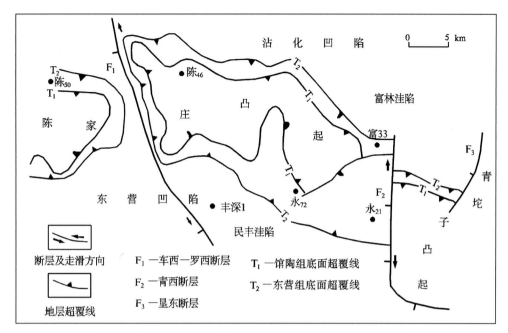

图 2-18 济阳坳陷民丰—青西地区构造简图(据王亚琳,2019)

表 2-1 济阳坳陷典型井东营组剥蚀量恢复结果(据刘帅,2018)

盆缘洼陷	井号	剥蚀量/m	所用古温标
青南	莱 104	365.9	AFR、R_o
青南	角 4	256.1	AFT、AHe
青南	莱 64	350	R_o
青西	坨 76	446.3	AFT
牛庄	永 921	353.6	AFT
牛庄	王 100	536.6	AFT、AHe、R_o
牛庄	王 18	365.9	AFT、AHe、R_o
三合村	垦 119-12	292.7	AFT
滨三区	滨 708	365.9	AFT
里泽镇	里 2	439.1	AFT

选取 10 条区域地震测线和 100 余口井,采用声波时差法和磷灰石裂变径迹法,预测了东营运动的剥蚀厚度。结果表明:从凸起→斜坡→凹陷中心,剥蚀厚度依次减小。惠民、东营凹陷地层剥蚀厚度大,靠近鲁西隆起和青城凸起的部位地层剥蚀厚度近 1000m,惠民凹陷东营组一段完全缺失,东营凹陷东营组一段残留厚度仅为 20~40m;沾化、车镇凹陷东营组一段残留厚度可达 110m;北坡埕宁隆起处剥蚀厚度 600~700m;陈家庄、义和庄、滨县凸起处地层剥蚀厚度较小,一般为 500~600m;惠民、东营、车镇凹陷沉积中心处剥蚀厚度小,多为 100~200m;而沾化凹陷沉降中心剥蚀现象最为微弱,小于 100m,说明沾化凹陷沉降中心同样是东营组末期整个坳陷的沉积中心(图 2-19)。

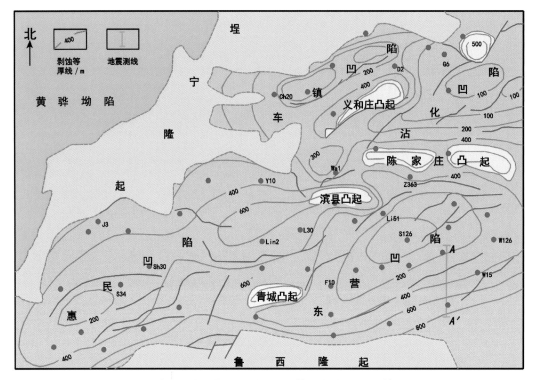

图 2-19　济阳坳陷东营运动剥蚀地层等厚线(据刘士林等,2010)

五、新构造运动

新构造运动,是以青藏高原大规模抬升为标志,渤海湾盆地自中新世中期(12～10Ma)馆上段至今,西太平洋板块向欧亚大陆俯冲带后退、东营组末期以来延续的近东西向挤压应力大为减弱,同时,印度板块向欧亚板块的会聚引发中国西部向东部逸脱,导致北北东向的郯庐断裂右旋张扭性走滑活动大为减弱。"坳陷"运动与郯庐断裂活动的关系已不密切,地壳与地幔间重力均衡作用占主导地位。在这一背景下,济阳地区右旋张扭性断陷活动迅速消亡、伸展作用明显减弱,整体表现为以岩石圈稳定蠕散热沉降为特征的坳陷期构造沉积作用。

东营运动造成了济阳坳陷古近系与新近系之间的区域角度不整合,且自馆陶组以来,济阳坳陷构造沉积环境与古近系发生了根本性的变化,因此,这里将新近系—第四系—现今统称为新构造运动期(陈洁,2003;杨超等,2005;孙喜新,2005;吴时国等,2006;刘建国等,2007;韩立国,2009;徐杰等,2012;贾志明,2016;李理等,2018)。

这一时期,年轻的坳陷型松散沉积平铺于古近纪断陷盆地的垒堑结构上,显示出大型沉积平原的地貌。郯庐断裂带控制下的断裂失去了古近纪的活力,尤其是北东、北北东、北西—北北西走向的主要断裂,活动幅度明显减弱,断层倾角由缓变陡,断距由大变小,断距一般为50～300m,有些断层明显延续到了明化镇组。大型披覆背斜构造是该阶段的显著特点,凹陷内的正向构造被馆陶组地层披覆,凸起被馆陶组—明化镇组地层披覆,而隆起区则被明化镇组—平原组披覆,说明沉积速度远大于沉降速度,区域沉降代替了差异沉降。

1. 坳陷初始期

馆下段的拗陷初始期,济阳坳陷东部最大主压应力方向总体上处于北东—东西向,西部则以南北—北西向为主,断层活动性大为减弱,北东东向断层活动最强,北北东向断层次之,北西向断层活动微弱,馆陶组底面断距一般小于100m(图2-20)。义和庄、无棣、陈家庄、青坨子及广饶等规模较大的凸起未被掩埋,在这些孤立低缓的凸起翼部发育小型冲积扇;其他地区地形坡降大、水流急,广泛发育辫状河沉积。馆下段地层厚度总体上由西南往东北逐渐增厚。

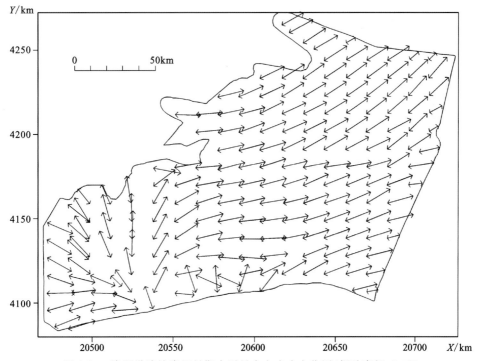

图 2-20 济阳坳陷馆陶组早期水平最大主应力方位图(据孙喜新,2005)

经过馆下段坳陷初始期,济阳坳陷由箕状断陷向近对称性结构转化,沉积充填由湖相快速沉积向河流相缓慢超覆转化,新近系底面呈近水平状超覆于所有老地层之上,岩浆活动由强向弱转化,以喷发为主,强度中等(图2-21)。

2. 坳陷稳定期

馆上段至今的坳陷稳定期,济阳坳陷构造应力场变化频繁。以最大水平主应力方向为例,馆上段时期,惠民凹陷应力方向较为杂乱;东营凹陷自西南—西北—东北—东南,最大水平主应力方向由近南北转为北西,再转为北东;沾化凹陷西侧最大水平主应力方向为北西向、东侧则为北东向。明化镇组时期最大主应力方向则主要为北东、近东西向(图2-22、图2-23)。

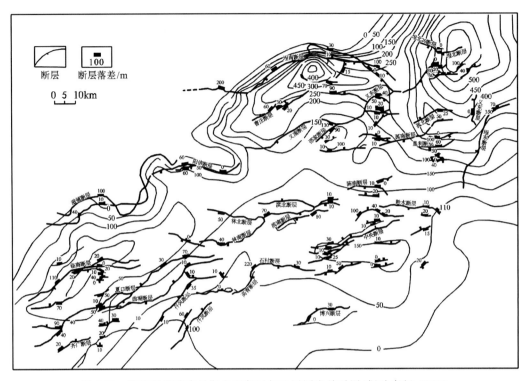

图 2-21　济阳坳陷馆陶早期主要断层与地层厚度关系图（据孙喜新，2005）

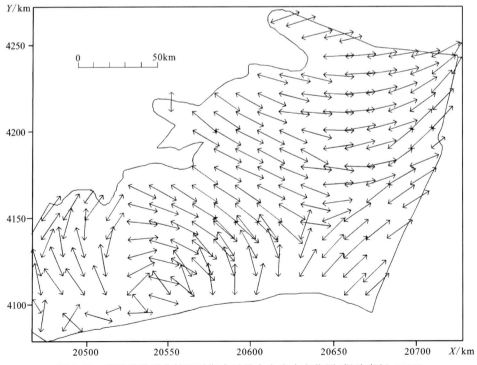

图 2-22　济阳坳陷明化镇组时期水平最大主应力方位图（据孙喜新，2005）

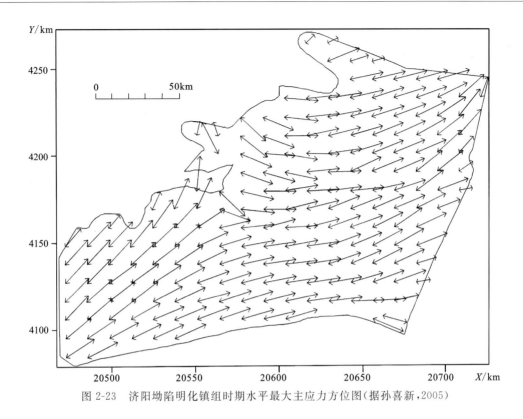

图 2-23 济阳坳陷明化镇组时期水平最大主应力方位图（据孙喜新，2005）

当前,中国东部地区以受太平洋板块向欧亚大陆俯冲挤压作用为主,以菲律宾板块北西向俯冲欧亚大陆产生侧向挤压作用为辅,构造应力场的主体特征表现为北东东向挤压,与相邻板块俯冲的方向大体一致(图 2-24)。根据华北地区 GPS 网观测数据计算,渤海周边地区现代主压应力方向为 NE65.5°～89.3°(胡惟等,2013)。

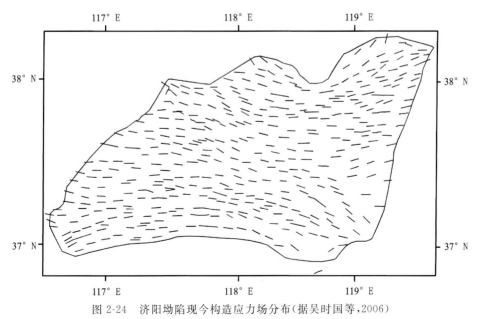

图 2-24 济阳坳陷现今构造应力场分布（据吴时国等，2006）

这一时期,济阳坳陷断层活动性进一步减弱,惠民、东营凹陷一般往上断至馆上段消失,沾化、车镇凹陷可断至明化镇组上部消失,消失深度在 $700\sim800m$ 之间。沾化凹陷是馆上段主要拉张区,埕岛地区是明化镇组主要拉张区。这一时期是济阳坳陷孤岛、埕东、孤东、埕岛、林樊家等新近系大型披覆背斜的最终形成期,也是早期各类圈闭的最终定型期。由于馆下段的填平补齐作用,馆上段时期凸起与凹陷的分隔性已经消失,地形变缓,广泛发育泛滥平原相沉积,局部发育浅湖相,区域上沉降沉积中心向北移至渤中坳陷。济阳坳陷成为统一的渤海湾盆地的一部分。

济阳坳陷在不同构造运动期具有不同的构造应力场,发育不同的走滑构造特征。印支期,济阳坳陷是在区域挤压应力场作用下,表现为逆冲斜向走滑活动;燕山期,在区域简单剪切作用下,表现为正断斜向走滑活动;济阳期,在区域伸展应力场作用下,表现为正断斜向走滑活动;东营期,在区域挤压应力场作用下,表现为逆冲斜向走滑活动。

济阳运动、东营运动、新构造运动是济阳坳陷断块、背斜等新生代构造类型的主要发育阶段,沉降中心逐渐从西向东、从南向北迁移,最终集中在济阳坳陷东部海域。

济阳坳陷目前的构造格局是中生代北西向断层控制形成简单半地堑,古近纪北东向断层控制形成复杂半地堑、堑垒,以及新近纪至今坳陷披覆共同叠加改造而成。

第三节　特殊构造类型

济阳坳陷多套构造层系、多期构造运动、多种盆地类型相叠加,发育了丰富多彩的构造类型。这里主要分析以下 6 种构造。

一、断陷层构造带

济阳坳陷在济阳运动时期形成了典型的北断南超式的箕状断陷,每个断陷平面上均可划分为以下 5 种构造带(丁桔红,2013)。

1. 北部陡坡带

北部陡坡带的边界断层也是凹陷的北边界断层。不同构造演化阶段具有不同的特征。例如埕南断层、宁津-无棣南断层、滨县-陈家庄南断层等,在孔店组—沙四下时期主要为板式、南倾,沉积速度小于沉降速度;沙四上之后逐渐演化为铲式,沉积速度大于沉降速度。铲式边界断层与多条次级伴生断层共同组成顺向或反向滑动断阶以及滚动背斜,成为北部陡坡带的主要构造特征。

滚动背斜又称为同沉积背斜,是陡坡带边界铲式断层边拉张—下降盘边沉积压实的产物,受下降盘沉积层重力作用填补断层裂隙的影响,自下往上背斜轴部逐渐往凸起方向推进。

不同构造部位的陡坡带边界断层具有不同的特征,车镇凹陷北部陡坡带边界断层——埕南断层在断陷期的活动性比东营、惠民凹陷要弱,且倾角较陡,形态为板式,凹陷为窄盆。沾化凹陷北部边界断层在断陷期的活动性也弱于东营、惠民凹陷,但在坳陷期则强于其他凹陷,凹陷为多个窄洼陷组成的不规则散盆,每个洼陷同样表现出单断式箕状盆地的特征。东营、惠民凹陷的北部陡坡带边界断层在断陷期活动性较强,倾角较缓,形态为铲式或坡坪式,凹陷为宽盆。北部陡坡带面积约占济阳坳陷总面积的 1/9。

2. 中央隆起带

车镇凹陷北部陡坡带边界断层较陡,断陷较窄,未发育中央隆起带。东营、惠民凹陷盆地宽缓,受构造迁移和重力滑动作用形成了中央隆起带。东营中央隆起带是由孔店组—沙四段塑性膏岩层受沙三段—东营组底辟构造上拱而成;惠民中央隆起带是由孔店组—沙四段地层在沙三段—东营组翘倾断裂作用下而成。沾化凹陷分割性强,可划分为四扣-渤南、孤北、孤南-三合村 3 个相对孤立的沉积洼陷,分别发育了义 176 近东西向断裂带、桩 835 近南北向中央鼻状隆起带、垦利近东西向断裂带,对应各自的中央构造带。中央隆起带面积占济阳坳陷总面积的比例较小。

3. 洼陷带

洼陷带主要包括东营凹陷的博兴、利津、民丰、牛庄、青南、花沟洼陷,惠民凹陷的临南、滋镇、阳信洼陷,沾化凹陷的四扣-渤南、孤北、五号桩、孤南-三合村洼陷,车镇凹陷的车西、套尔河、郭局子洼陷,埕岛地区的桩海洼陷等。由于水体较深,物源供给少,洼陷带大部分属于半深湖-深湖相环境。沙四上—沙三中时期,湖盆进一步扩张,地形高差加大,洼陷带水体加深、范围有所扩大。沙三上—沙二下时期,济阳湖盆大部分处于浅湖环境,洼陷带主要发育半深湖环境。洼陷带面积约占济阳坳陷总面积的 1/4。

4. 南部缓坡带

东营、车镇凹陷南部缓坡带孔店组—沙四下地层中主要发育南倾断层,在沙四上—东营组地层中主要发育北倾断层,南坡为早期反向断阶与后期顺向断阶叠置而成,为断阶式缓坡。惠民、沾化凹陷南部缓坡带孔店组—沙四下地层中主要发育北倾断层,沙四上—东营组地层中同时发育北倾、南倾断层,南坡为早期半地堑与后期垒堑叠加而成,为堑垒式缓坡。断阶带与断裂鼻状构造带是缓坡带两大构造类型。断裂鼻状构造可分为继承性断鼻、差异压实断鼻等类型。南部缓坡带面积约占济阳坳陷总面积的 1/2。

5. 凸起带

凸起带可分为凹陷周边高凸起潜山和凹陷内低凸起潜山两类。高凸起是在古近系潜山之上披覆新近系,如陈家庄凸起、青城凸起、义和庄凸起、埕东凸起等。低潜山是前古近系潜山之上披覆古近系,如平方王—平南潜山、垦利潜山等。凸起带面积约占济阳坳陷总面积的 1/7。

二、坳陷层构造带

根据构造样式、沉积充填、发育演化等特点,济阳坳陷新近系构造带可分为坳缘超覆带、浅凹带、缓坡带、披覆构造带 4 种类型。

1. 坳缘超覆带

坳缘超覆带是指馆陶组底面超覆线以外—明化镇组顶面尖灭线以内的坳陷边缘区,面积 10 530km²。坳缘超覆带除在馆陶组底面超覆线附近发育少量断层外,大部分区域断层不发育。坳缘超覆带剖面上为层层超覆,平面上在隆起边缘的古梁子之上发育大型鼻状构造。

2. 浅凹带

浅凹带位于坳陷中心,是新近纪地层发育全、厚度大、埋藏最深的区域,面积 7100km²。浅凹带断裂发育,剖面上发育似花状、收敛断阶状两种构造。似花状构造平面上为交叉或网状断裂组合,是由古近系膏盐层拱升造成新近纪地层裂陷所致,常发育在浅凹带中部断裂带上。收敛断阶状构造平面上为雁列式组合,局部帚状断裂组合,剖面上为断阶、马尾、"Y"形等向深部收敛的断裂组合,是由二级主断裂下降盘重力滑动拉张作用所致,主要分布在浅凹带北部控凹断裂附近。

3. 缓坡带

缓坡带是位于坳缘超覆带内侧—浅凹带外侧的斜坡区,环绕浅凹带分布,构造平缓,倾角一般小于 5°,面积 21 350km²。缓坡带发育顺向断阶,断层延伸距离较短,断距较小。平面上有平行式、雁行式、交叉式 3 种断裂组合。

4. 披覆构造带

披覆构造带为缓坡带内部的孤立构造,是新近纪地层超覆/披覆在前古近系隆起之上的披覆背斜或鼻状构造,总面积 2695km²。剖面上常为背斜—断背斜构造,平面上为披覆背斜或半背斜,局部为鼻状构造(图 2-25)。

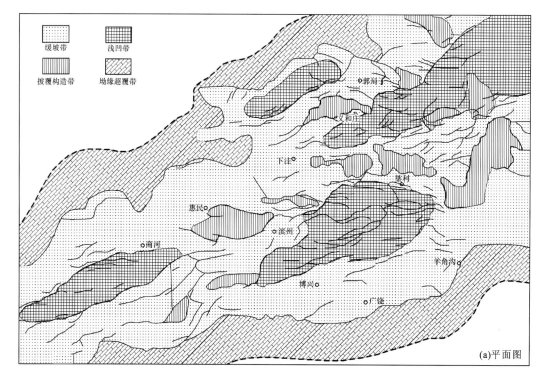

(a)平面图

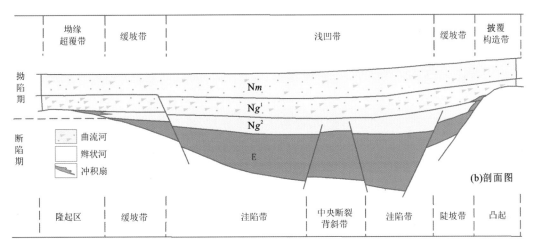

图 2-25 济阳坳陷新近系构造带划分图(据肖焕钦等,2009)

三、断裂带

1. 断裂级别

经过多期构造活动,济阳坳陷主要断裂发育有 1600 余条。依据断裂对盆地的控制作用,将其分为 5 个级别(黄超,2013;陈亮,2019)。

一级断层:控盆断层,共 14 条,是济阳坳陷与周边隆起的边界,如埕南断层、滋镇—阳信断层。断面陡,深入基底,断距可超万米,自中生代开始活动,主要发育。

二级断层:控凹断层,共 46 条,是凹陷与凸起的边界,如陈南断层、义东断层、埕东断层等。断层规模大、活动时间久,平面延伸远可达数十至上百千米,断距数千至近万米。断面铲式或坡坪式,个别板式,自古近纪一直持续到新近纪末期。主要控制凹陷与凸起发育和演化。

三级断层:控带断层,共 137 条,是陡坡带、洼陷带等二级构造带的边界,如东营中央断裂带、临商断裂带、大 1 断层、长堤断层等。活动时间早、平面延伸远(15~35km)、断距大(可达数千米),多为同沉积断层。控制了不同构造带的地层与构造发育。

四级断层:控片断层,共 1400 条,是断块区、断块群、构造片区的边界。多为主干断层的调节断层。平面延伸距离不超过 10km,断距几十至几百米,主要发育于古近系内部。控制了二级构造带内部断块群的发育。

五级断层:控块断层,数千条,是单个断块的边界。平面延伸短,断距几米至几十米。控制了局部构造或单个断块的发育。

2. 断裂走向

济阳坳陷新生代主干断层大致分为 4 个方向:

北东向断层,数量最多且占绝对优势。例如,庆云—车 20 北断层、滋镇北—阳信—义南—埕东—埕北东断层、临商—林南—胜北—孤南断层、花沟—营 2 断层等,呈南西收敛、北东撒开的帚状分布。

北北东向断层,例如,高青断层、义东断层、垦东断层、孤东断层、长堤断层等,呈雁列式分布。

北西向断层,数量较少。例如,滋镇断层、阳信—石村断层、车西—罗西—陈南断层、埕南—孤西断层、埕北断层、五号桩断层等,区域上近平行且近等间距分布。

近东西向断层,数量最少。例如,桩南断层、孤北断层、孤南断层、垦利断层等。

北东—北东东向断层全区分布,北西向断层主要分布在济阳坳陷东部—中部,沾化凹陷分布较多;东西向断层见于沾化、东营凹陷。

3.断裂组合

平面上,单个断裂主要有线形、弧形、"S"形、锯齿形;多个断层主要有平行、雁列、帚状、交叉(如网格、锯齿、羽状、随机交叉)等组合方式(图 2-26、图 2-27)。

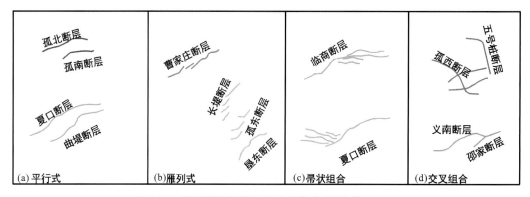

图 2-26　济阳坳陷断裂平面组合样式(据陈亮,2019)

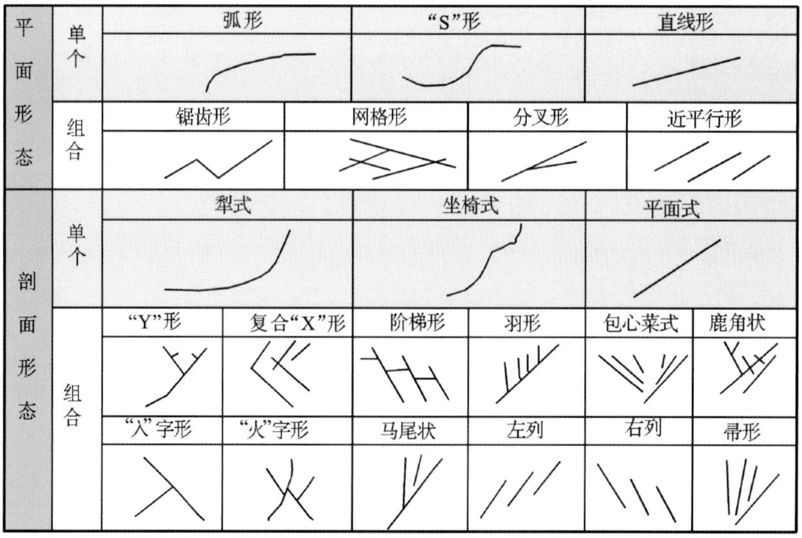

图 2-27　济阳坳陷断层的平面、剖面几何形态特征(据蔡佑星,2008)

剖面上，断层面主要有板状、坡坪状、铲状或犁式等样式，可组合出地垒、断阶、"Y"形断层组合等（图 2-28）。

一些逆牵引背斜、穹隆背斜、鼻状背斜往往会被断层复杂化，形成断裂背斜带。

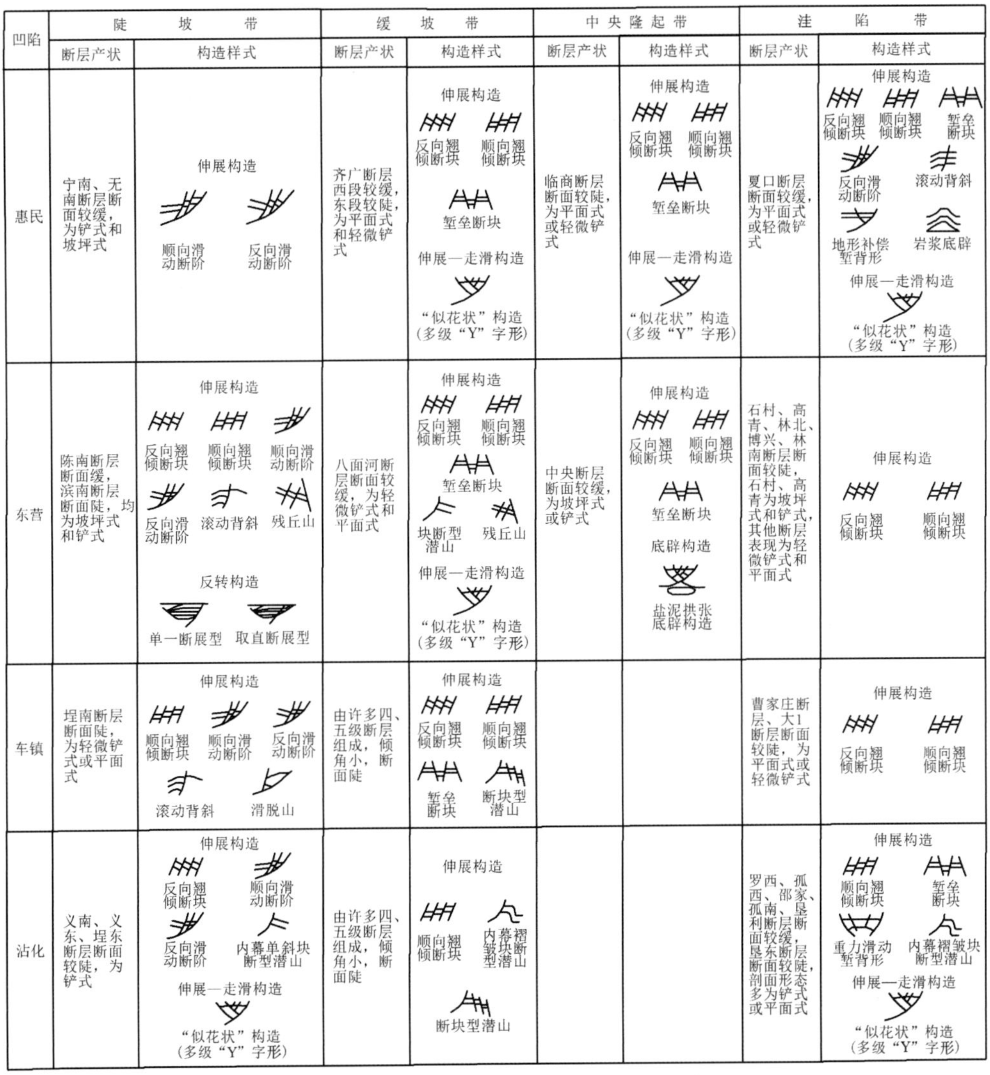

凹陷	陡坡带		缓坡带		中央隆起带		洼陷带	
	断层产状	构造样式	断层产状	构造样式	断层产状	构造样式	断层产状	构造样式
惠民	宁南、无南断层面较缓，为铲式和坡坪式	伸展构造 顺向滑动断阶 反向滑动断阶	齐广断层西段较缓，东段较陡，为平面式和轻微铲式	伸展构造 反向翘倾断块 顺向翘倾断块；堑垒断块；伸展—走滑构造 "似花状"构造（多级"Y"字形）	临商断层面较陡，为平面式或轻微铲式	伸展构造 反向翘倾 顺向翘倾断块；堑垒断块；伸展—走滑构造 "似花状"构造（多级"Y"字形）	夏口断层断面较缓，为平面式或轻微铲式 地形补偿堑背形	伸展构造 反向翘倾断块 顺向翘倾断块 堑垒；反向滑动 滚动背斜；岩浆底辟；伸展—走滑构造 "似花状"构造（多级"Y"字形）
东营	陈南断层断面陡，滨南断层断面较缓，均为坡坪式和铲式	伸展构造 反向翘倾断块 顺向翘倾断块 顺向滑动断阶；反向滑动断阶 滚动背斜 残丘山；反转构造 单一断展型 取直断展型	八面河断层断面较缓，为轻微铲式和平面式	伸展构造 反向翘倾断块 顺向翘倾断块；堑垒断块 残丘山；伸展—走滑构造 "似花状"构造（多级"Y"字形）	中央断层面较缓，为坡坪式或铲式	伸展构造 反向翘倾 顺向翘倾断块；堑垒断块；底辟构造；盐泥拱张底辟构造	石村、高青、林北、林南、博兴、南断层面较缓，石村、高青为坡坪式和铲式，其他表现为轻微铲式和平面式	伸展构造 反向翘倾断块 顺向翘倾断块
车镇	埕南断层断陡，为轻微铲式或平面式	伸展构造 顺向翘倾断块 顺向滑动断阶 反向滑动断阶；滚动背斜 滑脱山	由许多四、五级断层组成，断层面角小，面陡	伸展构造 反向翘倾断块 顺向翘倾断块；堑垒断块 断块型潜山			曹家庄断层、大1断层断面较陡，为平面式或轻微铲式	伸展构造 反向翘倾断块 顺向翘倾断块
沾化	义南、义东、埕东断层较陡，为铲式	伸展构造 反向翘倾断块 顺向滑动断阶；反向滑动断阶 内幕单断块；伸展—走滑构造 "似花状"构造（多级"Y"字形）	由许多四、五级断层组成，断层面角小，面陡	伸展构造 顺向翘倾断块；断块型潜山 内幕褶皱型潜山；断块型潜山			罗西、孤家、孤南、垦利断层面较缓，垦东断层断面较陡，剖面形态多为铲式或平面式	伸展构造 顺向翘倾断块 堑垒；重力滑动 内幕褶皱块 堑背形 断块型潜山；伸展—走滑构造 "似花状"构造（多级"Y"字形）

图 2-28　济阳坳陷不同构造带断裂组合样式图（据邱桂强等，2011）

4. 走滑断裂

济阳坳陷走滑断裂主要受济阳运动时期郯庐断裂带右行张扭性走滑作用的影响，多发育北东向右行走滑正断层，全区广泛分布，其中临南洼陷临商结合部、牛庄洼陷王家岗断裂带、惠民—东营南坡、惠民—东营北带、沾化东部的桩海—埕岛及垦东等地区走滑断层更为典型（表 2-2），平面上呈雁列式、帚状、弧形、放射状、侧接状分布，剖面上以负花状、半花状为主，少量正花状。

表 2-2　济阳坳陷走滑断裂体系分布表(据赵利等,2017)

区带	位置	组成	活动时期	走向及旋向	主要特征
I	惠民凹陷临邑洼陷	临邑断层及其派生断层	古近纪—新近纪	约北东向70°,右行	平面呈帚状,剖面呈半花状
II	惠民—东营凹陷斜坡带	白桥断层、惠东断层、淄川断层等	晚中生代—古近纪	放射状向北撒开;西侧左行,东侧右行	平面上,呈放射状向北撒开;剖面上,向下切穿中、古生界,向上断距渐小
III	东营凹陷牛庄洼陷	八面河断层及派生断层	晚中生代—古近纪	约北向东50°,右行	基底中断层平直,盖层中由一系列派生次级断层组成
IV	惠民—东营凹陷陡坡带	一系列次级断层	三叠纪	近南北,相邻断层旋向相反	彼此平行,与弧形控盆边界断层相交,并分隔沟梁体系
V	沾化凹陷东部	垦东断层、孤北断层、长堤断层等	新近纪—第四纪	近南北,右行	平面上,呈左阶侧列;剖面上,古近系及以下为铲式,新近系及以上为花状

四、反转断层

反转断层是由于后期构造作用导致断层上下盘的相对运动方向发生了反转,可分为正反转断层、负反转断层两种类型。正反转断层是指先期形成的正断层受后期的挤压作用,上盘沿原断面发生了逆冲。负反转断层是指先期形成的逆断层受后期拉张作用,上盘沿断面下滑。简言之,正反转是先期正断层的逆冲反转,负反转是先期逆断层的正向滑动。

济阳坳陷经历了印支期的逆冲褶皱、燕山期的正反转与负反转、济阳运动期的长期负反转、东营运动期的短暂正反转,发育了复杂多样的负反转断层(图 2-29)。而埕岛地区埕北 20 断层、东营凹陷陈南断层东段,均为典型的正反转挤压背斜(图 2-30)。

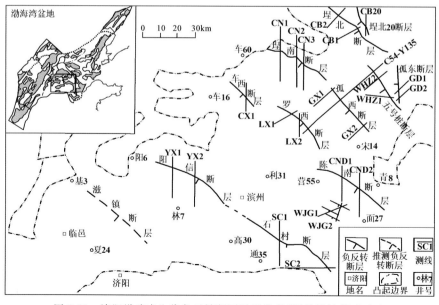

图 2-29　济阳坳陷中生代负反转断层平面分布(据侯旭波等,2010)

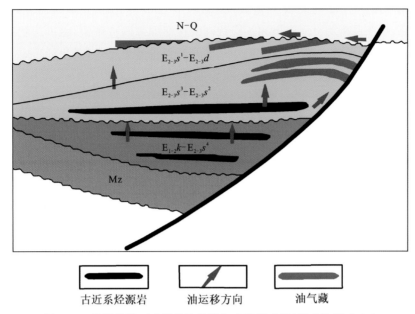

图 2-30　济阳坳陷正反转构造的油气成藏模式图(据李伟等,2010)

济阳坳陷中生代负反转断层以北西—北北西走向为主,近平行排列(图 2-31)。

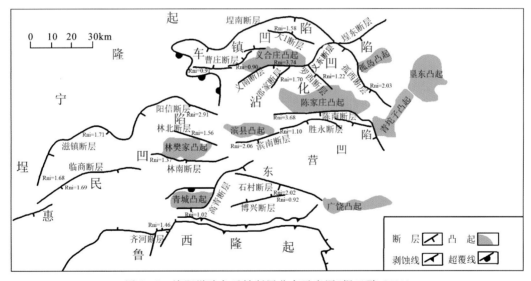

图 2-31　济阳坳陷负反转断层分布示意图(据王鹏,2010)

五、砂岩断层变形带

砂岩层段内的断层,受剪切、挤压、膨胀等作用,会导致砂岩颗粒的滑动、旋转、破碎等情况的发生,从而使断层面两侧或断裂带内发育特殊的岩性变形带。济阳坳陷的断层岩性变形带主要有两种类型。

第一种是沙一段砂岩的层状硅酸盐变形带。由于断层面对砂岩层段的挤压摩擦,颗粒发生明显重排,定向性好,带内泥质含量高,但颗粒粒度和分选性基本无变化,颗粒粒径为0.04~0.1mm,单条厚度为0.4~2mm。层状硅酸盐变形带既可单条,也可簇状平行、交叉展布,位移较小,多在厘米级。在岩芯上,层状硅酸盐变形带颜色变浅(图2-32)。

第二种是中生界砂岩的碎裂带。由于断裂带破碎对砂岩原岩产生碎裂作用,颗粒破碎严重、孔隙坍塌、粒度变细、分选变差、泥质含量变高,且距碎裂带越近颗粒破碎越严重。原岩颗粒粒径为0.08~0.1mm,碎裂带粒径为0.04~0.08mm,粒度明显变细,物性变差。碎裂带多呈平行簇状或单条展布,与断层伴生发育,平行于断面或小角度相交,离断层面越远破碎带发育密度越小。在岩芯上,碎裂带呈颜色较深的"裂缝"特征。

(a)

(b)

(c)

(d)

(a)、(b)大802井,2225m,层状硅酸盐带岩芯特征;
(c)、(d)王100井,2423.6m、2425.5m,碎裂带岩芯特征

图2-32 济阳坳陷变形带微观结构类型及其特征(据刘鹏等,2021)

六、滑脱构造

与印支期、燕山期发育的逆冲推覆构造相对应,济阳坳陷在燕山期、喜马拉雅期发育了正向滑脱构造(李理等,2008)。滑动构造是在断层面、地层界面、岩性界面、地层不整合面等滑动面之上,主要由于重力作用导致上覆地层往下滑动形成的脱离构造。滑脱面的共同特点是强度较低、较为松软,常表现为地层破碎带或断裂破碎带。有时也将滑脱面称为滑脱断层,滑动构造即为逆冲推覆构造的负反转构造。

济阳坳陷南缘与东北部的滑脱构造,是晚白垩世(120Ma)、始新世(44~37Ma)、渐新世(23Ma)时期构造负反转形成的,滑脱面是古生界顶面、太古宇顶面的不整合面或断层破碎带,上覆中生界及新生界。

第三章　储　层

济阳坳陷太古宇、寒武—奥陶系、石炭—二叠系、侏罗—白垩系、古近系、新近系 6 大构造层,经历多种沉积—成岩环境,演化形成了丰富多样的储层类型。

第一节　太古宇变质岩

济阳坳陷在郑家—王庄、桩海—埕岛地区已钻遇太古宇潜山油藏,埋藏深度 1200～4600m,并获得日产油千吨以上高产。例如,钻遇的太古宇厚度,郑古 1 井 871m、埕北 38 井 640.8m。目前,济阳坳陷钻遇太古宇的探井 500 多口,取芯井 270 余口。王学军等(2016)对 832 块岩芯样品进行测定表明,济阳坳陷太古宇岩石类型主要有岩浆岩、变质岩两大类 8 种,以岩浆岩样品为主,占到了 81.9%。其中,岩浆岩包括肉红色、灰色二长花岗岩、钾长花岗岩、灰色、灰绿色花岗闪长岩类、脉岩类(灰绿色煌斑岩脉、伟晶岩脉),变质岩包括动力变质岩(压碎岩类、糜棱岩类)、区域变质岩(黑云变粒岩、斜长角闪岩)。局部石英闪长岩变质变形明显。泰山群黑云变粒岩和斜长角闪岩等变质岩类少见。

通过岩芯观测与露头区对比发现,太古宇潜山风化壳的发育程度主要受 3 大因素控制,岩石矿物组分为决定性因素,例如富含钾长石的花岗岩易被烃类有机酸溶蚀形成钾长石溶孔,断裂发育程度为首要因素,风化淋滤溶蚀作用为次要因素。

构造破碎、风化淋滤溶蚀、油气有机酸溶蚀等后期改造作用,为太古宙地层提供了大量构造裂缝及少量溶缝、溶蚀孔洞,形成了有利的储集空间。太古宇岩芯孔隙度多小于 5%,部分为 5%～10%,少量为 10%～20%。渗透率多小于 $5×10^{-3}μm^2$,少量为 $(5～100)×10^{-3}μm^2$,极个别为 $(100～500)×10^{-3}μm^2$,或为 $500×10^{-3}μm^2$ 以上(刘宁等,2006)。孟涛(2015)测试了 35 口井 457 块岩芯样品,结果表明,孔隙度小于 5% 的样品占 71%,渗透率小于 $5×10^{-3}μm^2$ 的样品占 83%。总体评价为低孔低渗储层,少量中低孔中低渗储层。

第二节　下古生界海相碳酸盐岩

一、储层物性

济阳坳陷寒武—奥陶系沉积了一套稳定的陆表海台地相碳酸盐岩地层,岩性主要为泥晶灰岩、鲕粒灰岩、藻团粒白云岩、显微晶—细晶—中晶白云岩等,横向稳定、分布广泛。

经历多期构造挤压破碎、抬升风化剥蚀、大气淡水首次淋滤溶蚀、湖水二次溶蚀改造,该地层发育了以孔隙、溶洞裂缝-溶洞、裂缝-孔隙为主的 4 种储集空间(表 3-1)。被裂缝沟通的孔隙、溶洞是最有利的碳酸盐岩储集空间。构造、断裂、岩溶等共同作用在不同构造部位形成了风化壳淋滤带、垂直渗流带、水平溶蚀带、断裂溶蚀带、构造裂缝带、内幕孔洞带 6 种储集组合样式(图 3-1)。全区发育了风化壳淋滤带、断裂溶蚀带、构造裂缝带、内幕孔洞带 4 类储集体。

风化壳、断裂带的岩溶作用与岩性、层位无关,构造裂缝带主要发育于褶皱、背斜核部,内幕储集体则主要分布在上寒武统凤山组、下奥陶统冶里—亮甲山组等白云岩发育的层段。

岩芯分析表明,下古生界裂缝型碳酸盐岩储层的裂缝线密度平均为 31 条/m,缝宽 50～150μm,裂缝度为 0.22%;孔隙型碳酸盐岩储层孔隙度可达 15.5%～20.9%,渗透率为$(6.6～47.59)\times10^{-3}\mu m^2$;溶洞型储层,除钻头放空的较大溶洞外,填充型溶洞的孔隙度可达37.9%,渗透率为$331\times10^{-3}\mu m^2$(谭俊敏等,2007)。

表 3-1 济阳坳陷下古生界碳酸盐岩储集空间类型表(据谭俊敏等,2007)

类型	层位及岩石类型	储集空间类型	分布	备注
孔隙型	O_2b 显微镜白云岩、O_1 结晶白云岩、O_2b 藻团粒白云岩、鲕粒灰岩	白云岩晶间孔、粒间孔、粒内孔	厚度及面积多变的带状	孔隙度:15.5%～20.9% 渗透率:$(6.6～47.59)\times10^{-3}\mu m^2$
溶洞型	古风化壳碎石带、古风化壳、洞穴堆积岩	各种溶蚀孔隙	古风化带及溶蚀带	孔隙度:37.9% 渗透率:$331\times10^{-3}\mu m^2$
裂缝-溶洞型	O_2 泥晶灰岩、O_1 结晶白云岩	裂缝、溶缝、古溶洞	古风化壳及巨厚灰岩层	裂缝的线密度为 31 条/m,宽 50～150μm,裂隙度为 0.22%
裂缝-孔隙型	O_2b 显微晶白云岩、藻团粒白云岩	裂缝、溶缝、白云岩晶间孔、晶间溶孔	古风化壳及深层	裂缝和孔隙都很发育,孔隙沿裂缝发展,是潜山主要储集类型

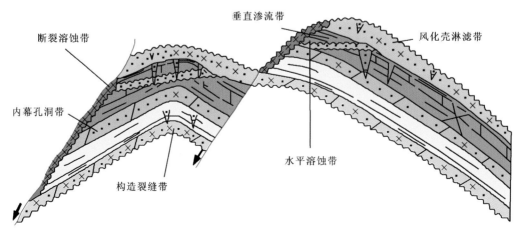

图 3-1 济阳坳陷下古生界潜山油气藏储集系统模式(据谭俊敏等,2007)

二、构造破碎作用

断裂作用在下古生界碳酸盐岩地层中形成了大量的构造缝。根据车古 20 潜山岩芯统计,裂缝在不同层位的发育程度存在差异。冶里—亮甲山组和凤山组白云岩的裂缝最为发育,平均裂缝线密度为 55.4 条/m,最大可达 100 条/m,且缝面平直。八陡组灰岩裂缝发育程度次之,平均裂缝线密度为 31.5 条/m,最大为 64 条/m。上、下马家沟组灰岩裂缝也较发育,平均裂缝线密度为 25.5 条/m,但多数被石膏充填。

扣除充填缝后,八陡组和上、下马家沟组灰岩中开启裂缝平均线密度都在 5 条/m 以下,而冶里—亮甲山组为 40 条/m 左右(徐春华等,2009)。可以看出,构造破碎对白云岩的储集性能改造作用要远好于灰岩。

裂缝可以增加孔隙度,但更重要的是能大幅提高储层渗透性。

三、风化溶蚀作用

济阳坳陷下古生界碳酸盐岩在顶面风化壳附近,以及沟通不整合面的断裂带中,接受了大气淡水的强烈溶蚀改造作用,其发生的时间为表生成岩阶段。地化分析表明,大气淡水淋滤溶蚀作用可达不整合面之下 400m 深度,主要作用范围集中在不整合面之下 150m 深度以内(图 3-2)。溶蚀作用通常沿先存裂缝、角砾间残存孔缝或在微孔隙较发育的部位优先发生,溶蚀扩大各类储集空间。

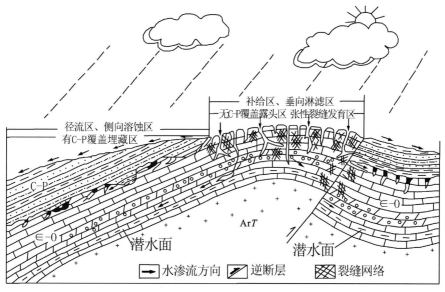

图 3-2 济阳坳陷褶皱型古潜山岩溶发育模式图(据库丽曼等,2007)

大气淡水对碳酸盐岩风化壳的岩溶作用普遍发育,与风化壳岩性和层位关系不大。钻井证实,没有上古生界覆盖的区域,下古生界顶面发育岩溶缝洞;有上古生界覆盖的区域,下古生界顶面不容易形成岩溶缝洞(图 3-3)。

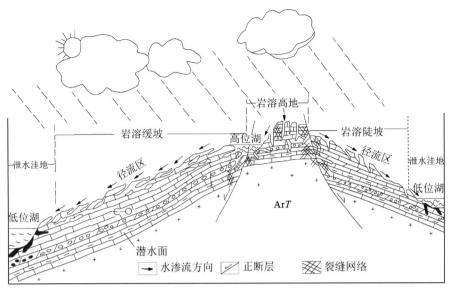

图 3-3　济阳坳陷古地貌、古水系与岩溶发育关系模式图（据库丽曼等,2007）

例如,广饶潜山发育了加里东、印支、燕山、喜马拉雅 4 期大型岩溶作用,岩芯中见到大量风化壳、落水洞和地下径流岩溶体,有 11 井次出现漏失,漏失量为 15～6000t(王勇等,2020)。

济阳坳陷下古生界碳酸盐岩岩溶缝洞方解石的 $\delta^{13}C$ 值范围为 $-0.083‰～-12.983‰$,$\delta^{18}O$ 值范围为 $-7.888‰～-22.553‰$,两者均偏负异常,都反映了大气淡水的岩溶作用。同时,对埕北 302、埕北 306、桩古斜 47、桩海 10 等 9 口井寒武—奥陶系 73 个碳酸盐岩样品的锶同位素进行分析,溶洞或缝脉中碳酸盐矿物的 $^{87}Sr/^{86}Sr$ 比值为 0.715 846,明显高于全球基质碳酸盐岩平均值的 0.711 9,说明经历了大气淡水强烈的成岩作用。低于该平均值时,一般说明有深部幔源热液的改造作用,即深部热水岩溶作用。显著高的 $^{87}Sr/^{86}Sr$ 比值、较低的 $\delta^{13}C$ 和 $\delta^{18}O$,都说明缝洞充填物与大气水作用直接相关,充填物是表生成岩过程中溶解—沉淀的产物(库丽曼等,2007)。

四、白云岩化作用

白云岩化作用是寒武—奥陶系碳酸盐岩最为重要的成岩作用之一,是除岩溶作用之外的另一重要储层形成机理。

济阳坳陷下奥陶统冶里—亮甲山组发育了一套厚度为 180～240m 的灰色、浅灰色结晶白云岩,白云石几乎均呈自形的菱形体,白云石含量多在 95% 以上,含微量泥质或硅质。根据晶体大小,可分为细晶白云岩、细—中晶白云岩 2 种类型,结晶程度高,排列无序,呈砂糖状,晶间孔、粒间孔隙发育,是较好的孔隙型储层,又被称为"砂糖状白云岩"。从晶体结构及残余粒屑结构看,属于后生(次生)白云岩。

冶里组—亮甲山组白云岩岩芯孔隙度最大为 5.7%,平均 3.08%;空气渗透率最大为 $95.3×10^{-3}\mu m^2$(郝运轻,2006)。

研究其 O、C、Sr 同位素，$^{87}Sr/^{86}Sr$ 分布范围为 0.709 336～0.716 919，平均 0.713 154，与海水值接近；$\delta^{13}C$ 范围为 $-0.38‰$～$-1.91‰$，$\delta^{18}O$ 范围为 $-6.21‰$～$-16.45‰$，也偏向于海水值（徐春华等，2009）。孔隙性较好的白云岩主要属于回流渗透白云化作用，即原生碳酸盐岩沉积之后，在成岩阶段，高含镁离子水往下回流渗透穿过碳酸盐岩时产生的白云岩化重结晶作用。重结晶作用形成了较好的原生晶间孔隙，理论计算表明，白云石交代方解石可使晶体体积缩小 13%，从而增加了晶间孔隙度。例如，埕北 39 井白云岩总孔隙度为 6.5%～7%，以原生孔隙为主，次生孔隙最大仅为 2.5%（张奎华等，2007）。孔隙性较差的白云岩主要属于准同生化白云岩成因，即高镁水向上运动引起了潮上沉积的表层碳酸盐岩的准同生白云岩化作用，这一成因的白云岩颗粒较细，为泥晶或粉晶结构。

济阳坳陷下古生界含有石膏等蒸发盐，随着埋深加大、地温升高，石膏脱水（转化成硬石膏），可能为具粒屑结构的石灰岩提供了富含镁离子的海源粒间孔隙水，加快了白云石化。

第三节 上古生界低渗致密砂岩

一、储层岩性与物性

济阳坳陷中石炭统本溪组—二叠系总体沉积了一套海陆交互过渡相地层。除了本溪组发育薄层泥晶灰质白云岩和泥质灰岩、太原组发育薄层生物碎屑灰岩和泥晶灰岩之外，其他层组均是砂岩储层，包括泥质粉砂岩、粉细砂岩、细砂岩、中砂岩、粗砂岩、含砾粗砂岩等。对石炭—二叠系砂岩储层物性进行统计，表明济阳坳陷上古生界砂岩属于典型的低孔低渗—特低孔特低渗—致密砂岩储层（韩会军等，2007；吕大炜等，2008；陈妍，2008；张关龙等，2009；韩思杰等，2014；贾志明，2016；王敏等，2017）。

石炭—二叠系砂岩岩石类型以长石质石英砂岩、岩屑质石英砂岩和石英砂岩为主；颗粒组分以石英、变质石英岩岩屑为主，长石含量较低；颗粒分选中等，磨圆度较高，形状多为次棱角状—次圆状，说明搬运距离较远。颗粒之间以线接触为主，局部凹凸镶嵌接触，表明压实作用较强。胶结物含量一般低于 15%，主要为硅质、黏土矿物和碳酸盐类，局部见少量的铁质胶结物。

砂岩中的原生粒间孔隙主要是原生孔隙被后期成岩改造后的原生粒间剩余孔，多呈不规则状、多角状；次生孔隙包括粒内溶蚀孔、粒间溶蚀孔等，主要由长石、岩屑等不稳定组分溶解而成；两种孔隙都常见充填晶形完好的自生石英和高岭石等黏土矿物，后期成岩改造作用明显。原生粒间孔隙的孔喉半径为 0.05～0.50mm，多数在 0.10～0.30mm 之间，占储集空间的 5%～10%。次生溶蚀孔隙的孔径一般为 0.1～0.6mm，其中粒内溶蚀孔孔径为 1.0～1.5mm，是主要孔隙类型，约占储集空间的 50%；从地区分布看，沾化、车镇凹陷次生溶蚀孔隙比例达 50%～70%，东营、惠民凹陷为 30%～40%。

砂岩中的裂缝主要包括成岩裂缝、构造裂缝，前者窄短、后者宽长。成岩裂缝宽度为 0.01～

$0.05\mu m$。裂缝约占整个储集空间的 20%,对储集性能有很大改善作用。其中,印支期裂缝多次被充填,所剩无几。燕山期裂缝几乎全被方解石充填,且方解石为它形晶。喜马拉雅期裂缝规模较小,多为开启-半开启张裂缝,方解石为自形晶。

总体来看,济阳坳陷石炭—二叠系砂岩孔隙度为 $0.1\%\sim27.1\%$,平均 10%;空气渗透率为 $(0.01\sim112)\times10^{-3}\mu m^2$,平均 $3.28\times10^{-3}\mu m^2$。按照致密油空气渗透率小于 $1\times10^{-3}\mu m^2$ 的界限(王永诗等,2021),石炭—二叠系砂岩属于低孔低渗—特低孔特低渗—致密油范围。

从石炭—二叠系砂岩储层物性的地区分布来看:

车镇凹陷孔隙度为 $3.5\%\sim20.5\%$,平均 12.1%;空气渗透率为 $(0.01\sim112)\times10^{-3}\mu m^2$,平均 $5.40\times10^{-3}\mu m^2$。

东营凹陷孔隙度为 $4.0\%\sim12.2\%$,平均 8.4%;空气渗透率为 $(0.01\sim5.69)\times10^{-3}\mu m^2$,平均 $1.45\times10^{-3}\mu m^2$。

沾化凹陷孔隙度为 $3.0\%\sim15.9\%$,平均 9.7%;空气渗透率为 $(0.01\sim3.14)\times10^{-3}\mu m^2$,平均 $0.81\times10^{-3}\mu m^2$。

惠民凹陷孔隙度为 $1.5\%\sim12.1\%$,平均 5.4%;空气渗透率为 $(0.01\sim3.27)\times10^{-3}\mu m^2$,平均 $0.72\times10^{-3}\mu m^2$。

可见,石炭—二叠系砂岩储层物性,车镇凹陷最好,惠民凹陷最差,东营、沾化凹陷居中。

从砂岩储层物性的纵向分布来看,从好到差的顺序为:上石盒子组→下石盒子组→石千峰组→山西组→太原组→本溪组。

1. 本溪组

中石炭统本溪组主要发育障壁岛、潮坪相砂岩,单个砂体多为透镜体形态,砂岩厚度一般小于 $5m$,砂体之间不连续。

统计 10 口井 136 块岩芯样品,砂岩孔隙度为 $0.1\%\sim5.7\%$,平均 0.9%;空气渗透率为 $(0.01\sim5.8)\times10^{-3}\mu m^2$,平均 $0.10\times10^{-3}\mu m^2$。

2. 太原组

上石炭统太原组同样主要发育障壁岛、潮坪相砂岩,与本溪组相比,太原组砂岩厚度略有增加,为 $10\sim30m$,连续性依然较差。

统计 17 口井 433 块岩芯样品,以粉砂质泥岩、泥质粉砂岩、粉砂岩为主,砂岩孔隙度为 $0.5\%\sim9.8\%$,平均 2.5%;空气渗透率为 $(0.01\sim14.50)\times10^{-3}\mu m^2$,平均 $0.2\times10^{-3}\mu m^2$。

3. 山西组

下二叠统山西组主要发育浅水三角洲平原分流河道砂体,砂岩厚 $10\sim40m$,分布局限,难以形成大面积连续储层,岩性主要为粉砂岩、岩屑长石细砂岩—中砂岩等。

统计 15 口井 320 块岩芯样品,孔隙度为 $1.5\%\sim15.3\%$,平均 4.1%;渗透率为 $(0.01\sim$

$54.1)\times10^{-3}\mu m^2$,平均 $0.50\times10^{-3}\mu m^2$。

4. 石千峰组

石千峰组储集岩主要为浅水湖泊砂体,残留地层仅在沾化凹陷孤北地区有零星分布,岩芯主要为中—细粒岩屑长石砂岩。

统计 2 口井 104 块岩芯样品,孔隙度为 2.5%～17.2%,平均 7.6%;空气渗透率为(0.01～65.2)$\times10^{-3}\mu m^2$,平均 $4.2\times10^{-3}\mu m^2$。

5. 下石盒子组

下二叠统下石盒子组主要发育曲流河河道砂体,主要为中粗粒石英砂岩。砂体分布南北差异较大,沾化、车镇凹陷零星分布,厚度一般为 20～40m;惠民、东营凹陷呈大面积片状连续分布,厚度为 20～80m。砂岩厚度中心主要分布在惠民东部、东营西部(图 3-4)。

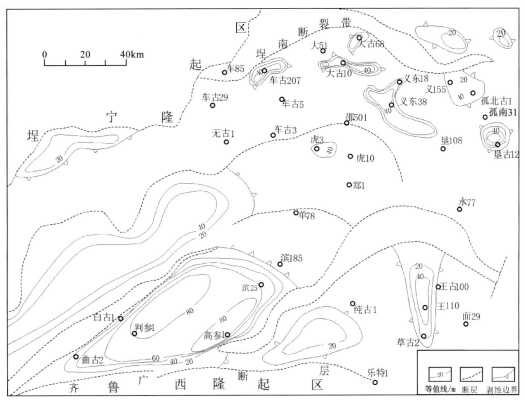

图 3-4 济阳坳陷下石盒子组砂体展布图(据贾志明,2016)

统计 19 口井 443 块岩芯样品,孔隙度为 3.1%～15.3%,平均 8.4%;渗透率为(0.01～87.5)$\times10^{-3}\mu m^2$,平均 $4.7\times10^{-3}\mu m^2$。

6. 上石盒子组

上二叠统上石盒子组同样以曲流河河道砂岩为主,主要发育石英砂岩,含少量的长石砂岩和岩屑砂岩。典型的如奎山段石英砂岩,以中砂、粗砂为主,颗粒磨圆度绝大多数为次棱角状,其次为次棱角—次圆状,结构成熟度较高;分选性为好—中等。石英含量高,最高达 90%;长石含量不太高。

上石盒子组砂岩厚度大于下石盒子组,一般为 40~80m,多数厚度在 60m 左右。受后期抬升剥蚀作用,沾化、车镇地区仍然零星分布,仅在孤北古 1、孤北古 2、车古 207、沾 13 等井区有小范围厚层砂体。上石盒子组在济阳坳陷南部大面积连片分布,占据了惠民凹陷大部分与东营凹陷中西部,厚 50~80m(图 3-5)。

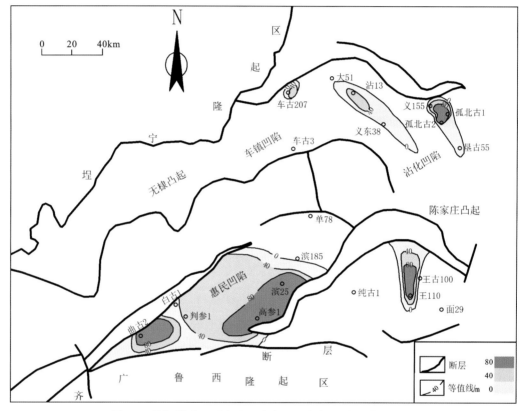

图 3-5　济阳坳陷上石盒子组砂岩平面分布(吕大炜等,2008)

统计 16 口井 963 块岩芯样品,孔隙度为 4.6%~20.5%,平均 10.2%;空气渗透率为 $(0.01~100.1)×10^{-3}\mu m^2$,平均 $5.60×10^{-3}\mu m^2$。其中,孤北古 1、孤北古 2、孤北古 3 井上石盒子组砂岩岩芯分析,孔隙度为 1.2%~11.6%,平均 5.76%;空气渗透率为 $(0.01~0.675)×10^{-3}\mu m^2$,平均 $0.162×10^{-3}\mu m^2$。高青地区花古 102 井上石盒子组奎山段含砾石英砂岩、石英粗砂岩、石英中砂岩岩芯孔隙度为 6%~9.8%,平均 8.5%;空气渗透率为 $(0.06~2)×10^{-3}\mu m^2$,平均 $0.326×10^{-3}\mu m^2$。均属于特低孔特低渗储层。

花古 102 井岩芯正逆累计法确定东营凹陷上古生界孔隙度下限为 6.9%,渗透率下限为 $0.12×10^{-3}\mu m^2$。义和庄油田试油层电性法确定上古生界石英砂岩孔隙度下限为 7.4%,渗透率下限为 $0.3×10^{-3}\mu m^2$。

二、砂岩成岩作用

济阳地区上石盒子组万山段、奎山段、孝妇河段河流、滨岸相厚层含砾及中粗粒石英砂岩是上古生界最有利的储集层,下石盒子组下部砂岩也是有利的储层,但砂岩成岩作用强烈,胶结程度比较高。现今的主要储集空间是次生孔隙,原生粒间孔保存较少。次生孔隙主要是砂岩胶结物铁方解石、铁白云石、黏土矿物等被后期溶蚀形成的粒间孔隙。

针对济阳坳陷石炭—二叠系砂岩,通过分析压实作用、胶结作用、交代作用、溶蚀作用、构造破裂作用等,结合温度热演化、矿物转化等认识,将成岩阶段划分为中成岩 A 期、中成岩 B 期、晚成岩 3 个期次。

从地区上看,孤北、惠民南坡等石炭—二叠系古最大埋深等于现今埋深的地区,砂岩处于中成岩 B 期—晚成岩阶段,成岩演化程度较高,主要为破坏性成岩作用,如压实、胶结作用,建设性成岩作用不发育。车西、大王庄等石炭—二叠系古最大埋深大于现今埋深的地区,砂岩处于中成岩 A 期—B 期阶段,成岩演化程度相对较低,除了破坏性成岩作用,还发育溶解等建设性成岩作用(图 3-6)。

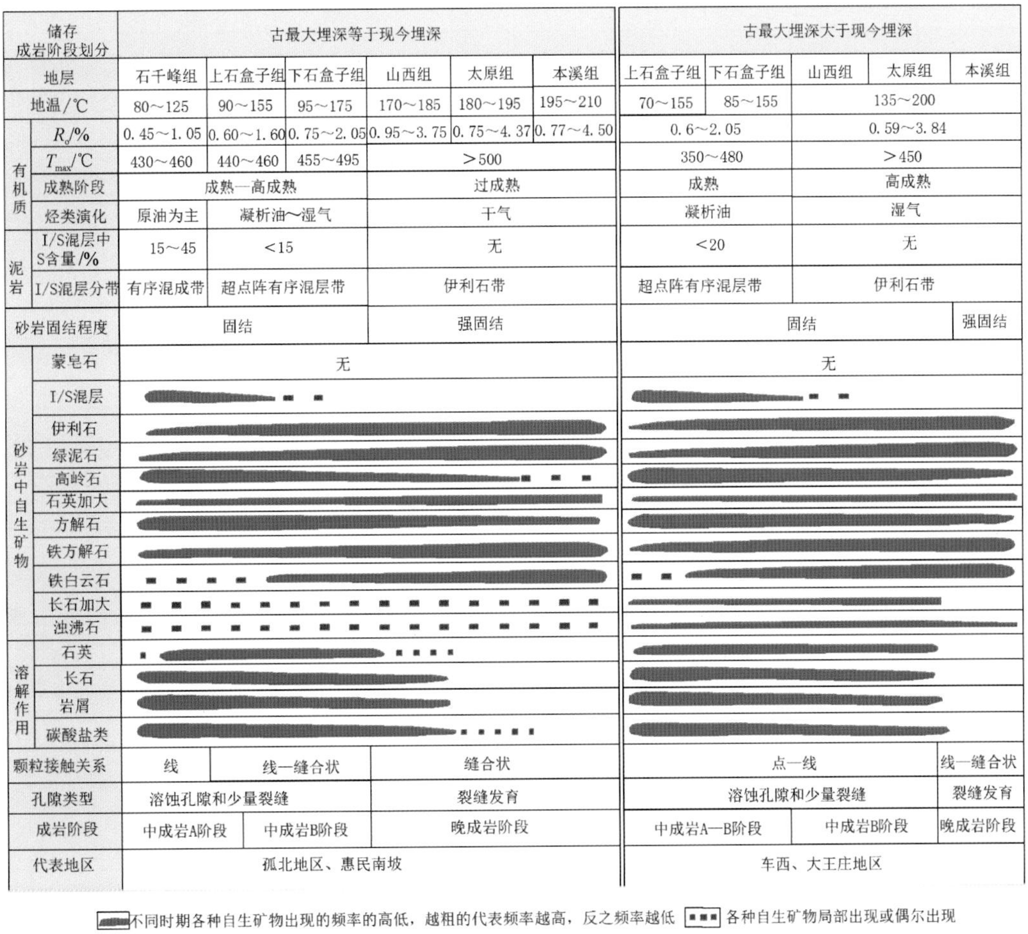

储存 成岩阶段划分	古最大埋深等于现今埋深						古最大埋深大于现今埋深				
地层	石千峰组	上石盒子组	下石盒子组	山西组	太原组	本溪组	上石盒子组	下石盒子组	山西组	太原组	本溪组
地温/℃	80~125	90~155	95~175	170~185	180~195	195~210	70~155	85~155	135~200		
有机质 R_o/%	0.45~1.05	0.60~1.60	0.75~2.05	0.95~3.75	0.75~4.37	0.77~4.50	0.6~2.05	0.59~3.84			
有机质 T_{max}/℃	430~460	440~460	455~495	>500			350~480	>450			
有机质 成熟阶段	成熟—高成熟			过成熟			成熟	高成熟			
有机质 烃类演化	原油为主	凝析油—湿气		干气			凝析油	湿气			
泥岩 I/S混层中S含量/%	15~45	<15		无			<20	无			
泥岩 I/S混层分带	有序混成带	超点阵有序混层带		伊利石带			超点阵有序混层带	伊利石带			
砂岩固结程度	固结		强固结				固结		强固结		
砂岩中自生矿物 蒙皂石	无						无				
砂岩中自生矿物 I/S混层											
砂岩中自生矿物 伊利石											
砂岩中自生矿物 绿泥石											
砂岩中自生矿物 高岭石											
砂岩中自生矿物 石英加大											
砂岩中自生矿物 方解石											
砂岩中自生矿物 铁方解石											
砂岩中自生矿物 铁白云石											
砂岩中自生矿物 长石加大											
砂岩中自生矿物 浊沸石											
溶解作用 石英											
溶解作用 长石											
溶解作用 岩屑											
溶解作用 碳酸盐类											
颗粒接触关系	线	线—缝合状		缝合状			点—线			线—缝合状	
孔隙类型	溶蚀孔隙和少量裂缝			裂缝发育			溶蚀孔隙和少量裂缝			裂缝发育	
成岩阶段	中成岩A阶段	中成岩B阶段		晚成岩阶段			中成岩A—B阶段	中成岩B阶段		晚成岩阶段	
代表地区	孤北地区、惠民南坡						车西、大王庄地区				

▬▬▬不同时期各种自生矿物出现的频率的高低,越粗的代表频率越高,反之频率越低　▬ ▬ ▬各种自生矿物局部出现或偶尔出现

图 3-6　济阳坳陷石炭—二叠系储层成岩阶段划分(据张关龙等,2009)

从层系上看,石炭系本溪组、太原组砂岩基本处于晚成岩阶段,演化程度达到最高。下、上石盒子组及石千峰组砂岩处于中成岩 A 期—B 期阶段,演化程度最低。山西组处于中成岩 B 期—晚成岩阶段。

石炭系—二叠系有效储层总体处于中成岩 A 期—B 期阶段,处于晚成岩阶段的基本不具备储集能力。

第四节　中生界低渗致密砂岩

济阳坳陷侏罗—白垩纪期间,随着区域构造的拉张—断陷—抬升,伴随着气候条件从早期温暖潮湿植物繁盛转换到干旱—半干旱环境,沉积了一套以下部含煤、中上部紫红色—红色为主的碎屑岩地层,发育了冲积扇、河流相、扇三角洲、三角洲、滨浅湖等沉积体系,储层以岩屑长石砂岩或长石岩屑砂岩为主,其次为含砾砂岩或砂砾岩。

分析沾化及滩海地区中生界砂岩储层的演化过程可知,中生界经历了中生代、新生代二次埋藏压实与胶结,导致砂岩的致密化。燕山运动、东营运动的抬升剥蚀与淡水淋滤溶蚀,晚期油气充注成藏期有机酸对长石、碳酸盐岩胶结物的溶蚀,以及构造活动产生的裂缝等,又改善了致密砂岩的储集性能。

分析表明,沉积埋藏过程中的压实作用,使中生界砂岩孔隙度减小了 16.6%,仅占原始总孔隙度的 51.5%。胶结作用使孔隙度减小了 10.6%,占原始总孔隙度的 32.8%。从岩芯分析来看,中生界砂岩碎屑颗粒之间以线接触为主,凹凸式与点接触较少。颗粒之间普遍见到伊利石等黏土矿物的泥质胶结与钙质胶结,大部分处于中等—弱胶结状态。溶蚀作用及裂缝则增加了储集空间并提高了渗透性。目前来看,济阳坳陷中生界砂岩储集空间中原生孔隙不发育,主要为次生孔隙及裂缝。次生孔隙主要为长石、岩屑及方解石在酸性介质中溶解而形成的溶解孔隙。裂缝主要包括构造裂缝、压实裂缝和解理缝。不整合面之下 10~100m 内的砂体物性较好。

根据岩芯物性统计,济阳坳陷中生界砂岩储层的孔隙度为 5.0%~15.0%,平均 10.9%;空气渗透率为 $(0.1~10)×10^{-3}\mu m^2$,整体属于低孔低渗—特低孔特低渗—致密油的范围。个别可达中孔中渗储层。从层系上看,西洼组储层物性最好,其次为坊子组,蒙阴组和三台组最差(孟涛等,2016)。例如,埕岛—桩海地区埕北 306 井中生界 3339~3358m 井段岩芯常规物性分析,孔隙度为 5.2%~8.7%,平均 6.3%;空气渗透率为 $(0.062~6.27)×10^{-3}\mu m^2$,平均 $1.299×10^{-3}\mu m^2$;桩海 10 井中生界 3736~3761m 井段岩芯分析孔隙度为 3.7%~11.8%,平均 7.1%;空气渗透率为 $(0.035~1.1)×10^{-3}\mu m^2$,平均 $0.223×10^{-3}\mu m^2$。

总体来看,济阳坳陷中生界砂岩成岩阶段大部分处于中成岩 A 期,部分达到中成岩 B 期。有利储层主要分布于中等压实、强—中有机酸溶蚀区及附近的断裂带。

第五节　古近系低渗致密砂岩

济阳断陷湖盆经历了三次海侵及多次湖平面升降,形成了冲积扇、河流、扇三角洲、三角洲、近岸水下扇、浊积扇等沉积体系,发育了几乎所有类型的湖相砂岩类型。沉积相带与埋藏深度是济阳坳陷砂岩储层物性的主控因素(表3-2)。

表3-2　济阳坳陷古近系砂岩储层物性特征(据朱筱敏等,2006)

沉积相		孔隙度/%	渗透率/×10^{-3} μm^2	埋深范围/m	代表地区与层位
河流	曲流河	34~37	1244~6525	1300	孤东,新近系馆陶组
	辫状河	30	7764	1900	胜坨,古近系沙二段
滨浅湖		13~20	1~20	3000	现河庄,古近系沙三段
		10	1~50	3000	牛庄,古近系沙三段
		6~15	1~5	3000	林樊家,古近系沙三段
近岸水下扇	扇根砂体	13~15	0.38~4.7	2000~3000	滨南、利津地区
	扇中砂体	9~20	1.4~650		
三角洲	平原分支河道	28~36	700	1200	南斜坡,古近系沙三段(草112)
	前缘水下分流河道	15~35	50~700	1300	南斜坡(金31),古近系沙二段
		30~35	100~2800	1900	永安镇,古近系沙三段(永116)
		5~18	1~100	3000	胜坨,古近系沙三段(坨713)
					林樊家,古近系沙三段(樊104)
	前缘河口坝	28~35	200~700	1200	南斜坡,古近系沙三段(草112)
		20~32	200~1000	2000	利津,古近系沙二段(利911)
	前缘席状砂	18~25	10~100	2300	永安镇,古近系沙三段(永116)
浊积扇		7~20	1~40	2900	牛庄,古近系沙三段(牛35)
		15~25	1~30	3000	现河庄,古近系沙三段(河155)
		5~13	1~10	3300	利津,古近系沙四段(利911)

　　压实、胶结、溶蚀等成岩作用,大幅度改变了砂岩的储集性能。经计算,济阳坳陷沙三段储层原始孔隙度为31.2%~35.94%,现今孔隙度为4.4%~14.5%;沙四段储层原始孔隙度为32.7%~36.6%,现今孔隙度为4.1%~11.9%(袁静等,2012)。

　　济阳坳陷区域上普遍存在次生孔隙发育带,自西向东、由南向北,次生孔隙发育深度呈加大趋势。惠民凹陷发育深度为1500~2400m,东营凹陷发育深度为1650~2450m,沾化凹陷发育深度为2300~3500m,车镇凹陷发育深度为2200~2700m(图3-7),这与各自的生烃排酸时间有关。次生孔隙主要是长石、岩屑、碳酸盐、硫酸盐等矿物受有机质热演化生烃过程中产生的酸性流体的溶蚀改造作用而形成的。

　　济阳坳陷古近系低渗致密砂岩主要沉积类型包括漫湖相薄层砂岩、滨浅湖滩坝砂岩、近岸水下扇砂砾岩、深水浊积岩等,岩性以砂砾岩、中—细粒砂岩、粉砂质细砂岩为主。致密砂岩储集层多发育纳米级孔喉(孔径小于$1\mu m$),具有孔喉尺寸小、结构复杂、非均质性强的特点。

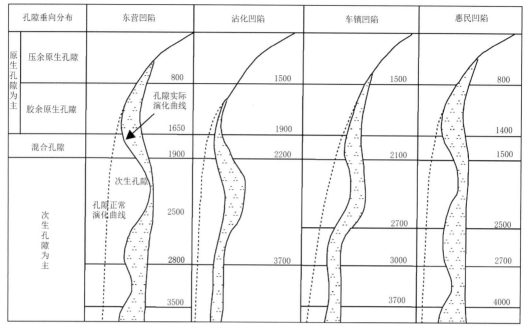

图 3-7 济阳坳陷砂岩次生孔隙度发育深度图(单位:m,据朱筱敏等,2007)

低渗致密砂岩的渗透性明显受喉道半径控制。自然获得工业油流产量的孔喉半径下限,致密砂岩为 $0.6\mu m$、致密砂砾岩为 $0.8\mu m$;压裂后获得工业油流产量的砂岩孔喉半径为 $0.2\sim0.6\mu m$。现有压裂技术在小于 $0.2\mu m$ 时无效。统计了 4897 组岩芯物性数据,低渗致密砂岩储层孔隙度普遍小于12%,平均7%;空气渗透率为 $(0.001\sim3.000)\times10^{-3}\mu m^2$,平均 $0.64\times10^{-3}\mu m^2$。其中77%的岩芯样品空气渗透率低于 $1\times10^{-3}\mu m^2$,23%的样品空气渗透率为 $(1\sim3)\times10^{-3}\mu m^2$(王永诗等,2021)。

一、孔店组—沙四下"红层"砂岩

济阳坳陷孔店组—沙四下时期,整体处于热带、亚热带干旱气候,在枯水期以辫状河—冲积扇—咸化湖相为主,在洪水期则发育洪水漫湖沉积,形成了分布广泛的红层沉积。主要砂岩类型包括洪水沟道、扇中辫状河道、漫湖砂坪沉积的各类砾岩与砂岩。孔店组—沙四下低渗致密砂岩主要发育在漫湖相沉积环境中。

总体来看,冲积扇主要发育于盆地边缘,以红色砂泥岩互层为主,砂岩含砾。湖漫滩沉积发育于冲积扇前缘靠近物源一侧,由冲积扇与阵发性洪水沉积共同构成,主要为红色泥岩夹薄层砂岩。洪漫砂坪沉积发育于冲积扇前缘靠近盆地一侧,为冲积扇沉积经湖浪改造形成的滨浅湖砂质浅滩,砂岩分选较好,结构成熟度高,主要为砂岩、泥岩互层。咸化湖相则发育于枯水期浪基面之下,主要发育滨浅湖泥岩与盐膏岩互层(图 3-8)。

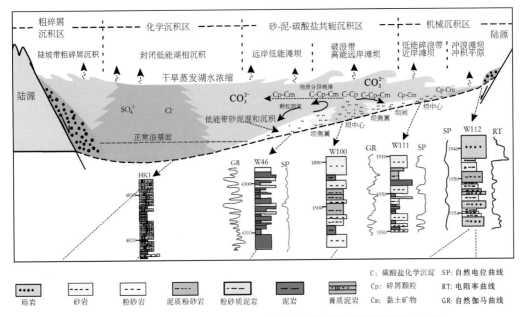

图 3-8　东营凹陷孔店组—沙四下盐湖相沉积模式图（据谭先锋等，2016）

由于膏盐层的遮挡封堵，孔店组—沙四下成为相对封闭的成岩系统，经历了压实、黏土矿物转化胶结、酸化溶蚀等成岩作用，以压实、碳酸盐胶结—溶解作用为主，孔隙类型以粒间原生残留孔隙与长石、黏土矿物、碳酸盐矿物溶解、溶蚀产生的次生孔隙为主。

以东营凹陷为例，纵向上可分为 5 个孔隙发育带：①深度为 800～1300m，为原生孔隙发育带，孔隙度为 10%～38%。②深度为 1600～1900m，为混合孔隙发育带，孔隙度为 8%～32%。③深度为 2100～2600m，为第一次生孔隙发育带，孔隙度为 5%～28%。④深度为 2700～3100m，为第二次生孔隙发育带，孔隙度为 3%～23%。⑤深度为 3200～3400m，为残余孔隙带，孔隙度为 2%～17%。

钻井揭示，济阳坳陷孔店组—沙四下有效储层以细砂岩、粉砂岩为主，砂体单层厚度薄，一般小于 4m，横向分布比较稳定。岩性主要为长石粉砂岩及泥质、灰质长石砂岩等，填隙物以泥质为主、次为灰质和石膏，孔隙式胶结，岩芯分析孔隙度为 13.2%～20.1%，平均 19%；空气渗透率为 $(2.0～53.5)×10^{-3}\mu m^2$，平均 $33.5×10^{-3}\mu m^2$，属中孔中低渗储层（刘传虎等，2012）。

二、沙四上滩坝砂岩

沙四上滩坝砂岩储层广泛发育于断陷缓坡带，纵向上具有砂泥岩薄互层的组合特点，储层单层厚度薄、横向变化快，灰质、白云质成分含量普遍较高。

以东营凹陷西部为例，沙四上滩坝砂岩埋深 2000～4050m，单砂体厚 3～5m，最厚可达 15m。梁 75 井区沙四上滩坝砂累计厚 42～85m。沙四上滩坝砂的岩石类型主要是岩屑长石砂岩，少量长石砂岩、长石岩屑砂岩。颗粒成分以石英为主，含量一般为 41%～48%，最高达 53.5%；长石次之，含量一般为 30%～40%，最高达 45%；岩屑含量为 7.5%～24.5%。总体上成分成熟度中等。从颗粒粒度看,主要是细砂岩—粉砂岩,颗粒分选较好,磨圆度较好,多为硅质与钙质胶结。已探明储量的沙四上滩坝砂储层中,孔隙度为5%～20%,一般在10%左右;渗透率为$(0.1～100)×10^{-3}\mu m^2$,一般小于$10×10^{-3}\mu m^2$。其中,坝砂物性明显好于滩砂,坝砂最大孔喉半径为$3\mu m$,均值为$1.2\mu m$,孔隙度平均为13.4%,渗透率平均为$7.5×10^{-3}\mu m^2$;滩砂最大孔喉半径为$0.5\mu m$,均值为$0.2\mu m$,孔隙度平均为9.1%,渗透率平均为$0.47×10^{-3}\mu m^2$(温长云,2014)。

三、陡坡带砂砾岩

济阳断陷北部陡坡带在沙四段—沙三段普遍发育了近物源快速沉积的粗碎屑砂砾岩沉积,其中,东营北带、车镇北带以近岸水下扇为主,如利88、盐22、车66等井区;沾化北部以发育扇三角洲为主,如义170井区等;惠民北部则发育了较远源的基山三角洲。

从地区分布来看,惠民北部沙三段中的基山砂体,埋深2400～3150m,以三角洲前缘的粉砂岩(占94.22%)为主,少见细砂岩、中砂岩、砾状砂岩。砂岩颗粒中以石英为主,占45.19%;其次为长石、岩屑。颗粒之间以点接触为主,点—线接触次之。胶结物中以黏土矿物为主,碳酸盐岩较少;黏土矿物中,高岭石占44.05%,伊/蒙混层占27.81%,伊利石占20.71%。储层空间以次生孔隙为主,原生孔隙较少。岩芯分析孔隙度为2.6%～27.3%,平均16.45%;空气渗透率为$(0.008\ 6～1084)×10^{-3}\mu m^2$,平均$26.02×10^{-3}\mu m^2$。综合评价为特低孔特低渗—致密砂岩储层。

东营北部沙四上—沙三段近岸水下扇砂体,埋深2350～3200m,以近岸水下扇扇中—扇端的细砾岩为主,占30.80%,其次为细砂岩,占14.49%,含砾砂岩占13.29%。砂岩颗粒中以石英为主,占34.37%,其次为岩屑和长石。颗粒接触方式普遍见到线—点、点、线接触等。胶结物以黏土矿物为主,碳酸盐岩较少;黏土矿物中,伊利石占38%、高岭石占31%,伊/蒙混层占26%。储层空间以次生孔隙为主,少量原生孔隙。岩芯分析孔隙度为0.1%～25.1%,平均10.53%;空气渗透率为$(0.007～1\ 864.363)×10^{-3}\mu m^2$,平均$15.5×10^{-3}\mu m^2$。综合评价为特低孔特低渗—致密砂岩储层。

车镇北部沙四上—沙三段近岸水下扇砂体,埋深2400～3100m,以近岸水下扇扇中—扇端的粉砂岩为主,占59.35%,其次为细砂岩,占15.42%,含砾砂岩占11.92%。砂岩颗粒中以石英为主,占45.25%,其次为长石、岩屑。颗粒接触方式普遍见到点—线、线、线—点接触等。胶结物以黏土矿物为主,碳酸盐岩较少;黏土矿物中,高岭石占47%、伊蒙混层占23.69%、伊利石占20%。储层空间以次生孔隙为主,少量原生孔隙。岩芯分析孔隙度为0.5%～28.9%,平均15.53%;空气渗透率为$(0.012～1\ 822.535)×10^{-3}\mu m^2$,平均$48.71×10^{-3}\mu m^2$。综合评价为特低孔特低渗—致密砂岩储层。

沾化北部沙四上—沙三段近岸水下扇砂体,埋深3100～3650m,以扇三角洲平原亚相的中砾岩为主,占49.37%,其次为砾岩,占26.66%,含砾砂岩占20.82%。砂岩颗粒以石英为主,占43.71%,其次为长石、岩屑。颗粒接触以点—线、线、点接触为主。胶结物以黏土矿物为主,碳酸盐岩较少;黏土矿物中,伊利石占55.67%、伊蒙混层占32.46%、高岭石占11%。储层空间以次生孔隙为主,少量原生孔隙。岩芯分析孔隙度为0.2%～23%,平均9.74%;空气渗透率为$(0.129\sim1\,853.457)\times10^{-3}\,\mu m^2$,平均$61.34\times10^{-3}\,\mu m^2$。综合评价为特低孔特低渗—致密砂岩储层,部分达到中孔中渗储层(朱筱敏等,2013)。

北部陡坡带砂岩次生孔隙起始发育深度,东营、惠民凹陷较浅,为$1800\sim2000m$,车镇凹陷中等,在$2200m$左右,沾化凹陷较深,达$2800m$左右,这与各自的生烃排酸时间有关。次生孔隙主要是长石、岩屑、碳酸盐、硫酸盐等矿物受有机质热演化生烃过程中产生的酸性流体的溶蚀改造作用形成的。在车镇北带车660井区$4050\sim4320m$还存在深部次生孔隙发育带,次生孔隙度可达6%,占总孔隙度的45%(图3-9)。

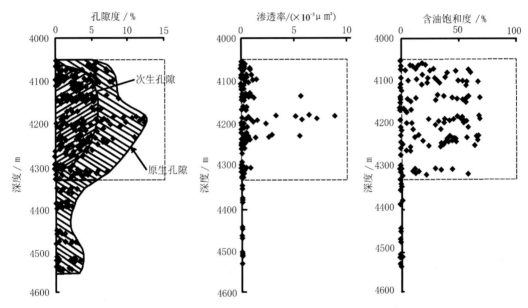

图3-9　车660井储层物性与含油性垂向分布特征(据王勇等,2008)

四、深水浊积砂岩

济阳断陷湖盆的半深湖—深湖中普遍发育了各种类型的浊积扇,在惠民凹陷的临南、阳信洼陷,东营凹陷的利津、董集、博兴、牛庄、民丰、青南洼陷,沾化凹陷的四扣、渤南、孤北、五号桩、孤南、三合村、富林洼陷,车镇凹陷的车西、套尔河、大王北、郭局子洼陷,以及青东凹陷、桩海地区、埕岛东坡等,都已经得到钻井证实。浊积扇中以中细砂岩、粉砂岩为主,砂岩的储层物性明显受控于沉积微相、储层厚度、埋藏深度等。一般浊积扇边缘、厚度较薄、埋藏较深的浊积砂体多属于低渗致密砂岩。

例如,五号桩洼陷沙三下浊积扇埋藏深度为$3100\sim3800m$,单层厚度$4\sim10m$。其中,浊积水道微相以含砾砂岩、块状砂岩为主,次生粒间、粒内孔隙和微裂隙发育,泥质含量少,孔隙度大于15%,渗透率大于40%,主要为中孔中渗储层。浊积水道间微相以细砂岩、粉砂岩为主,有一定的粒间和溶蚀孔隙,泥质含量较高,孔隙度为$10\%\sim15\%$,渗透率为$(10\sim40)\times10^{-3}\,\mu m^2$,主要为低孔低渗储层。浊积扇边缘以砂泥交互为主,泥质含量高,孔隙度小于10%,渗透率小于$10\times10^{-3}\,\mu m^2$,为特低孔特低渗储层(文玲等,1996)。

民丰洼陷沙三中浊积扇埋藏深度为 2400～3500m。岩性以中细砂岩、粉细砂岩为主。岩芯分析孔隙度为 9%～26.5%,平均 17.9%;空气渗透率为(0.35～48.9)×10^{-3} μm^2,平均 14.4×10^{-3} μm^2,总体属于中孔中渗—致密储层。在浊积砂体边部,如丰 112 井 2 896.31m 的薄层浊积砂岩,以泥质粉砂岩为主,碳酸盐胶结物含量高,孔隙度小于 15%,渗透率小于 10×10^{-3} μm^2(刘明,2015)

牛庄洼陷沙三中浊积扇埋藏深度为 3000～3500m。岩性以细砂岩和粉砂岩为主,少量中粗砂岩。石英平均含量为 42.85%,长石含量为 32.93%,岩屑含量为 23.78%。颗粒磨圆呈次棱角状—次圆状,以点—线接触为主,分选中等—差,胶结物类型多样。整体上,砂岩成分成熟度和结构成熟度均较低。岩芯孔隙度平均为 15.67%,其中,孔隙度为 10%～15% 的低孔储层占 23.04%,孔隙度为 15%～25% 的中孔储层占 60.73%。空气渗透率平均为 18.84×10^{-3} μm^2,其中,渗透率为(0.1～1)×10^{-3} μm^2 的致密储层占 25.63%,渗透率为(1～10)×10^{-3} μm^2 的特低渗储层占 40.09%,渗透率为(10～50)×10^{-3} μm^2 的低渗储层占 25.57%,低渗—特低渗—致密储层超过 80% 以上(崔杰等,2015)。

第六节　古近系湖相碳酸盐岩

济阳坳陷古近系多个层位见到了湖相碳酸盐岩沉积,有的发育礁体,如平方王、义东、广利等地区;有的发育生物碎屑滩、鲕粒灰岩滩,如邵家、大王庄、垦利、桩海、玉皇庙、陈官庄等地区。究其成因,主要是海水入侵,湖水盐度加大,形成了适合造礁生物的水体环境,同时,盆缘的下古生界碳酸盐岩剥蚀区,为沉积的湖相碳酸盐岩提供了一定的物质基础。

一、湖相藻礁丘

济阳坳陷湖相生物礁主要以藻礁为主,或以藻类作为主要组分,一般发育藻礁丘、藻生物层等。

藻礁丘通常由若干个较小的单礁体组合成复式礁体,面积可达几十平方千米,厚度从几米到十几、上百米。如平方王礁体残留厚度最大为 49.5m,礁丘体连通性好,具有统一的油气水界面,油气富集且高产。单礁体至少分为 3 个相带,即礁核相、礁前相及礁后相。生物礁丘体一般呈块状,礁核部位一般较厚(图 3-10)。

礁核相:一般发育在断坡台阶处,或者斜坡带及水下隆起的顶部,满足温度暖、水体浅、水质清、光线亮的造礁生物生长环境要求,主要为中国枝管藻管体组成的藻白云岩,龙介虫管组成的虫管、藻团粒白云岩,富藻介形虫灰岩、白云岩等。骨架原生孔隙及次生溶孔均发育,孔隙度可高达 35%～42.5%,渗透率为(100～380)×10^{-3} μm^2,是生物礁体中最有利的储集部位。

礁前相:主要发育在礁核往湖泊延伸水体稍深的区域,是礁体碎屑被波浪改造堆积的位置,主要为角砾状泥晶灰岩、生物屑灰岩等。岩石中颗粒含量可达 72%。礁前相往下倾方向呈尖灭特征。生物屑大小由砾级至粉屑级。储集空间为粒间孔及粒内孔。礁前相储层物性仅次于礁核相,平均孔隙度 36.7%,渗透率为(10～100)×10^{-3} μm^2。

礁后相:是礁体之后近岸方向波浪作用较弱区,主要由藻屑白云岩、介形虫白云岩、含生

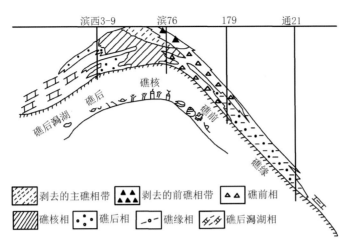

图 3-10 济阳坳陷平方王油田沙四段藻礁丘剖面图(据李勇等,2006)

物碎屑白云岩等组成,孔隙度为 7%~20%。礁后相向岸方向可过渡为潟湖相,或与陆源碎屑相带为邻。礁后相物性相对较差,孔隙度约为 20%,渗透率为 $(5\sim10)\times10^{-3}\mu m^2$。

二、湖相藻生物层

藻生物层以济阳坳陷沙一段"针孔灰岩"最为典型,目前只发现于义 129 井区(厚 5m)、孤西桩 57 井、孤西桩 65 井、垦 25 井、义 42 井、邵 4 井及辛 68-35 井等井区,多是由相邻隆起上的碳酸盐岩物源区被搬运入湖,加上适合藻类生物发育的水体环境,沉积形成的生物灰岩层。以枝管藻白云岩为主,呈层状分布,发育鲕粒及生物残体。藻生物层物性变化较大,孔隙度可达 8%~20%,由于泥晶碳酸盐岩较多,孔隙连通性差,总体渗透率较低。

济阳坳陷湖相碳酸盐岩经历了同生、淡水渗流、淡水潜流、浅埋藏及深埋藏等成岩作用,对储集性影响较大的是白云岩化、同生胶结、大气渗流溶蚀及深埋藏溶蚀作用等。

第七节 新近系河流相砂岩

济阳坳陷新近系坳陷期发育了以河流相为主的砂岩储层,自馆陶组到明化镇组,反映了从辫状河到曲流河的砂体弱化发育过程。

一、馆陶组砂岩

馆下段以冲积扇—辫状河细砾岩、砾状砂岩、含砾砂岩为主,馆上段以网状河—曲流河砂岩、粉砂岩为主,由于形成时间短,埋藏较浅,一般小于 1700m,地温一般低于 75℃,砂岩以机械压实作用为主,整体处于早成岩期的 A 阶段。砂岩的储集空间有原生粒间孔、裂隙、解理缝、溶蚀孔、微孔隙等。

以新北地区为例,馆上段储层岩性主要为粉、细砂岩及含砾砂岩。统计垦东 342 等 3 口取芯井的岩芯资料,砂岩颗粒中石英平均含量为 45.0%,长石平均含量为 38.2%,岩屑平均含量为 19.9%。颗粒磨圆度较差,多为次棱角状,分选中等—差,粒度中值为 0.19mm,分选系数为 1.48。黏土矿物平均含量为 12.3%,以伊/蒙混层为主,占 68.8%,其次为高岭石、绿泥石、伊利石,平均含量分别为 20.3%、7.5%、5.5%。馆上段岩芯物性分析,孔隙度为 28.4%~36.8%,平均 35.7%;空气渗透率为 $(642.5 \sim 4\ 561.47) \times 10^{-3} \mu m^2$,平均 $3\ 905.33 \times 10^{-3} \mu m^2$,属于特高孔特高渗储层(王红,2017)。

馆陶组河道砂体含油孔隙度下限为 25%(马立驰,2013)。

二、明化镇组砂岩

明化镇组早期发育高弯度曲流河沉积,砂岩储层主要发育于底部,主要为透镜体状砂岩,厚度变化不大。砂岩疏松,以原生孔隙为主,孔渗性较好。

济阳坳陷明化镇组 5 口井岩芯分析,储层以粉砂岩、粉细砂岩和细砂岩为主,粒度中值为 0.09~0.17mm,平均 0.117mm,粒度分选系数为 2.41,属中等偏差,碳酸盐含量较低,仅为 2.4%,以泥质胶结为主,岩性疏松,成岩作用差。

第八节 火成岩

济阳坳陷已发现多个火成岩油气藏,例如以滨南、草桥、邵家为代表的玄武岩油藏,以临邑、纯西、商河、罗家为代表的辉绿岩油藏,以玉皇庙为代表的基性火山碎屑岩油藏等,发育了丰富多样的火成岩储层类型。火成岩可大致分为金家—草桥、临邑—滨县、无棣—义南 3 个火成岩集中分布带(表 3-3)。

表 3-3 济阳坳陷火成岩岩性表(据安峰,2004)

地层		地区	岩性
统	组		
中新统	馆陶组(Ng)	广饶	橄榄拉斑玄武岩、石英拉斑玄武岩
渐新统	东营组(Ed)	夏口	碱性橄榄玄武岩、橄榄拉斑玄武岩
	沙河街组一段(Es^1)	商河	火山碎屑岩、橄榄拉斑玄武岩、碱性橄榄玄武岩
	沙河街组二段(Es^2)	高青	
始新统	沙河街组三段(Es^3)	商河、夏口、罗家	辉绿岩
	沙河街组四段(Es^4)	滨南	碱性橄榄玄武岩、橄榄玄武岩、石英拉斑玄武岩、拉斑玄武岩、橄榄拉斑玄武岩、火山碎屑岩
	孔店组(Ek)	昌潍	石英拉斑玄武岩、橄榄拉斑玄武岩、辉石安山岩

一、岩浆活动期次

与构造运动相对应,济阳坳陷中生代以来岩浆活动可分为 5 期(图 3-11)。

(1)侏罗—白垩纪燕山运动时期,主要在阳信、高青、东营东部、沾化东部发育安山岩、英安岩、粗面岩、玄武岩及少量流纹岩、火山碎屑岩等。

(2)孔店组—沙四下济阳运动裂陷Ⅰ幕时期,郯庐断裂带以左旋拉张走滑为主,济阳地区中生代的北西向断裂发生负反转,在无棣—义南、临邑—滨县、金家—草桥地区多次喷发基性岩浆。滨县地区滨349井碱性橄榄玄武岩(深度1225m)K-Ar年龄(46.4±1.9)Ma,滨675井玄武岩(深度1510m)K-Ar年龄(56.5±1.7)Ma。

(3)沙四上—沙二下济阳运动裂陷Ⅱ幕时期,郯庐断裂带右旋张扭性走滑,济阳地区产生大量北东—北东东向正断层,切割北西向老断层,在断层交会处发育了大量浅成辉绿岩和溢流玄武岩体,形成古近系火成岩北东向展布的总体格局。

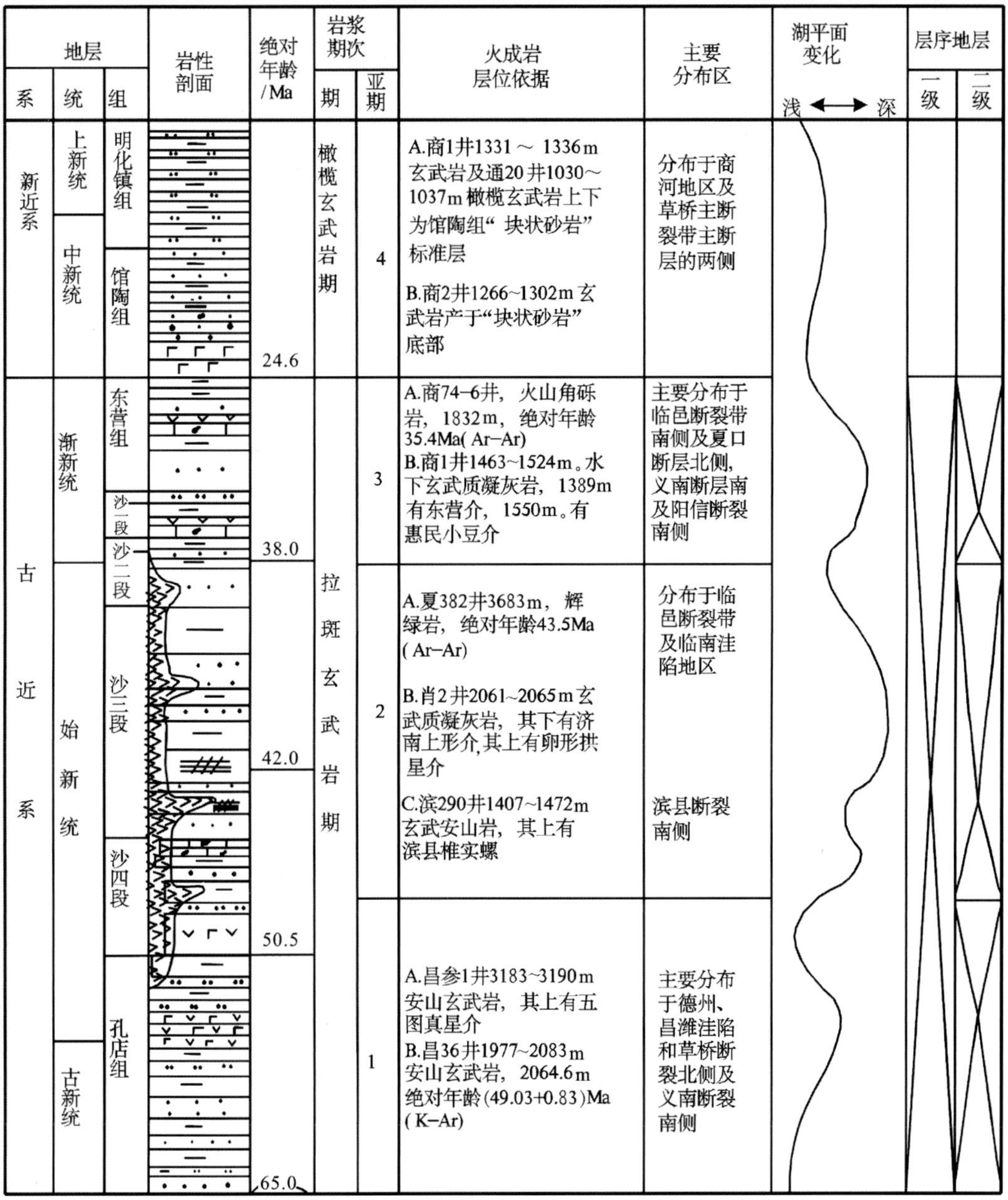

地层			岩性剖面	绝对年龄/Ma	岩浆期次		火成岩层位依据	主要分布区	湖平面变化 浅←→深	层序地层	
系	统	组			期	亚期				一级	二级
新近系	上新统	明化镇组			橄榄玄武岩期	4	A.商1井1331~1336m玄武岩及通20井1030~1037m橄榄玄武岩上下为馆陶组"块状砂岩"标准层	分布于商河地区及草桥主断裂带主断层的两侧			
	中新统	馆陶组		24.6			B.商2井1266~1302m玄武岩产于"块状砂岩"底部				
古近系	渐新统	东营组			拉斑玄武岩期	3	A.商74-6井,火山角砾岩,1832m,绝对年龄35.4Ma(Ar-Ar)B.商1井1463~1524m,水下玄武质凝灰岩,1389m有东营介,1550m。有惠民小豆介	主要分布于临邑断裂带南侧及夏口断层北侧,义南断层南及阳信断裂南侧			
		沙一段 沙二段		38.0							
	始新统	沙三段		42.0		2	A.夏382井3683m,辉绿岩,绝对年龄43.5Ma(Ar-Ar)B.肖2井2061~2065m玄武质凝灰岩,其下有济南上形介,其上有卵形拱星介	分布于临邑断裂带及临南洼陷地区			
		沙四段		50.5			C.滨290井1407~1472m玄武安山岩,其上有滨县椎实螺	滨县断裂南侧			
	古新统	孔店组		65.0		1	A.昌参1井3183~3190m安山玄武岩,其上有五图真星介B.昌36井1977~2083m安山玄武岩,2064.6m绝对年龄(49.03+0.83)Ma(K-Ar)	主要分布于德州、昌潍洼陷和草桥断裂北侧及义南断裂南侧			

图3-11　济阳坳陷及其邻区古近系和新近系火山活动与层序地层(据操应长,2003)

(4)沙二上—东营组东营运动时期,济阳断陷遭受近东西向挤压抬升,部分断层发生正反转,基性岩浆沿基底断层上涌后,截弯取直,沿活动的二、三级断层上涌,或喷出地表形成火山岩,或侵入地层形成浅成岩。玉皇庙地区夏气1井含角砾凝灰岩(深度为1534m)K-Ar年龄(37.8±1.4)Ma。

(5)馆陶组—明化镇组新构造运动时期,郯庐断裂活动大为减弱,地壳与地幔间重力均衡作用占据主导,济阳地区呈现岩石圈稳定蠕散热沉降,以小规模基性、超基性岩浆喷发为主,在临邑—滨县、金家—草桥沿断层形成橄榄玄武岩层。草桥地区广16井(深度为728m)、广6井(深度为869m)碱性橄榄玄武岩K-Ar年龄分别为(22.8±3.0)Ma、(23.8±3.1)Ma(操应长,2003;安峰,2004)。

二、火成岩分布特征

济阳坳陷古近系与新近系火成岩主要分布在北东(埕南、夏口、滨南、高青、义南)、北西(石村、阳信—滨县、孤北)、近东西(林北)向三组大断裂附近(图3-12)。

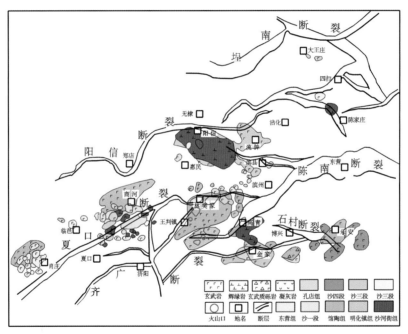

图3-12 济阳坳陷古近系与新近系火成岩分布简图(据刘帅,2018)

1. 平面分布

临邑大芦家地区及临商—玉皇庙地区发育辉绿岩,其中玉皇庙地区夏13、17等井区火成岩累计厚度可达数千米。阳信、流钟地区发育火成岩。沿石村断裂,从东向西依次发育草桥沙四段玄武岩,纯西—高青—樊家沙三段辉绿岩。济阳坳陷古近系与新近系中火成岩叠合面积约为2700km²。

喷发岩多沿分割凹陷与凸起的派生断裂呈条带状分布,多呈北东向。如义南、义东断裂附近的邵家火山岩,石村断裂附近的草桥火山岩,高青—平方王断层附近的高青、平方王火山岩,临商断裂附近的临商火山群,夏口断裂附近的玉皇庙火山群等。

侵入岩多沿靠近凹陷中部的盆倾断裂零星分布,多呈近东西向。如临邑断裂带附近的辉绿岩,高青断裂附近的辉绿岩,石村断裂西北延伸部分的纯西辉绿岩,罗西断裂附近的义 13 辉绿岩等,均为浅成侵入岩,规模较小。

2. 纵向分布

从中生界到第四系,岩浆性质变化为中酸→中基→基性→超基性,构成一个较完整的侵入—喷发序列。岩性由中生界安山岩→孔店组安山玄武岩→孔店组—沙四下玄武岩→沙四上—东营组橄榄玄武岩→新近系苦橄岩,反映了构造运动的变化过程是强烈→减弱→稳定→平息。惠民凹陷各期火山活动均有发育,南强北弱、东多西少;东营凹陷以沙河街组、馆陶组为主;沾化、车镇凹陷以沙三段为主。

3. 岩性分布

辉绿岩主要分布于阳信(阳 31、沙 1、阳 19、阳 9、阳 14、阳 8 井区沙三、沙四段)、商河、夏口、罗家及纯化地区。侵入层位不一。商河第四套辉绿岩火成岩体侵入于沙三段富含有机质的泥岩、页岩中,部分侵入泥灰岩中。罗家地区辉绿岩火成岩体主要侵入沙三段泥灰岩中。

玄武岩主要分布于阳信(阳 17、阳 1、阳 18、阳 26 井区沙三段)、滨南、草桥、惠民等地区。据滨南地区滨 674 井 1 527.00～1 565.13m 岩心观察,玄武岩具有 8 层喷溢,单层厚度为 0.4～9m,有的致密少孔,有的富含气孔、溶孔。

安山岩主要分布在阳信、垦东等少数地区。

火山碎屑岩主要有 3 种:①火山角砾岩,以阳信阳 25 井区,滨南、商河地区商 74-6 井为代表。②火山凝灰岩,在惠民地区普遍分布,以夏口地区夏斜 131 井、夏 132 井东营组最为典型。③熔结火山碎屑岩,主要分布于邵家、惠民地区。

三、火山岩相及物性

1. 侵入相

济阳坳陷在孔店组、沙河街组、东营组均钻遇侵入岩体。K - Ar 测年主要集中在 35～24Ma,与沙一段时期断裂活动加剧和东营组末期盆地整体抬升这两期重要构造事件相对应。

济阳坳陷侵入岩体属于碱性玄武岩岩浆系列,主要造岩矿物是斜长石和辉石,次要矿物有黑云母和橄榄石等。岩石一般呈灰色或暗绿色,镜下常见辉绿结构,岩石为辉绿岩。岩体产状以岩盘和岩床为主,以斜穿沉积岩层为主,局部顺层侵入,分布面积为 10～30km²,岩层厚 30～200m,属于中小型辉绿岩体。在临邑、夏口、纯西和罗家等地发现 5 个辉绿岩油藏,埋深 1800～3800m(曹忠祥,2004)。

商河地区商 741 井沙三段火成岩为浅成侵入岩,第Ⅳ期侵入岩体由中心向边缘可划分为 3 个亚相:①中心亚相,为中—粗晶结构雪花状辉绿岩,单层厚度大于 50m。②过渡亚相,为中粒斑状辉绿岩、中一粗粒雪花状辉绿岩,单层厚20～50m。③边缘亚相,为隐晶一细粒结构辉绿岩、气孔一杏仁构造煌斑岩、辉绿岩,单层厚度小于20m。空间上,边缘亚相包围了过渡亚相、过渡亚相又包围了中心亚相。

以商741井沙三段侵入岩为例,裂缝系统具有以下特征:①裂缝主要为近东西向,与该区断裂系统走向一致;裂面平整光滑,为典型构造剪切裂缝;南倾裂缝占57%,北倾裂缝占43%。②高角度裂缝占70%、低角度裂缝占20%、垂直裂缝占10%。③裂缝中开启缝(以高角度为主)占46%、半开启缝(以低角度为主)占48%、充填缝仅占6%。④裂缝宽度在0.2mm左右,裂缝孔隙度为0.3%～0.6%,全直径渗透率为$120×10^{-3}\mu m^2$;裂缝段裂缝密度为1～$8m/m^2$,裂缝长度为1～15m;商741井沙三段侵入岩以溶蚀孔隙为主,为微孔隙,孔径为10～$50\mu m$,非均质性强;填隙物主要为层状绿泥石。

总体来看,罗151、商741井沙三段侵入岩相的辉绿岩及少量煌斑岩储集空间以溶蚀孔洞、裂缝为主,在顶部发育少量气孔。岩芯分析孔隙度为0.3%～12.9%,平均4.0%;渗透率为$(0.001～76.1)×10^{-3}\mu m^2$,平均$0.7×10^{-3}\mu m^2$。其中,商741井沙三段侵入岩储层物性,非裂缝段平均孔隙度为3.1%,渗透率小于$0.1×10^{-3}\mu m^2$;裂缝段平均孔隙度为3.89%,渗透率为$120×10^{-3}\mu m^2$;孔隙含油饱和度为63.7%,裂缝含油饱和度大于85%。

2. 热变质相

罗家地区罗151井辉绿岩侵入的围岩是沙三段油页岩、灰质油泥岩,辉绿岩对围岩有机质高温碳化,距离辉绿岩从远到近,颜色由黑色过渡为灰黑。靠近辉绿岩的围岩热变质成为角岩变质带,发育硅灰石角岩、石榴石角岩,物性较好。远离辉绿岩的围岩热变质成为板岩变质带,发育炭质板岩。

以罗家地区罗151井区火成岩为例,变质岩中晶间孔、粒间孔非常发育。

罗151井区裂缝特征:①裂缝走向主要为80°～110°,与该区构造应力场方向一致;裂面粗糙,镜面不发育,以张裂缝为主。②裂缝以高角度裂缝为主,角度为70°～90°的占74%,角度为50°～70°的占19%,角度为30°～50°的占7%。③裂缝宽度为0.5～3mm(高角度、垂直),裂缝段裂缝密度为1～$3m/m^2$,每米岩芯裂缝条数为1～2条,缝长0.5～1m,最长1.2m。

罗151井区孔隙类型包括气孔、晶间孔、粒间孔、溶洞,晶间微溶孔和晶内溶孔。侵入岩体顶底边界气孔带厚度为10～20cm,气孔直径为2～3mm,大者达1cm,连通性较差。热接触变质角岩带中的粒间孔径为2.7～$26\mu m$。硅灰石等变质矿物晶体晶间孔径为0.5～$4.9\mu m$,呈长条状、多边形等。辉绿岩溶洞直径大于5mm,大者达5cm以上,含量一般小于5%,可被方解石、石膏充填或部分充填。辉绿岩的晶内溶孔沿解理缝遭受溶蚀、扩大,呈长条状,孔径一般小于$5\mu m$。

罗151井区孔隙型储层,热接触变质角岩带23块角岩岩芯平均渗透率为$51.4×10^{-3}\mu m^2$,最大$280×10^{-3}\mu m^2$;孔隙度为23.8%～28.6%,平均25.9%。裂缝一孔隙型储层,侵入岩岩芯渗透率为$(0.08～1.06)×10^{-3}\mu m^2$;裂缝渗透率是基质孔隙渗透率的28.3～133.75倍,孔隙度为4.5%～5.5%,平均4.9%。

3. 溢流相

滨南地区滨 674 井沙三段下发育溢流相玄武岩,纵向上以富含气孔、杏仁构造熔岩及致密熔岩交替出现为特征,在每期溢流玄武岩顶面,往往存在角砾状玄武岩。

平面上,溢流相可分为 3 个亚相:①火山口亚相,火山熔岩发育,火山角砾为熔岩所胶结,粒间孔不发育,仅见少量气孔,呈针状,为岩浆快速冷凝时气体逃逸形成,岩性致密。②火山熔岩斜坡亚相,位于火山口周围斜坡上,构成火山岩主体,以气孔大量发育为特征,是在岩浆流动、表层冷却时气体被封存在岩浆中形成的。③远火山斜坡亚相,位于火山熔岩斜坡亚相外围,远离火山口。熔岩远距离流动后,气体多被耗尽,气孔、杏仁构造不发育,单层厚度多小于 10m。

以滨南地区滨 674 井溢流相玄武岩为例,储集空间以气孔、溶蚀孔洞、角砾间孔为主,部分裂缝。裂缝以高角度、垂直裂缝为主,低角度裂缝次之,高角度裂缝开启性较好,低角度裂缝多为方解石半充填。原生孔隙包括了玄武岩中的气孔、气管、收缩缝等,其中气孔最为发育,有的呈蜂窝状,连通性较好;岩芯中孔径为 2~6mm,最大 2cm,部分为白色方解石充填,气孔孔隙度最大可达 50%;角砾间孔径最大为 5mm。次生孔隙主要是玄武岩的溶蚀气孔,空间扩大,连通性变好;岩芯溶孔孔径为 0.5~20mm,最大为 40mm。

根据滨 674 等井 104 块岩芯样品分析,孔隙度为 1.5%~35.8%,平均 21.0%;渗透率为 $(0.001\ 3\sim2550)\times10^{-3}\mu m^2$,平均 $27.41\times10^{-3}\mu m^2$。孔缝发育段平均孔隙度可达 25.2%,平均渗透率为 $155.8\times10^{-3}\mu m^2$;孔缝不发育段,平均孔隙度为 8.8%,渗透率仅为 $0.072\ 1\times10^{-3}\mu m^2$。

4. 火山碎屑锥相

临邑洼陷的商 74-6 火山为小型的水下火山多次爆发叠置而成的火山碎屑锥体。岩性主要为熔结火山角砾岩、火山角砾岩、凝灰岩。火山口熔结的熔结火山角砾岩颜色深、致密,物性差。火山角砾岩疏松,呈块状,角砾状结构,角砾镜下具气孔、杏仁构造,物性较好。两期锥体之间,常夹有多层灰岩、白云岩及泥岩等。火山碎屑锥相可划分为火山口、火山斜坡两个亚相。

以商河地区 74-6 井区沙一段—东营组火山碎屑岩为例。储集空间以粒间孔、气孔为主,次生开启—半开启构造裂缝和溶孔次之。火山喷发岩的裂缝为近东西向,主要发育于火山斜坡部位的白云岩夹层中,火山岩中裂缝不发育,为高角度、开启—半开启裂缝,属微细裂缝。

商 74-6 井区孔隙结构,火成岩以角砾间孔为主,胶结物以铁方解石和铁白云石为主。孔喉半径小,仅为 $0.3\sim0.41\mu m$,孔喉半径中值为 $0.03\sim0.1\mu m$,非均质性极强型,分布不均,分选性差。

商 74-6 井区火成岩储层孔隙度为 15%~26.6%,渗透率差别大,火山角砾岩最高,为 $386\times10^{-3}\mu m^2$;火山熔岩、凝灰岩为低渗。白云岩孔隙度为 4%~8%,但裂缝发育,渗透率高。火山岩下伏的烘烤变质泥岩为高孔、高渗。

第四章　烃源岩

烃源岩是指能够生成油气且已生成可流动油气的岩石。济阳坳陷经过钻井或实验室证实的烃源岩自下古生界、上古生界、中生界、新生界都有发育。有效烃源岩是指既有油气生成又有油气排出并聚集成藏的烃源岩。经油气源地化指标对比,济阳坳陷有效烃源岩主要有石炭—二叠系海陆过渡相煤系烃源岩,以及孔二段、沙四下、沙四上、沙三下、沙一段湖相烃源岩。

第一节　寒武—奥陶系烃源岩

济阳坳陷寒武—奥陶系有丰富的三叶虫等浮游动物及藻类植物等化石,是下古生界有机质的来源。

刘旋(2006)分析了济阳坳陷近 200 块奥陶系碳酸盐岩岩芯样品,总体来看,有机质丰度较低,TOC 在 0.05%～0.10%、0.10%～0.20%之间的样品各占约 40%,TOC 在 0.20%～0.50%的占 13%,TOC 小于 0.05%的占 3%,个别样品 TOC 高达 0.50%以上。在所分析样品中,大部分氯仿沥青"A"含量小于 0.01%。其中,马家沟组 TOC 及氯仿沥青"A"含量较高,八陡组次之。

奥陶系碳酸盐岩有机质丰度较低,可能与热演化程度较高有关。济阳坳陷总体 R_o 为 0.83%～2.24%,大部分地区为 1.30%～1.80%,大多达到高成熟阶段,部分成熟、过成熟。其中,车镇北部大古 22、大古 31 井区 R_o 最低,马家沟组 R_o 约 1.00%,仍处于成熟生油窗内;孤岛地区孤古 2 井受火成岩影响,R_o 大于 2.00%。总体来看,有机质热演化程度,车镇凹陷低于东营、沾化凹陷。

奥陶系碳酸盐岩有机物主要是无定形腐泥质,含量占 95%以上,其次是海相镜质体和次生沥青体。干酪根以 I 型为主,反映出原始生烃母质以海相菌藻类和水生浮游生物等低等水生生物及其次生产物为主。

有机质中正构烷烃碳数主要呈单峰形分布,主峰碳数低;规则甾烷多以 C_{29} 为主,生物来源可能为海洋低等生物,而非高等植物。烃源岩样品植烷占优,Pr/Ph 值小于 1,表明为还原环境的沉积物。

耿新华等(2011)选取车镇凹陷车古 201、车古 204、大古 22、大古 33 井奥陶系灰岩中类型一致、成熟度接近的各 1 个样品,混合后制备出干酪根样品,测量 TOC 为 0.04%～0.17%,干酪根类型为Ⅱ2 型。生烃动力学热模拟实验认为,奥陶系烃源岩第一次埋藏生烃 R_o 为 0.5%～

0.87%;燕山期二次埋藏时由于较高的古地温和大地热流值,R_o达到0.87%～2.30%,实现二次生烃,成为奥陶系烃源岩的主要生烃阶段。经计算,济阳坳陷奥陶系海相碳酸盐岩烃源岩热解生成气态烃主生气期在早白垩世130～100Ma之间,R_o为0.8%～2.3%;液态烃主生成期在晚侏罗—早白垩世(140～110Ma)之间,R_o为0.5%～1.5%。

第二节　石炭—二叠系烃源岩

一、岩石学特征及分布

济阳坳陷石炭—二叠系为一套海陆交互过渡相煤系地层,残留地层主要分布在现今断陷斜坡区,残留地层厚度200～600m,最厚约1200m。煤岩、暗色泥岩、碳质泥岩是有利的气源岩。煤层厚度为10～30m,最厚达40m(图4-1);暗色泥岩厚度为50～200m,最厚达300m。

从平面上来看,东营、惠民凹陷烃源岩分布范围较广,沾化、车镇凹陷范围较小(李荣西等,2001;于林平等,2003;王玉林,2004;李政,2006;范昆,2008;缪九军,2008;杨显成等,2009;朱建辉等,2010;柳洋杰等,2016;韩思杰等,2014;姚海鹏,2015;韩思杰等,2017)。

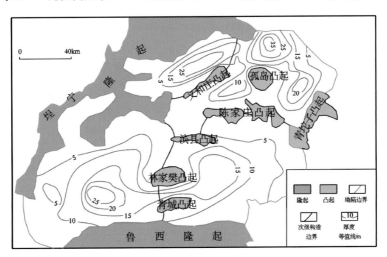

图4-1　济阳坳陷石炭—二叠系煤岩等厚图(据韩思杰等,2017)

二、有机质类型及丰度

石炭—二叠系煤层和泥岩的有机质显微组分均以镜质组和惰性组为主。煤岩中镜质组为64.53%～90.89%,平均71.75%;惰质组为8.30%～35.11%,平均25.88%;壳质组和腐泥组总体含量低,平均2.49%。暗色泥岩中镜质组为57.14%～94.95%,平均61.98%;惰质组为5.05%～64.18%,平均32.98%;腐泥组和壳质组为5.15%(表4-1)。同时,煤系烃源岩芳烃含量一般高于饱和烃含量(即饱芳比<1),反映了腐殖型母质的烃类贡献远大于腐泥型。因此,煤和暗色泥岩有机质为腐殖型,以生气为主。干酪根类型以Ⅲ型为主,部分为Ⅱ2型。

表 4-1　济阳坳陷石炭—二叠系烃源岩显微组分表（据范昆等，2008）

层位	岩性	镜质组/%	惰性组/%	(壳质组＋腐泥组)/%	样品数
下石盒子组 P_1x	泥岩	66.1	27.7	6.2	1
	碳质泥岩	(50～78)/64.2	(17～49)/33.2	(1～5)/2.7	2
山西组 P_1s	泥岩	(9～49)/23.2	(10～79)/46.3	(1～81)/30.3	3
	碳质泥岩	37	52.0	11.0	1
	煤	(44.5～53.8)/48.1	(38.8～50.2)/44.3	(0.7～12.7)/7.1	5
太原组 C_3t	泥岩	(45～51)/48	(46～52)/49.0	(2～4)/3	2
	煤	(26.5～66.2)/50.0	(19.4～55.7)/43.2	(2.5～12.9)/6.7	5

注：(50～78)/64.2指范围/平均值

对于煤岩，济阳坳陷石炭—二叠系煤岩 TOC 普遍偏高，一般为 57.5%～78.5%，平均 66.3%。其中，石炭系煤岩 TOC 为 30%～80%；煤岩氯仿沥青"A"含量为 0.022 5%～1.249 1%，平均 0.374 3%，高于炭质泥岩和暗色泥岩。二叠系煤岩 TOC 为 56%～75%；煤岩氯仿沥青"A"含量为 0.007%～2.409 1%，平均 0.994 7%，高于炭质泥岩和暗色泥岩。惠民凹陷、东营南坡、沾化东部等地区煤岩 TOC 含量超过 60%，其他地区普遍为 50%～60%。煤岩为好—较好气源岩。

应当指出的是，热模拟实验表明，随着温度和成熟度升高，变质程度提高，煤岩中含氢量减少，但有机碳含量并无变化。因此，利用煤岩有机碳含量评价生烃能力没有实际意义。

对于暗色泥岩，朱建辉等（2010）根据东营凹陷通 11、高参 1 井，惠民凹陷判参 1 井，沾化凹陷义 155、义 135 井、车镇凹陷车古 31 井等岩芯样品统计，TOC 为 0.06%～5.69%，平均 2.36%；其中，太原组、山西组暗色泥岩 TOC 最高，分别为 2.17%、2.38%（图 4-2）；本溪组、下石盒子组分别为 1.39%、1.59%。氯仿沥青"A"为 0.002 2%～0.439 0%，平均 0.072 1%。总烃含量一般小于 100μg/g。总体评价暗色泥岩为差—中等烃源岩。

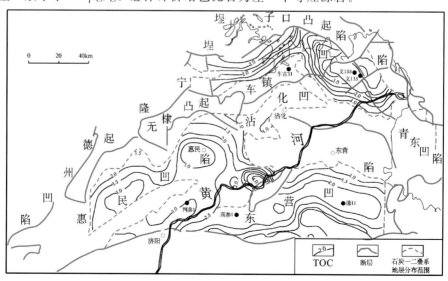

图 4-2　济阳坳陷石炭—二叠系暗色泥岩有机碳含量等值图（据朱建辉等，2010）

缪九军(2008)统计 74 口井岩芯数据如下。

石炭系暗色泥岩及碳质泥岩,TOC 平均为 4.06%,S_1+S_2 主要分布在 0.1～15mg/g,其中,S_1+S_2 小于 3mg/g 的占 88%,大于 3mg/g 的占 12%;碳质泥岩氯仿沥青"A"含量为 0.003 2%～0.388 6%,平均 0.076 3%;暗色泥岩氯仿沥青"A"含量为 0.002 1%～0.102 8%,平均 0.031%,是石炭系中最低的;总体评价为中等有效烃源岩。

石炭系的饱和烃含量,泥岩最高,为 7.2%～42.4%,平均 20.7%;碳质泥岩次之,为 1.3%～35.3%,平均 16.8%;煤岩最低,一般小于 10%,平均 5.4%。芳烃含量,碳质泥岩最高,为 17.7%～49.1%,平均 25.0%;暗色泥岩次之,平均 22.5%;煤岩最低,平均 18.0%。沥青质含量,煤岩最高,为 34.3%～58.9%,平均 47.5%;碳质泥岩平均 35.1%,泥岩为 30.7%。石炭系煤岩的非烃含量为 19.7%～41.3%。

二叠系暗色泥岩及碳质泥岩 TOC 为 0.8%～20%,平均 3.8%,略比石炭系低;S_1+S_2 一般小于 4mg/g;碳质泥岩氯仿沥青"A"含量为 0.012 2%～0.307 1%,平均 0.100 9%;暗色泥岩氯仿沥青"A"含量最低,仅为 0.051 5%;总体评价为中等有效烃源岩。

二叠系的饱和烃含量,暗色泥岩最高,为 1.9%～37.1%,平均 14.8%;碳质泥岩次之,为 1.3%～21.2%,平均 10.5%;煤岩最低,为 4.9%～31.3%,平均 16.7%。非烃+沥青质含量,暗色泥岩为 45.6%～73.5%;碳质泥岩为 59.5%～79.4%;煤岩为 52.8%～84.3%,平均 69.4%。

3. 有机质成熟度

现今,石炭—二叠系埋藏深度普遍大于 4500m,平均地温梯度 3.55 ℃/100m,大地热流值 65.8±5.0mW/m²,R_o 为 0.62～4.0%(图 4-3),局部达到干气阶段。李政(2006)统计了 181 块样品,73.3%的样品 R_o 为 0.5%～1.3%。在平面上,隆起带 R_o 较低,凹陷带 R_o 较高。

车镇凹陷 R_o 较低,车西—大王庄地区埋深 2000～4000m 处,R_o 为 0.62%～0.72%;老河口地区的老 4 井埋深 2046～2218m 处,R_o 为 0.60%～1.15%,均进入生气阶段。

沾化凹陷北部的义东、桩西地区埋深 2000～4000m 处,R_o 为 0.63%～0.90%,也处于成熟阶段;凹陷南部的孤北、罗家地区成熟度较高,R_o 为 0.98%～1.77%,达成熟—高成熟阶段,孤北已发现煤系烃源岩的气藏;而孤岛—孤南地区埋深 2000～3100m 处,R_o 为 0.65%～0.87%,处于成熟阶段。

东营凹陷南部斜坡带埋深 1600～2700m 处,R_o 为 0.63%～1.14%,处于成熟阶段;但在高青地区,埋深 2200～2400m 处,由于火成岩,R_o 为 1.71%～2.41%,处于高成熟—过成熟阶段。

惠民凹陷曲堤地区埋深 2400～3600m 处,R_o 为 0.79%～1.30%,王判镇地区埋深 2400～2700m 处,R_o 为 0.75%～1.05%,均处于成熟阶段;凹陷南部与鲁西南隆起接壤区的济古 1 井埋深 649～720m 处,R_o 为 0.66%～0.73%,刚进入成熟阶段;惠民南坡已发现曲古 1 气藏。

各凹陷内均有部分样品受火成岩影响,R_o 大于 2.0%,基本耗尽了生烃潜力。

生烃模拟表明,到中三叠世末,石炭—二叠系烃源岩埋藏深度 2500～3100m,地层温度 124～126℃,大地热流值 1.4～1.7HFU(58.615～71.176mW/m²),R_o 为 0.55%～0.8%,基本进入生烃门限,但热演化程度低,生气量较少。义 135 井 R_o 为 0.56%,义 155 井 R_o 为 0.58%。晚三叠世,地层抬升、地温下降,生烃过程停止。

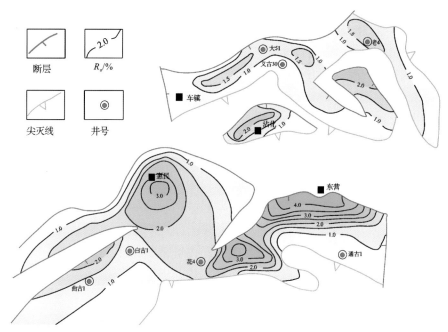

图 4-3　济阳坳陷石炭—二叠系现今 R_o 等值线图（据杨显成等，2009）

　　侏罗—白垩纪沉降，石炭—二叠系烃源岩埋深最大 2500m，尽管没有超过三叠纪末，但存在较高的地温梯度为 $5\sim6℃/100m$，古地温达到 $120\sim130℃$，大地热流值 3.5HFU（$146.538mW/m^2$），导致了煤系烃源岩的二次生烃。总体来看，白垩纪末期，石炭—二叠系烃源岩 R_o 为 $0.5\%\sim2.0\%$。其中，车镇凹陷 R_o 为 $0.5\%\sim0.75\%$，基本没有生烃。沾化凹陷义 135 井 R_o 为 0.90%，义 155 井 R_o 为 1.11%，处于二次生烃阶段（图 4-4）。惠民凹陷林樊家地区和东营凹陷高青地区 R_o 为 $1.0\%\sim2.0\%$，处于二次生气高峰期。滋镇、林樊家南部生烃强度超过 $30\times10^8 m^3/km^2$。暗色泥岩贡献偏少。

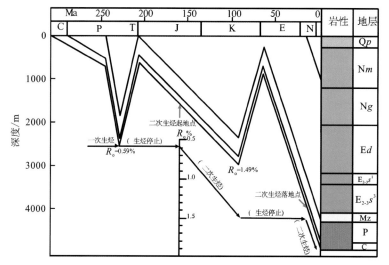

图 4-4　义 155 井石炭—二叠系埋藏史和热演化生烃史示意图（据缪九军，2008）

古近纪断陷沉积了巨厚的地层,石炭—二叠系埋藏深度 3000~5500m(图 4-5),地温梯度超过 3.50 ℃/100m,煤系烃源岩底界温度普遍达到 200~300℃,最大超过 400℃,大地热流值 1.6~1.7HFU(66.989~71.176mW/m²),R_o 为 0.60%~2.00%,烃源岩进入二次生气阶段。喜马拉雅期末达到生气高峰。沾化凹陷石炭—二叠系埋深 3900~4000m,R_o 为 0.8%~0.9%。车镇凹陷埋深 2000~4000m,R_o 为 0.6%~0.7%,4000m 以下开始二次生烃。惠民凹陷埋深 3900~4000m,R_o 为 0.8%~0.9%,东部林樊家地区和西部滋镇—临南地区煤岩生烃强度超过 40×10^8 m³/km² 的范围较大,最大为 50×10^8 m³/km²。惠民南坡的曲古 1 气藏,即为早始新世至今的二次生烃充注成藏。东营凹陷埋深 4500m,R_o 约为 1.0%,东营南坡生烃强度(20~30)$\times10^8$ m³/km²,最大为 40×10^8 m³/km²。暗色泥岩也进入大量生烃阶段,但范围局限。

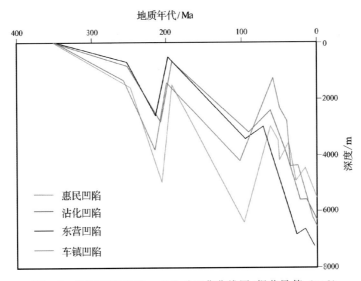

图 4-5　济阳坳陷石炭—二叠系埋藏曲线图(据范昆等,2008)

实验表明,煤岩的二次生烃与连续生烃过程的产气量基本相同,二次生烃是否还有生烃高峰期取决于一次生烃结束时的成熟度。一次生烃结束时成熟度越低,二次生烃潜力越大。

4. 生烃潜力与资源量

煤系烃源岩中生烃潜量(S_1+S_2)随成熟度变化而有较大的变化,可作为评价煤系烃源岩生烃潜力的良好指标。

实验表明,煤岩热解生烃潜量分布于两个区间,小于 80 mg/g 的占 39%,100~200mg/g 的占 61%。氢指数(HI)为 100~200mg/g(TOC)。综合评价,石炭—二叠系煤岩属于好—较好烃源岩,与暗色泥岩相比,煤岩对上古生界烃源岩的生气贡献最大。

暗色泥岩生烃潜量 S_1+S_2 值为 0.5~1.0 mg/g 的占 61%、1.0~3.0mg/g 的占 20%,大于 3.0mg/g 的占 19%。氢指数(HI)一般小于 100mg/g(TOC)。整体评价为差—中等烃源

岩,属于中等—好的约占 40%。

缪九军(2008)通过实验模拟,济阳坳陷石炭—二叠系烃源岩累计生烃量 43.65×10^{12} m^3 (图 4-6)。其中,石炭系源岩生烃 29.77×10^{12} m^3、二叠系源岩生烃 13.87×10^{12} m^3;烃源岩在中生代生烃 9.02×10^{12} m^3、在新生代生烃 27.12×10^{12} m^3。

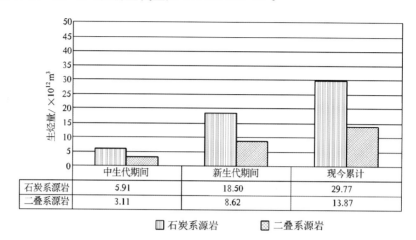

	中生代期间	新生代期间	现今累计
石炭系源岩	5.91	18.50	29.77
二叠系源岩	3.11	8.62	13.87

图 4-6 济阳坳陷石炭—二叠系源岩不同阶段生烃量对比图(据缪九军,2008)

煤岩到现今的生烃总量为 32.84×10^{12} m^3,其中,中生代为 6.66×10^{12} m^3、新生代为 19.99×10^{12} m^3。新生代煤岩的二次生烃量,惠民凹陷最多为 12.47×10^{12} m^3,东营凹陷次之为 4.07×10^{12} m^3、沾化凹陷为 1.93×10^{12} m^3、车镇凹陷为 0.81×10^{12} m^3、滩海地区最少为 0.71×10^{12} m^3。中生代煤岩的二次生烃量,惠民凹陷最多为 4.18×10^{12} m^3,东营凹陷次之为 1.50×10^{12} m^3,沾化凹陷为 0.94×10^{12} m^3、车镇凹陷为 0.03×10^{12} m^3、滩海地区最少为 0.01×10^{12} m^3。

煤岩的二次生烃强度,惠民凹陷最高为 28.62×10^8 m^3/km^2,东营凹陷次之为 22.95×10^8 m^3/km^2,沾化凹陷为 14.63×10^8 m^3/km^2,车镇凹陷为 10.65×10^8 m^3/km^2,滩海地区为 13.69×10^8 m^3/km^2。

暗色泥岩到现今的生烃总量为 10.80×10^{12} m^3,其中,中生代为 2.36×10^{12} m^3、新生代为 7.13×10^{12} m^3。新生代暗色泥岩的二次生烃量,惠民凹陷最多为 4.5×10^{12} m^3,东营凹陷次之为 1.62×10^{12} m^3,沾化凹陷为 0.66×10^{12} m^3、车镇凹陷为 0.22×10^{12} m^3、滩海地区最少为 0.13×10^{12} m^3。中生代暗色泥岩的二次生烃量,惠民凹陷最多为 1.53×10^{12} m^3,东营凹陷次之为 0.54×10^{12} m^3,沾化凹陷为 0.28×10^{12} m^3、车镇凹陷为 0.01×10^{12} m^3、滩海地区最少。

暗色泥岩的二次生烃强度,惠民凹陷最高为 9.68×10^8 m^3/km^2,东营凹陷次之为 8.23×10^8 m^3/km^2,沾化凹陷为 4.35×10^8 m^3/km^2,车镇凹陷为 2.71×10^8 m^3/km^2,滩海地区为 2.22×10^8 m^3/km^2。

在印支期生烃量完全散失,燕山、喜马拉雅期生烃量有所保存的前提下,计算济阳坳陷石炭—二叠系煤系烃源岩总资源量为 6 317.19×10^8 m^3(表 4-2)。

表 4-2 济阳坳陷各断块资源量和资源丰度对比表(据缪九军,2008)

断块	中生带期间生烃量/$\times 10^8$ m³		资源贡献/$\times 10^8$ m³	新生代期间生烃量/$\times 10^8$ m³		资源贡献/$\times 10^8$ m³	总资源量/$\times 10^8$ m³	资源丰度/($\times 10^8$ m³·km⁻²)
	煤岩	泥岩		煤岩	泥岩			
滋镇—信阳	8 866.17	2 420.35	28.22	74 110.17	25 910.85	2 250.47	2 278.69	0.77
东营南坡	8 409.22	3 000.63	28.52	39 313.36	11 668.84	1 024.56	1 053.08	0.54
孤北	2 201.21	622.28	7.058 7	1 921.95	716.84	100.27	107.22	0.42
邵家	4 968.22	1 494.22	16.16	10 134.54	3 826.16	349.02	365.17	0.42
临南—林樊家	32 928.90	12 884.20	114.53	50 628.30	19 101.05	1 568.91	1 683.44	0.41
桩西	0.00	0.00	0.00	1 592.86	319.30	42.07	42.07	0.37
埕东	26.97	8.85	0.089 7	2 643.87	625.09	65.38	65.47	0.25
金家	6 577.40	2 407.76	22.46	11 408.31	4 543.96	199.40	211.87	0.23
罗家	207.13	73.77	0.702 5	4 368.55	1 251.42	112.40	113.10	0.19
孤南	615.00	299.35	2.285 9	2 491.97	708.44	96.01	98.30	0.17
埕东南	39.75	10.47	0.125 5	2 830.22	332.30	63.25	63.38	0.15
车镇	324.63	86.13	1.026 9	8 083.98	2 249.66	129.71	130.2	0.11
孤岛	1 435.68	289.09	4.311 9	348.15	79.59	8.55	12.87	0.06

朱建辉等(2010)实验模拟,得出济阳坳陷总生烃量为 61.806×10^{12} m³,以煤岩贡献为主,石炭系煤岩贡献最大,其次是二叠系煤岩;暗色泥岩贡献较少。

第三节 侏罗—白垩系烃源岩

济阳坳陷侏罗—白垩系以下部含煤、中上部为紫红色—红色碎屑岩为主,在沼泽、湖泊范围内发育了一定的烃源岩。

从有机质类型看,坊子组泥岩、碳质泥岩、煤岩均以偏腐殖混合—腐殖型为主,三台组主要为腐殖型,蒙阴组主要为偏腐泥混合—偏腐殖混合型。

从有机质丰度看,坊子组暗色泥岩为差—中等烃源岩、碳质泥岩为中—较好烃源岩、煤岩煤为中等—较好烃源岩,具有一定生烃潜力。三台组泥岩为差—非烃源岩。蒙阴组湖相暗色泥岩总体上为中等—好烃源岩。西洼组灰绿色泥岩,为非烃源岩。

从显微组分看,中生界烃源岩以镜质组为主,惰质组次之,壳质组+腐泥组较少。有机质类型主要以腐殖型为主,部分混合型。

从有机质成熟度看,中生界烃源岩中91%的样品已达到成熟阶段,R_o 为 0.5%～1.2%。部分高达 2.0%以上,进入过成熟阶段。从地区分布看,沾化凹陷 R_o 为 0.45%～1.88%,部分达到 6.25%～6.55%进入过成熟阶段。车镇凹陷大王庄地区成熟度低,R_o 为 0.62%～0.67%,刚进入成熟阶段,个别超过 1.0%。东营、惠民凹陷正处于大量生烃阶段,R_o 为

$0.8\%\sim1.1\%$。统计表明,新生代二次生烃门限深度,沾化凹陷为 3000m,对应 R_o 大于 0.6%;东营凹陷为 3500m,对应 R_o 大于 0.7%;惠民凹陷为 3700m,对应 R_o 大于 0.7%;车镇凹陷样品少。

对于坊子组煤系烃源岩,大致在埋深 $2900\sim3000m$,R_o 为 $0.6\%\sim0.7\%$,进入二次成熟阶段(表 4-3)。

表 4-3　济阳坳陷侏罗—白垩系烃源岩地化参数表(据王永诗等,2010)

层位	岩性	TOC/%	(S_1+S_2)/mg·g^{-1}	HI/mg·g^{-1}	R_o/%	评价结果
西洼组	泥岩	0.31	0.28	70.90		非
蒙阴组	泥岩	$0.72\sim2.92$	$5.40\sim7.92$	$73.0\sim419.2$	$0.50\sim0.56$	中等—好
三台组	泥岩	$0.30\sim0.72$	$0.10\sim0.72$	$30.4\sim127.0$	$0.52\sim0.66$	非—差
坊子组	泥岩	$0.11\sim3.35$	$0.20\sim6.00$	$8.4\sim107.1$		差—中等
	碳质泥岩	$0.93\sim42.35$	$2.00\sim58.50$	$3.1\sim281.2$		差—较好
	煤	$41.30\sim81.70$	$1.42\sim124.07$	$5.2\sim183.1$	$0.80\sim3.30$	差—较好

第四节　古近系烃源岩

王永诗等(2003)认为,济阳坳陷沙河街组有效烃源岩,是指主要分布在沙四上和沙三下,有机碳含量 2%以上,咸水—半咸水、盐湖环境中发育的油页岩、灰质(含灰质)泥页岩。侯读杰等(2008)则将 TOC 大于 3%作为优质烃源岩的标准(表 4-4)。

表 4-4　优质烃源岩和有机质富集层划分标准(据侯读杰等,2008)

有机质富集层级别	有机质丰度参数				
	w(有机碳)/%	w(氯仿沥青)/%	w(TOC)/%	产油潜量/(mg·g^{-1})	总烃量/(mg·g^{-1})
有机质富集层	>6.0	>0.8	>8.0	>42.0	>7.0
优质烃源岩	>3.0	>0.3	>4.0	>20.0	>3.0

一、孔二段烃源岩

1. 岩石学特征及分布

济阳坳陷孔二段地层沉积主要受北西向断层控制(图 4-7)。孔二段烃源岩,在东营凹陷主要分布在牛庄洼陷、博兴洼陷;在惠民凹陷主要分布在滋镇洼陷、阳信洼陷,临南洼陷钻遇暗色泥岩;在沾化凹陷主要分布在孤北洼陷(张学军等,2005;陈建渝等,2002;王圣柱,2006;陈亮,2019)。

牛庄洼陷孔二段烃源岩主要分布在王 46、王古 100 井北部的深洼陷区,往南减薄至尖灭。孔二上亚段的下部以灰色、深灰色泥岩,石膏质泥岩,砂质泥岩,灰色泥质粉砂岩为主,为

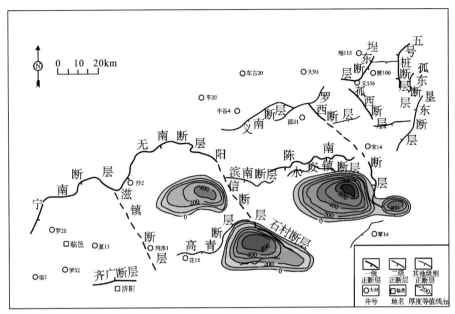

图 4-7 济阳坳陷孔二段烃源岩等厚图(据陈亮,2019)

烃源岩集中发育层段。

博兴洼陷孔二段烃源岩分布在受石村断层和高青—平南断层控制的南部深洼处,厚度中心在通 2 井区,最厚达 1000m,向南逐渐减薄,至金家—柳桥地区尖灭。柳桥地区柳参 2 井孔二段烃源岩主要为紫红色泥岩、深灰色泥岩和细砂岩、含砾砂岩。

滋镇洼陷钻井较少,地震资料表明沉积中心孔二段地层厚度达 2000m 以上,孔二段埋深在 3000m 以下。

阳信洼陷在北部无棣、阳信边界断层控制下沉积了孔二段地层,林樊家—阳信一带为孔店组沉积中心之一,地层厚度 2500m 左右,推测孔二段暗色泥岩厚度 900m。在林樊家凸起上林 2、林 5、林气 2、林 30 等多口井钻遇孔二段暗色泥岩,自林樊家往西北部阳信洼陷逐渐增厚。

临南洼陷孔二段地层厚度在 600m 左右。临商断层上升盘的盘深 3 井孔二段地层厚度达 1000m 以上,主要为紫色泥岩、砂质泥岩,灰色细砂岩,盘深 3 井仅在底部发育少量灰色泥岩、黑色泥岩。盘深 1 井在井底孔二段 3 980.5~4022m 井段钻遇深灰色泥岩、褐黑色泥岩。

孤北洼陷孔二段埋深 5000m,地层厚度 300m 以上,分布面积超过 $100km^2$。桩深 1 井在 4 703.0m 至井底钻遇了 382.61m 孔二段地层(未钻穿),以灰色、深灰色泥岩为主,含少量灰色粉砂质泥岩及灰黑色碳质泥岩,暗色泥岩占地层厚度的 58.04%。

渤南洼陷根据地震资料推测,孔二段主要分布在孤西深洼带和四扣深洼带,埋深一般在 5000m 以下,已进入高成熟—生裂解气阶段。邵古 4 井钻遇孔二段岩性为灰色泥岩、含石膏质泥岩、紫红色泥岩、砂质泥岩和灰色—紫红色细砂岩、细砾岩,下部发育有灰白色石膏层,为半干旱盐湖—咸湖相沉积。但缺少孔二段烃源岩分析资料。

孔二段暗色泥岩中,裸子植物花粉含量最多,占 76.5%,被子植物花粉次之,占 23.5%。

其中,裸子植物花粉以衫粉属最多,占 60.8%,喜旱的麻黄粉属大为减少;被子植物花粉以具孔类花粉为主,主要有小榆粉和脊榆粉属,桦科的莫米粉、广莫米粉、三坡痕莫米粉、显环桦粉、褶皱桦粉属少量出现。孢粉组合与渤海湾沿岸孔二段相似,推测济阳坳陷孔二段为低洼沼泽沉积,古气候为亚热带型,暖热而湿润。

2. 有机质类型及丰度

牛庄洼陷南坡的王 46、莱深 1、东风 6、柳参 2 等井 21 个暗色泥岩样品,埋深 2 777.0～4 206.6m,TOC 为 0.02%～1.41%,平均 0.59%,干酪根以 Ⅱ2—Ⅲ 型为主,R_o 为 0.72%～1.25%,为差—中等成熟烃源岩。

博兴洼陷石村断层与高青—平南断层南侧的孔二段烃源岩:TOC 为 0.62%～1.32%,氯仿沥青"A"为 0.011 8～0.020 5%,为 Ⅲ 型干酪根,R_o 为 0.72%～1.12%,比王 46 井孔二段烃源岩要好一些,为中等—好烃源岩。柳参 2 井孔二段靠近洼陷边缘,为扇三角洲前缘沉积,TOC 为 0.826 0%,R_o 为 0.77%,干酪根为 Ⅲ 型,为还原、咸化沉积环境,推测洼陷中心半深湖—深湖相应发育优质的烃源岩。

惠民中央断裂带的盘深 3 井孔二段 3 655.0～4378.0m 井段 8 个烃源岩岩芯样品,TOC 为 0.1%～0.77%,平均 0.31%;干酪根为Ⅱ2—Ⅲ型;氯仿沥青"A"为 0.001 5%～0.002 7%,总烃为 23.53%～44.11%,非烃和沥青质含量为 55.88%～76.47%。R_o 为 0.68%～1.56%,为成熟烃源岩;有机质丰度很低,生烃潜力较差。盘深 3 井位于斜坡,不能完全反映洼陷孔二段情况。盘深 1 井孔二段 4 014.00～4 019.09m 井段 4 个岩芯样品,TOC 为 0.25%～0.51%,平均 0.38%;总烃 25.8%～48.63%,平均 37.86%;非烃和沥青质含量 48.64%～76.1%,平均 62.37%。盘深 1、3 井 TOC 不高,处于孔二段沉积边缘。推测盘深 1 井东北部沉积中心应发育较好烃源岩。两口井暗色泥岩以低等水生生物为主,为还原性微咸水—半咸水沉积环境。成熟度较高。

惠民东部林樊家地区林 2、林 5、林气 2、林 30 等井钻遇孔二段暗色泥岩,烃源岩 TOC 为 0.1%～1.32%,干酪根为 Ⅱ、Ⅲ 型,R_o 为 0.79%～1.39%,为高成熟—过成熟烃源岩。其中,林 2 井孔二段暗色泥岩 TOC 较高为 0.80%,干酪根为 Ⅲ 型,R_o 为 1.31%～1.39%,属于中等丰度烃源岩,已进入轻质油—天然气阶段。

阳信洼陷孔二段烃源岩,TOC 为 0.1%～1.32%,干酪根 Ⅱ、Ⅲ 型,R_o 为 0.79%～1.39%,为高成熟—过成熟烃源岩。来源于还原环境的低等水生生物与高等陆源植物。

孤北洼陷孔二段烃源岩,TOC 为 0.17%～0.82%,氯仿沥青"A"为 0.004 7%～0.861 5%,干酪根Ⅰ—Ⅲ型均有,R_o 为 1.03%～1.37%,为较好的成熟—高成熟烃源岩。

3. 有机质成熟度

济阳坳陷孔二段烃源岩埋深 2700～5000m,已进入成熟—高成熟阶段。

牛庄洼陷南坡的王 46、莱深 1、东风 6、柳参 2 等井 21 个暗色泥岩样品,埋深 2 777.0～4 206.6m,R_o 为 0.72%～1.25%。其中,王 46 井孔二段烃源岩 R_o 为 0.96%～1.25%。博兴洼陷 R_o 为 0.72%～1.12%。

分析王 46 井孔二段烃源岩热演化史,尽管孔一段、东营组沉积后经历了两次抬升剥蚀,但抬升幅度较小,对孔二段生烃过程影响不大(图4-8),推测孔二段烃源岩在馆陶组沉积时期开始大量生烃,目前仍处于生烃高峰。

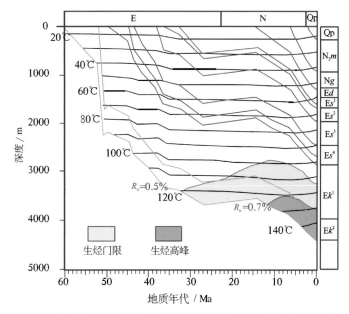

图 4-8 牛庄洼陷南坡王 46 井孔二段烃源岩埋藏生烃史曲线(据王圣柱,2006)

惠民凹陷地热梯度为 3.20℃/100m。临南洼陷孔店组地层厚度超过 3000m,古近系最厚,为 7000m;孔二段在始新世进入生烃门限,目前已进入生气阶段,惠民中央断裂带盘深 3 井孔二段 3 655.0~4 378.0m 井段 R_o 为 0.68%~1.56%。

阳信洼陷早期发育、后期衰退,孔店组沉积厚度大,约 5000m,上覆古近系、新近系仅厚 2000m;孔二段在始新世进入生烃门限,目前处于大量生气阶段,R_o 为 0.79%~1.39%。

滋镇洼陷早期发育、后期衰退,孔店组地层厚度超过 3000m,古近系厚达 5000m,根据缺失沙一段和东营组推断,古近纪末期抬升剥蚀约 2000m;新近纪整体坳陷,地层厚度约 1400m;孔二段在渐新世初开始成熟大量生烃,新近纪进入主生排烃期,主要生成轻质油和天然气。

林樊家地区林 2、林 30 井孔二段实测 R_o 为 0.79%~1.39%,已达到生烃高峰附近。

孤北洼陷现今 R_o 为 1.03%~1.37%。

4. 生物标志化合物

总体来看,济阳坳陷孔二段暗色泥岩呈规则甾烷"V"字形分布,干酪根为 Ⅱ 型,高等植物和浮游生物对于生烃均有较大贡献。黄铁矿顺层发育,显示为还原环境。γ 蜡烷含量较高,为 0.21~44,水体微咸—半咸。因此,孔二段暗色泥岩形成于还原的微咸—半咸水环境。

盘河、林樊家、博兴等地区,规则甾烷含量一般 $C_{29} > C_{27} > C_{28}$,呈不对称"V"字形,显示以陆源有机质为主,伴有水生母质。Ts/Tm 值较高为 0.61~1.85;γ 蜡烷含量较低,γ 蜡烷/C_{30}

霍烷为 0.10～0.27；Pr/Ph 比值较高为 0.71～3.6，说明沉积水体咸化、低还原。

博兴洼陷南部的柳参 2 井仅有 1 块孔二段烃源岩岩芯样品，饱和烃呈"后峰型"，具有明显的植烷优势（Pr/Ph＝0.36），重排甾烷和 4-甲基甾烷不发育，胆甾烷相对含量 C_{29}＞C_{27}＞C_{28}，呈不对称"V"字形，显示出以高等植物来源为主的特征。Ts/Tm 为 0.56，三环萜烷不发育，γ 蜡烷含量较高，γ 蜡烷/C_{30} 霍烷为 0.27，升霍烷系列为正常序列，说明烃源岩为还原、咸化沉积。柳参 2 井孔二段烃源岩与本地区沙四上烃源岩特征相似，均为还原半咸水—咸水沉积。

牛庄洼陷南坡王 46、莱深 1 井规则甾烷含量 C_{27}＞C_{29}＞C_{28}，呈不对称"V"字形，显示以水生母质为主、混有陆源植物。重排甾烷、4-甲基甾烷含量低；γ 蜡烷含量较高，γ 蜡烷/C_{30} 霍烷为 0.63～1.13，具有植烷优势，说明沉积水体环境咸化、强还原。与牛庄洼陷南坡沙四上段低熟烃源岩非常相似。

临南洼陷盘深 1、盘深 3 井孔二段烃源岩饱和烃色谱呈"双峰型"，具有明显的植烷优势（Pr/Ph 为 0.15～0.76），以低等水生生物供给为主。低碳数甾烷含量较高，孕甾烷/升孕甾烷为 1.63～1.64，重排甾烷和 4-甲基甾烷含量中等（重排甾烷/C_{27-29} 规则甾烷为 0.03～0.05，4-甲基甾烷/C_{29} 甾烷为 0.1～0.29，胆甾烷 C_{27}、C_{28}、C_{29} 呈对称"V"字形，为较高成熟度烃源岩。三环萜烷较发育，γ 蜡烷含量中等，反映了还原性微咸水—半咸水沉积环境。

林樊家地区孔二段烃源岩正构烷烃呈"双峰型"特点，主峰碳数为 $C_{17\sim19}$ 和 C_{25}，植烷优势（Pr/Ph 为 0.55～0.86），反映了还原性沉积环境中有低等水生生物和高等陆源植物共同来源。其中，林 30 井以低等水生生物为主，为半咸水沉积环境；林 2 井以陆源高等植物为主，为半咸化环境。

孤北洼陷桩深 1、桩 80 等井规则甾烷含量 C_{27}＞C_{29}＞C_{28}，基本呈对称"V"字形，属于水生生物与陆源植物的混源。重排甾烷及 4-甲基甾烷含量低；γ 蜡烷含量中等，γ 蜡烷/C_{30} 霍烷为 0.17～0.50，说明沉积水体为微咸水—咸水。Pr/Ph 为 0.89～1.51，说明为弱氧化沉积环境。

5. 油气源对比

地球化学对比表明，牛庄洼陷南坡丁家屋子构造带王 100、王 130 等井区孔一段 2～4 砂组、王古 1 井区奥陶系潜山、八面河地区新角 7 井区奥陶系潜山，均为孔二段油源。原油具有低密度、低黏度、低硫、高含蜡（23.07%～67%）、高凝固点（40～49℃）等特点，属于低含硫轻质原油，与沙河街组油源不同。王古 1 奥陶系原油具有高饱和烃（78.2%～88.4%）、低芳烃（13.42～18.66）、低沥青质（0～0.65%）等特征，除了与源岩有关外，与较高的成熟度、保存条件好，没有经历水洗、氧化等也有关系。值得注意是，该地区尚未发现与孔二段油藏完全匹配的烃源岩，唯一钻遇孔二段暗色泥岩的王 46 井 γ 蜡烷含量较低，且不具备 C_{29} 胆甾烷优势。

对王家岗地区孔一段、奥陶系油藏中的孔二段、沙四段混源油进行混合比例计算，认为孔二段烃源岩贡献率为 50%～80%。

牛庄洼陷北部民丰洼陷内的东风 5 井在孔一段盐膏层内部及以下见到良好油气显示，之后钻探的胜科 1 井在孔一段也见到薄砂岩气层，推测与孔二段烃源岩有关（图 4-9）。

孤北洼陷孤北古 1(伴生凝析油)、孤北古 3 井原油根据姥蛟烷、植烷等参数分析,推测可能为孔二段烃源岩生成的成熟油。

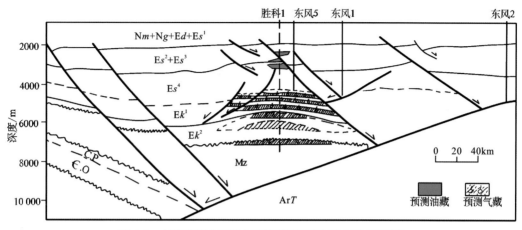

图 4-9　东营凹陷盐下油气藏预测剖面图(胜利油田资料)

二、沙四下烃源岩

1. 岩石学特征及分布

济阳坳陷沙四下位于沙四段第一套盐膏层之下,为间歇性盐湖相沉积,地层主要由棕红色、灰色、暗灰色砂泥岩互层夹盐岩、石膏层组成,沙四下烃源岩岩性主要有泥岩、油页岩、含盐泥岩和膏质泥岩等。凹陷北部边界大断层下降盘地层最厚,至凹陷南部边缘逐渐变薄至缺失。其中,东营凹陷厚度一般为 50~400m,最厚 1 316.5m,丰 8 井沙四下烃源岩样品为深灰色泥岩,丰深 1 井沙四下烃源岩样品为灰黑色钙质泥岩。沾化凹陷最厚 1 156.5m,地层厚度一般为 500~1000m;渤南洼陷沙四下烃源岩厚 25~300m,新渤深 1 井样品为深灰色纹层状泥岩,新义深 9 井样品为深灰色纹层状泥岩。

沙四下暗色泥岩一般集中在沙四下亚段中上部,厚度一般为 50~200m,占沙四下地层厚度的 31%~48%。新东风 10 井钻遇累积最大厚度 658m(王圣柱,2006;刘斌忠等,2013;杨显成等,2014)。

2. 有机质类型及丰度

济阳坳陷沙四下段暗色泥岩 TOC 为 0.09%~4.2%,平均 1.26%;氯仿沥青"A"平均含量 0.2552%,总烃平均含量 2011×10⁻⁶ mg/L。干酪根以Ⅰ、Ⅱ1 型为主,凹陷边缘以Ⅱ2 和Ⅲ型占优。综合评价,沙四下段烃源岩有机质丰度较高,类型较好,处于成熟—过成熟阶段,属中等—好的烃源岩,生成大量的凝析油和天然气。

东营凹陷沙四下烃源岩,TOC 为 0.06%~4.21%,平均 1.26%;氯仿沥青"A"含量为 0.003 1%~1.550 1%,平均 0.255 2%;有机质类型以Ⅰ型、Ⅱ1 型为主。其中,民丰洼陷丰 8、丰深 1 和永 53、永 556 井沙四下烃源岩分析,TOC 为 1.02%~3.11%,氯仿沥青"A"含量为$(389\sim4708)\times10^{-6}$。其中,丰8井沙四下烃源岩样品为深灰色泥岩,埋深3 403.51m,有机质类型为II1型,TOC为3.11%,R_o为0.54%。丰深1井沙四下烃源岩样品为灰黑色钙质泥岩,有机质类型为II1型,TOC为2.37%。

渤南洼陷沙四下烃源岩,TOC为0.22%~13.9%,平均2.77%;有机质类型以I型、II1型为主。其中,新渤深1井样品为深灰色纹层状泥岩,TOC为0.72%;新义深9井样品为深灰色纹层状泥岩,TOC为1.96%。

3. 有机质成熟度

总体来看,济阳坳陷沙四下段烃源岩R_o为0.50%~2.17%,处于成熟—过成熟阶段。根据成熟度与深度的对数关系,深度4220m时,R_o约为1.3%,达到高成熟阶段,开始大量形成天然气。

东营凹陷沙四下烃源岩R_o为1.0~2.4%,处于高成熟—过成熟演化阶段。其中,丰8井沙四下烃源岩样品为深灰色泥岩,埋深3 403.51m,R_o为0.54%。丰深1井沙四下烃源岩样品为灰黑色钙质泥岩,埋深3 684.80m,R_o为0.63%。

渤南洼陷沙四下烃源岩R_o为0.9%~2.1%,处于成熟—过成熟演化阶段。其中,新渤深1井样品为深灰色纹层状泥岩,埋深3 413.10m,R_o为1.02%;新义深9井样品为深灰色纹层状泥岩,埋深3 415.70m,R_o为0.89%。

4. 生物标志化合物

东营凹陷沙四下烃源岩,主峰碳为$C_{16}\sim C_{18}$,Pr/Ph为0.26~0.61,γ蜡烷/C_{30}藿烷为0.14~0.50。

渤南洼陷沙四下烃源岩,主峰碳为$C_{15}\sim C_{18}$,Pr/Ph为0.37~0.57,γ蜡烷/C_{30}藿烷为0.18~0.24。

三、沙四上烃源岩

1. 岩石学特征及分布

泥页岩是特定物源、水深、盐度和氧化—还原环境下的产物,湖盆古地形不仅对物源、水深、盐度等水介质条件具有直接的控制作用,也对湖泊水体运动速度的大小和方向以及流场的结构和特征有影响,进而影响各种物质在湖泊内的扩散迁移和分布状态。

综合分析认为,泥页岩细粒沉积组分主要受控于古物源和古水深,有机质含量主要受控于古盐度和古水深,沉积结构主要受控于氧化还原性和古物源,碳酸盐结构主要受控于氧化还原性和古盐度。①水深<20m、盐度>20%时,属于强还原浅湖区,主要发育膏岩、含有机质层状膏质泥岩、含有机质层状泥质灰岩、富有机质细微晶纹层状泥质灰岩。②水深在20~55m、物源<45%、盐度>15%时,属于强还原的半深湖区,主要发育富有机质纹层状隐晶泥质灰岩、富有机质纹层状灰质泥岩、少量富有机质层状泥质灰岩、富有机质层状灰质泥岩。

③水深在 55m、物源＞45％、盐度＜15％时，属于弱还原—还原的深湖区，主要发育富有机质层状灰质泥岩相、富有机质层状泥质灰岩相、富有机质块状灰质泥岩相。

济阳坳陷沙四上主要为咸水—半咸水湖相沉积，沙四上烃源岩主要岩性为泥岩、油页岩、含盐泥岩和膏质泥岩等（张林晔等，2003；王圣柱，2006；刘庆等，2011；张善文，2012；杨显成等，2014；陈亮，2019；王勇等，2021）。

沙四上烃源岩主要分布在东营凹陷，为咸化湖相沉积，底水含氧量低，沉积有机相以缺氧有机相和短暂充氧有机相为主，形成一套富含有机质的页岩和油页岩沉积，优质烃源岩发育。平面上分布很广，从南部广饶凸起到北部的陈家庄地区都有分布。

牛庄洼陷烃源岩以深灰色泥岩、灰褐色钙质纹层泥页岩为主，夹薄层泥灰岩和白云岩，并发育条带状膏岩，厚 40～120m（图 4-10）。该套泥页岩层理发育，镜下观察，纹层分别为富钙质纹层、富泥质、有机质纹层以及富黏土和黄铁矿纹层。其中富钙质纹层含大量颗石藻鳞板或隐晶方解石。三者纵向上相互叠置，组成三层式或二层式沉积结构。藻类是该套烃源岩生烃的物质基础。沙四上亚段下部，以德弗兰藻化石组合为主，上部富含渤海藻和盘星藻藻属，藻类属种演变反映了水体逐渐淡化的过程。

博兴洼陷沙四上烃源岩主要为灰色、深灰色泥岩、白云质泥岩、页岩，厚度为 100～200m。其中，高 23 井 2 568.8m 为灰绿色泥岩，高 61 井 3 161.5m 为深灰色泥岩。

利津洼陷沙四上烃源岩主要为深灰色泥页岩、钙质泥岩，发育膏岩、盐岩。

沾化凹陷沙四段上烃源岩主要见于渤南、孤北地区。其中，孤北洼陷为一套咸化湖相沉积，以灰色泥岩、泥质粉砂岩夹细砂岩为主，顶部发育厚约 50m 的白云质泥岩、钙质泥岩，类似于东营凹陷，但分布范围较小。而渤南洼陷为一套盐湖相沉积，烃源岩厚度 25～300m，在盐湖中心地区湖水存在永久性分层，形成一套缺氧有机相和短暂充氧有机相烃源岩，岩性以膏质泥岩、膏质页岩、灰质页岩和纹层泥灰岩为主。

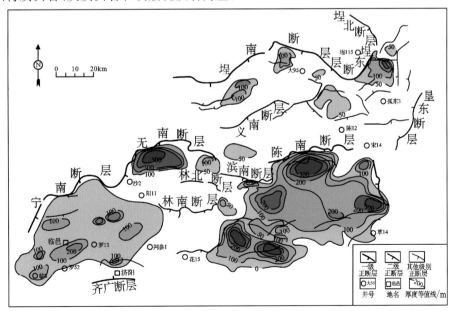

图 4-10　济阳坳陷沙四上烃源岩等厚图（据陈亮，2019）

惠民凹陷阳信洼陷沙四上烃源岩主要为半深湖—深湖相灰色、深灰色泥岩、油泥岩、油页岩,厚 100~600m。临南洼陷沙四上烃源岩主要由灰色泥岩组成。

济阳坳陷西部的滋镇洼陷、车镇凹陷西部的车西洼陷,沙四上总体为一套滨浅湖相沉积,以滨浅湖相粉砂质泥岩、泥岩夹少量碳质泥岩为主,以充氧相和氧化环境为主,总体评价为一套差—非烃源岩。

车镇凹陷东部的大王北洼陷、郭局子洼陷,沙四上与渤南洼陷湖水相通,发育了一套盐湖相沉积。大王北、郭局子洼陷湖盆较浅,烃源岩发育条件较差,但品质较好。

2. 有机质类型及丰度

东营凹陷沙四上烃源岩 TOC 为 0.7%~10.7%,平均 3.1%,氯仿沥青"A"为 0.14%~1.94%。

牛庄洼陷沙四上烃源岩由于水体分层,强还原环境使有机质得到最大限度保存,TOC 为 1.0~3.0%,最高达 10.7%,氯仿沥青"A"平均为 0.618%,干酪根以 I 型为主,少量为 II1 型。由于水体强还原,烃源岩同样也富硫,有机硫含量 3.21%~14.67%。

博兴洼陷沙四上烃源岩 TOC 为 1.75%~5.98%,氯仿沥青"A"为 0.288 5%~0.977 5%,干酪根为 I~II1 型。

利津洼陷沙四上烃源岩 TOC 为 1.5%~4%,干酪根以 I~II1 型为主,有机质来源以水生生物为主。

渤南洼陷沙四上亚段烃源岩 TOC 为 0.22%~13.9%,平均 2.77%;氯仿沥青"A"为 0.009 1%~1.675 6%,平均 0.448 2%。干酪根主要为 I~II1 型。

阳信洼陷沙四上主要为半深湖—深湖相灰色、深灰色泥岩、油泥岩、油页岩,暗色泥岩,厚 100~600m,TOC 为 0.3%~7.43%,氯仿沥青"A"为 0.011%~1.832 9%,干酪根 I~III 型均有,以 I 型为主,为较好—好烃源岩。

临南洼陷沙四上烃源岩主要由灰色泥岩组成,TOC 平均 1.8%,氯仿沥青"A"含量为 0.1%~0.2%。

滋镇洼陷、车镇凹陷车西洼陷,沙四上总体评价为差—非烃源岩。

3. 有机质成熟度

民丰洼陷沙四上烃源岩 R_o 为 0.6%~0.9%,进入生油门限。
渤南洼陷沙四上烃源岩 R_o 为 0.49%~2.4%,演化程度高,深层裂解生气。
临南洼陷沙四上烃源岩 R_o 多数大于 0.65%,为成熟烃源岩。
阳信洼陷沙四上烃源岩 R_o 为 0.45%~0.65%,为成熟烃源岩。
滋镇洼陷沙四上烃源岩埋深浅,为未熟—低熟烃源岩。

4. 生物标志化合物

牛庄洼陷沙四上烃源岩饱和烃色谱具有植烷优势(Pr/Ph 为 0.46~0.94),γ 蜡烷含量较高,为还原性半咸水沉积特征。

博兴洼陷沙四上烃源岩饱和烃具有明显的植烷优势,Pr/Ph 小于 0.5;高 γ 蜡烷,γ 蜡烷/ C_{30} 藿烷为 0.09~1.17;三芴系列中,硫芴系列占绝对优势,反映了半封闭还原咸水沉积特征。

利津洼陷沙四上烃源岩咸湖—盐湖相明显,具有植烷和偶碳优势,Pr/Ph 小于 0.6,三环萜烷含量较低,高 γ 蜡烷(γ 蜡烷/ C_{30} 藿烷为 0.6~2.6),部分样品升蕾烷具有“翘尾”现象,重排甾烷、4-甲基甾烷不发育。

阳信洼陷沙四上烃源岩饱和烃色谱一类为姥蛟烷优势(Pr/Ph 为 1.02~3.26);另一类 Pr/Ph 为 0.2~0.91,植烷含量最多。两类重排甾烷均不发育,4-甲基甾烷含量较高(4-甲基甾烷/ C_{29} 甾烷为 0.02~0.42),三环萜烷较发育,γ 蜡烷/ C_{30} 藿烷为 0.09~0.74,多数大于0.15,反映出水体盐度变化大,总体上为半咸水—咸水沉积特征。

临南洼陷沙四上烃源岩饱和烃气相色谱呈“后峰型”或“前峰型”,Pr/Ph 为 0.27~2.38,绝大多数小于 1.0,表明沉积环境还原性较强。重排甾烷不发育,4-甲基甾烷含量较高(4-甲基甾烷/ C_{29} 甾烷为 0.1~1.43,多数大于 0.50),γ 蜡烷含量较低(γ 蜡烷/ C_{30} 蕾烷为0.08~1.60,大多数在 0.1 左右)。沙四上时期湖盆水体连通性较差,水体盐度存在差异,不同部位烃源岩特征不同。夏斜 507,商 152 井沙四上烃源岩 γ 蜡烷含量较高(γ 蜡烷/ C_{30} 藿烷为 0.37~1.60),而临 58、临 201 井沙四上重排甾烷和 4-甲基甾烷均不发育,γ 蜡烷含量很低(γ 蜡烷指数为 0.07~0.08),但甾烷/藿烷较高(0.19~0.98,多数大于 0.40)。形成环境为半咸水还原性沉积。

孤北洼陷沙四上烃源岩饱和烃色谱具有植烷优势(Pr/Ph 为 0.46~0.94),γ 蜡烷含量较高,为还原性半咸水沉积特征。

渤南洼陷沙四上烃源岩 Pr/Ph 为 0.37~0.68,γ 蜡烷/ C_{30} 霍烷为 0.14~1.02,重排甾烷不发育,4-甲基甾烷含量低。为还原—弱还原咸水沉积环境。

5. 生烃潜力

沙四上咸化湖泊环境易形成稳定的盐度分层,有机质得以有效保存,烃源岩富含有机质。烃源岩以缺氧有机相为主,具有韵律明显的富有机质、钙质和黏土质纹层构成的交互式页理结构,富有机质纹层的有机质含量多在 2.0%~15.0% 之间,页理发育段有机质纹层,最高可占到总体积的 50% 以上,成为高效生排烃的物质基础。咸化湖泊烃源岩的生烃、排烃定量模型研究表明,其产烃率由以往的 20%~40% 提高到 50%~70%,排烃效率由 40%~60% 提高到 60%~90%。

通过对烃源岩 63 个温度点的生排烃物理模拟实验,结合自然演化剖面,认识到咸水环境烃源岩存在早期和晚期两个成烃阶段。咸化环境烃源岩 R_o 为 0.35%~0.5% 时,可溶有机大分子和干酪根发生部分早期降解,在 R_o 小于 0.5% 之前可以形成一部分可运移的烃类;在 R_o 大于 0.5% 后,主要表现为干酪根降解及大分子可溶有机质的二次裂解。

而淡水环境烃源岩只存在一个晚期成烃阶段,其干酪根难以发生早期降解,主要为 R_o 大于 0.5% 之后的干酪根降解生烃阶段。

咸水环境烃源岩在 2500m 深度即进入排烃门限,淡水环境烃源岩在 3000m 深度才进入排烃门限。咸化湖泊环境烃源岩具有早生、早排、生烃周期长的特点,而淡水湖泊环境烃源岩

（沙三中—下亚段）只存在晚期成烃阶段（图 4-11）。

这些认识明确了咸化湖泊环境烃源岩在济阳坳陷的主体地位,使有效烃源岩埋深在之前认识到的淡水烃源岩的上限基础上拓展了 500m,主力源岩深度下延了 500m,主要凹陷剩余油气资源增加了 52.3%。

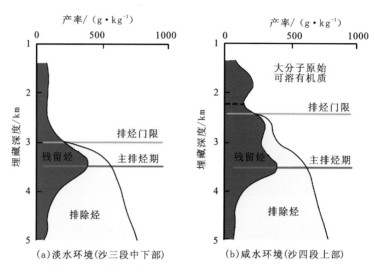

图 4-11　不同环境烃源岩生排烃模式（据张善文,2012）

东营凹陷沙四上优质烃源岩有机碳平均为 7%,热解生烃潜力为 50mg/g,每克有机碳的生烃潜量为 710mg。

6. 油气源对比

博兴油田原油来源于博兴洼陷沙四上烃源岩。高青油田多为沙三和沙四上生成的混源油。

王家岗断裂带王 122 井 2 794.3～2 806.1m 原油、王 119 -斜 3 井 2 592.5～2 624.0m 原油、王 122 -斜 2 井 2 794.3～2 806.1m 原油,均来源于牛庄洼陷沙四上咸水湖相腐泥型烃源岩。

四、沙三下烃源岩

1. 岩石学特征及分布

沙三下烃源岩分布于整个济阳坳陷及滩海地区,烃源岩岩层厚度 150～200m（图 4-12）。岩性以淡水湖相泥岩、灰褐色油页岩及页岩为主,夹少量灰色灰岩及白云岩。沙三下沉积时期,湖水较深,湖内浮游生物极为繁盛,沟鞭藻类、疑源类、介形类及鱼等生物遗体往往顺层分布,形成夹在泥质纹层中间的有机质富集层（张林晔等,2003;李不龙,2004;王圣柱,2006;王鑫等,2017）。

沙三下亚段优质烃源岩有机碳平均为 7%,热解生烃潜力为 52mg/g,每克有机碳的生烃

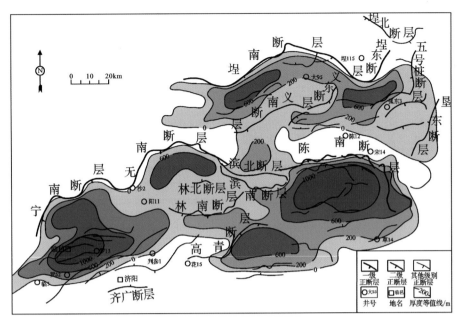

图 4-12　济阳坳陷沙三下烃源岩等厚图(据陈亮,2019)

潜量为 740mg。

牛庄洼陷沙三下亚段烃源岩覆盖整个洼陷区,为微咸水—半咸水沉积,以灰褐色油页岩、深灰色泥岩为主,夹少量灰色泥岩及白云岩。

博兴洼陷沙三下烃源岩主要是暗色泥岩、油页岩,厚度在 200m 以上。樊 1 井 3 076.9m 烃源岩为灰黑色灰质泥岩。

利津洼陷沙三下烃源岩为半深湖—深湖相深灰色泥岩、钙质泥岩、褐灰色油页岩。

临南洼陷沙三下段烃源岩主要为油页岩、钙质泥岩、深灰色泥岩。

阳信洼陷沙三下烃源岩主要为半深湖—深湖相深灰色、灰色泥岩、油泥岩、油页岩,厚100～800m,洼陷中心部位厚度达 1200m。

滋镇洼陷沙三下烃源岩埋藏较浅,一般小于 2500m,成熟度较低。

孤北洼陷沙三下烃源岩发育了深湖—半深湖相泥岩、油页岩、油泥岩、钙质泥岩,厚达 300m。

东营凹陷沙三中以三角洲相沉积为主,暗色泥岩厚 200～400m,以灰色、深灰色巨厚层泥岩为主。局部发育水平层理,有机质的赋存状态以分散为主,有机质富集层不发育,镜下既能见到低等水生生物来源的盘星藻和沟鞭藻等藻类,也能见到一定数量来源于高等植物的组分,有机碳平均为 2%,热解生烃潜力为 11mg/g,每克有机碳的生烃潜量为 500mg,属一般烃源岩。

2. 有机质类型及丰度

东营凹陷沙三下烃源岩 TOC 为 1.3%～18.6%,平均 4.9%,氯仿沥青"A"为 0.11%～2.94%,平均 0.92%。

牛庄洼陷沙三下烃源岩暗色泥岩 TOC 多数为 2%～5%,油页岩 TOC 为 5～19%,以Ⅰ、

Ⅱ1型干酪根为主。

博兴洼陷沙三下烃源岩 TOC 为 1.44%～4.13%，氯仿沥青"A"为 0.138%～0.345 9%，以Ⅰ型干酪根为主。

利津洼陷沙三下烃源岩 TOC 多数为 2%～5%，干酪根以Ⅱ1型为主。

阳信洼陷沙三下烃源岩 TOC 为 1.11%～12.33%，氯仿沥青"A"为 0.05%～1.065 7%，有机质为Ⅰ型。

临南洼陷沙三下段烃源岩 TOC 为 1.5%～6.6%，少数可达 8.5%以上，氯仿沥青"A"为 0.05%～0.65%，以Ⅰ型和Ⅱ1型有机质为主。

渤南洼陷沙三下烃源岩 TOC 为 2.0%～8.0%，氯仿沥青"A"为 0.107 5%～2.66%，干酪根类型为Ⅰ、Ⅱ1型。

孤北洼陷沙三下烃源岩，TOC 多数大于 3.0%，氯仿沥青"A"平均 0.321 9%，干酪根类型主要为Ⅰ型。

3. 有机质成熟度

牛庄洼陷沙三下烃源岩埋深大部分在 2800m 以下，R_o 平均 0.67%，处于生油阶段初期。

临南洼陷沙三下段烃源岩 R_o 为 0.51%～0.66%。

阳信洼陷沙三下烃源岩埋藏较浅，R_o 为 0.29%～0.48%，处于未成熟—低成熟阶段，为潜在烃源岩。

渤南洼陷沙三下烃源岩 R_o 为 0.55%～0.68%。

4. 生物标志化合物

牛庄洼陷沙三下时期有利于植醇向姥鲛烷的转化，饱和烃色谱呈"双峰型"或"前峰型"，Pr/Ph 为 0.71～2.75，一般大于 1.0，反映了弱氧化—弱还原沉积环境特征，具有以高等植物和细菌来源为主的弱氧化沉积特征。

博兴洼陷沙三下烃源岩饱和烃色谱姥鲛烷含量较高，Pr/Ph 为 0.83～1.85，低 γ 蜡烷（γ蜡烷/C_{30}蕾烷一般小于 0.2），三芴系列中芴、氧芴含量较高，反映了淡水—微咸水弱氧化的沉积环境。

利津洼陷沙三下烃源岩正构烷烃呈"双峰型"，Pr/Ph 为 0.45～1.58，γ 蜡烷/C_{30}藿烷为 0.06～0.21，重排甾烷和 4-甲基甾烷非常发育，孕甾烷、升孕甾烷含量较高，为弱氧化—弱还原半咸水沉积。

临南洼陷沙三下段烃源岩饱和烃色谱呈"前峰型"，具有明显的姥鲛烷优势，Pr/Ph 在 1.10～2.12 之间，少数大于 2.5，主峰碳数分布在 C_{17}～C_{23}。

临南洼陷南部地区烃源岩（如夏 38 井）三环菇烷不发育，γ 蜡烷含量较低（γ蜡烷/C_{30}藿烷比值为 0.05～0.20）。胆甾烷呈对称"V"字形分布，重排甾烷含量较高（重排甾烷/C_{27}甾烷为 0.26～1.64），4-甲基甾烷含量丰富（4-甲基甾烷/C_{29}甾烷为 0.09～0.45），低甾藿比（0.07～0.30），C_{29}甾烷 20S/(20S+20R)比值为 0.35～0.47，Ts/Tm 为 0.75～2.38，表明烃源岩成熟度较高。

临南洼陷北部地区(如临 82、商 74)烃源岩与上述特征相似,但重排甾烷和 4-甲基甾烷不发育,成熟度相对较低[C_{29} 甾烷 20S/(20S+20R)]为 0.30～0.47。以上特征表明临南洼陷沙三段烃源岩形成于弱还原的淡水—微咸水沉积环境,并且具有南北分区的特征。

临南洼陷沙三下烃源岩以街 1、夏 38、夏 102 井一线为界分成南北两个源岩区。可能是由于沉积环境、有机质生源和有关地质条件的差异造成的。北部油源区位于洼陷陡坡沉积中心,水体较深,沉积环境还原性较强,沉积速率快,外来有机质输入比重较大,原地水生生物物源相对较少,烃源岩中 4-甲基甾烷含量较小。南部油源区沙三段属半深—浅湖相沉积环境,还原性较差,沉积速率较低,湖水中甲藻繁盛造成烃源岩中 4-甲基甾烷含量较高。

阳信洼陷沙三下烃源岩正构烷烃 Pr/Ph 为 0.36～1.05,表明为还原环境,γ 蜡烷含量一般为 2.74%～6.98%,γ 蜡烷/C_{30} 藿烷为 0.09～0.25,C_{29} 甾烷 20S/(20S+20R)值为 0.23～0.4,为淡水—微咸水环境低熟有机质。

滋镇洼陷沙三下烃源岩饱和烃色谱多数呈"双峰型",Pr/Ph 为 0.33～2.23,但多数大于1.0,反映了弱氧化—弱还原沉积环境。4-甲基甾烷发育,重排甾烷不发育,C_{27}/C_{29} 甾烷为1.02～1.26,C_{29} 甾烷 20S/(20S+20R)为 0.03～0.38,Tm/Ts 为 1.18～13.6,γ 蜡烷/C_{31} 藿烷为 0.24～0.47,反映了烃源岩微咸—半咸水沉积特征。

渤南洼陷沙三下烃源岩 Pr/Ph 为 0.61～1.67,γ 蜡烷/C_{30} 霍烷为 0.04～0.18,重排甾烷丰富,4-甲基甾烷丰富。形成了微咸水—淡水型成熟油。

孤北洼陷沙三下烃源岩,饱和烃色谱姥蛟烷优势明显,Pr/Ph 大于 1.2,γ 蜡烷含量很低(γ 蜡烷/C_{30} 藿烷小于 0.2),4-甲基甾烷十分发育,重排甾烷含量高,Ts/Tm 大于 0.8,C_{29} 甾烷 20S/(20S+20R)为 0.46～0.53,成熟度较高。济阳坳陷生烃潜力汇总见表 4-5。

表 4-5　济阳坳陷生烃洼陷生烃潜力表(据王鑫等,2017)

生烃洼陷	生烃量/10^8 t	生烃强度/(10^4 t·km^{-2})
利津	205.5	1850
牛庄	93.4	900
临南	88.6	1250
渤南	56.4	1200
博兴	49.8	700
大王北	23.3	550
民丰	21.9	500
孤南	20.4	650
车西	18.6	450
郭局子	12.0	450
孤北	11.5	450
富林	9.4	200
阳林	8.8	200
滋镇	2.7	150

5. 油气源对比

大芦湖、正理庄油田主要来源于沙三下烃源岩。高青油田多为沙三和沙四上生成的混源油。

临南洼陷南部曲堤和临南油田的原油主要来源于淡水—微咸水环境的临南洼陷北部沙三下烃源岩。

五、沙一段烃源岩

1. 岩石学特征及分布

济阳坳陷沙一段优质烃源岩纵向上主要分布在沙一段下部,平面上主要发育于沾化凹陷的孤南洼陷、渤南洼陷和埕北凹陷。以孤南洼陷为代表,厚50～120m(图4-13)。岩性为含颗石藻纹层泥页岩。显微镜下观察表明,岩石的纹层理极为发育。纹层由泥质纹层和钙质纹层组成,纹层厚0.1～0.5mm,其中钙质纹层富含颗石藻化石。孤南洼陷发现的颗石藻主要为大阳桥石和渤海王网窗石,个体小,种类少,这与闭塞的湖相环境有关。颗石藻层与暗色泥质层呈水平纹层状互层,反映了水体非常平静,能量很弱。

临南洼陷沙一段烃源岩主要为生物灰岩、油页岩和钙质泥岩沉积。

孤北洼陷沙一段发育半深湖油页岩、钙质泥岩和灰色泥岩(张林晔等,2003;王圣柱,2006)。

沙一段优质烃源岩有机碳平均为4%,热解生烃潜力为26mg/g,每克有机碳的生烃潜量为632mg。

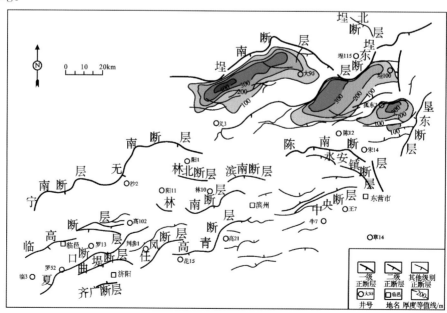

图4-13 济阳坳陷沙一段烃源岩等厚图(据陈亮,2019)

2. 有机质类型及丰度

临南洼陷沙一段烃源岩干酪根以 Ⅰ～Ⅱ1 型为主，TOC 为 0.5%～4.9%。

孤北洼陷沙一段烃源岩 TOC 为 1.0%～3.0%，以 Ⅱ型干酪根为主。

渤南洼陷沙一段烃源岩，TOC 为 2.8%～7.5%，氯仿沥青"A"含量为 0.44%～2.6%，干酪根 Ⅰ 型。

3. 有机质成熟度

阳信洼陷沙一段埋深仅 1500m 左右，R_o 为 0.26%～0.33%，为较好的生物气源岩。

孤北洼陷沙一段烃源岩埋藏在 3000m 左右，成熟度较低。

渤南洼陷沙一段烃源岩 R_o 为 0.3%～0.55%。

4. 生物标志化合物

临南洼陷沙一段烃源岩饱和烃色谱呈"后峰型"，主峰碳数为 C_{23}、C_{29}，Pr/Ph 为 0.41～1.86，多数小于 1.0，C_{29}甾烷 20S/(20S＋20R) 为 0.03～0.09，γ 蜡烷/C_{30}霍烷为 0.05～0.78，为半咸水—咸水未熟烃源岩。

孤北洼陷沙一段烃源岩饱和烃色谱为植烷优势(Pr/Ph 小于 0.8)，高 γ 蜡烷含量(γ 蜡烷/C_{30}霍烷大于 0.2)，重排甾烷和 4-甲基甾烷不发育，为半咸水—咸水沉积环境。

渤南洼陷沙一段烃源岩 Pr/Ph 为 0.38～0.80，γ 蜡烷/C_{30}霍烷为 0.4～1.6，重排甾烷不发育，4-甲基甾烷不发育。沙一段为半咸水湖相低熟烃源岩。

根据济阳坳陷生油岩成熟度标准，R_o 为 0.3%～0.5% 为低熟油阶段，0.5%～0.9% 为成熟油阶段，大于 0.9% 为高成熟油阶段。据此，东营凹陷生烃成熟门限深度为 2200m，沾化凹陷为 2400m，埕北凹陷为 2600m。

第五章 油气成藏

第一节 地温场

一、地温梯度

龚育龄等(2003)统计济阳坳陷703口钻井测温资料,表明济阳坳陷现今平均地温梯度为35.5℃/km,其中沾化凹陷平均36.1℃/km、东营凹陷平均35.5℃/km、车镇凹陷平均35.4℃/km、惠民凹陷平均34.6℃/km。地层温度与埋藏深度之间存在简单的线性关系(图5-1)。

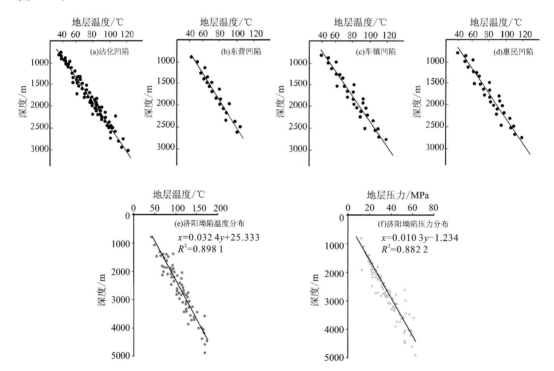

图5-1 4大凹陷地层温度变化及济阳坳陷地层温度、压力垂向分布特征

(据王子昂等,2020;韩思杰等,2017)

利用自生伊利石结晶度和自生绿泥石化学成分综合分析,济阳坳陷新生界平均地温梯度为37.2~38.2℃/km,(姜惠超等,2008;丁丽荣等,2008)

地温和地温梯度主要受构造格局控制,与基底埋深有关,一般凸起区高、凹陷区低。如义和庄、陈家庄、滨县、青城、广饶等凸起,地温梯度高达 39.0℃/km 以上。而低梯度分布区则基本与凹陷的沉积中心一致,梯度值一般小于 34.0℃/km,最低处位于惠民凹陷的临邑洼陷,在 32℃/km 以下。新生代火山岩发育区地温梯度一般较高(图 5-2)。

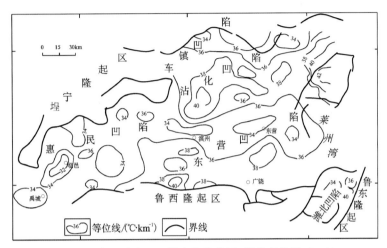

图 5-2　济阳坳陷地温梯度等值线图(据龚育龄等,2003)

随着埋藏深度增加,地温梯度在减小。济阳坳陷小于 2000m 的地层,地温梯度平均 36.9℃/km;埋深 2000～3000m 的地层,地温梯度平均 35.2℃/km;埋深 3000～4000m 的地层,地温梯度平均 30.0℃/km;埋深大于 4000m 的地层,地温梯度平均 29.0℃/km。不同凹陷之间,每千米埋深地温梯度减幅有所不同(表 5-1)。

表 5-1　济阳坳陷不同构造单元地温梯度分布表(据龚育龄等,2003)

深度范围	地温梯度/(℃·km^{-2})										
	济阳坳陷	东营凹陷		惠民凹陷		沾化凹陷		车镇凹陷		潍北凹陷	
	平均值	范围	平均值	范围	平均值	范围	平均值	范围	平均值	范围	平均值
2km 以上	36.9	25.0～45.0	36.5	27.9～43.2	34.9	30.1～44.9	37.6	29.5～42.5	36.5	30.1～40.5	35.3
2～3km	35.2	29.6～44.0	35.3	29.0～39.5	34.4	24.2～44.7	35.5	28.1～42.0	35.2	31.3～38.2	34.7
3～4km	30	29.9～33.1	33.8	21.1～38.4	30	20.9～44.8	34.5	27.1～38.0	33.1		
4km 以下	29	<29.0		<26.0		<32		<28.0			
总平均	35.5	35.5		34.6		36.1		35.4		35.0	

统计济阳坳陷千余口测温井的地温数据,初步表明,沙四段和孔店组底界面的平均温度均大于110℃,深洼陷区温度均超过150℃(图5-3、图5-4)。

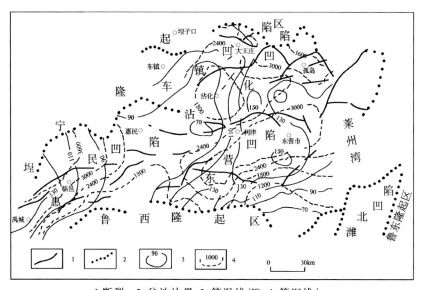

1.断裂;2.盆地边界;3.等温线/℃;4.等深线/m

图5-3 孔店组(Ek)底界面温度分布(据龚育龄等,2009)

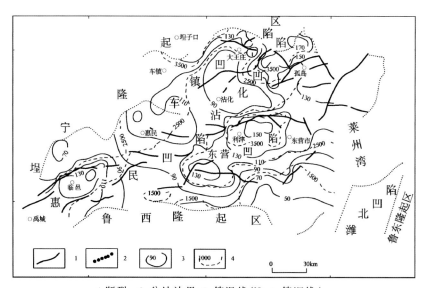

1.断裂;2.盆地边界;3.等温线/℃;4.等深线/m

图5-4 沙河街组沙四段(Es⁴)底界面温度分布(据龚育龄等,2009)

济阳坳陷沙四上—沙三下为最重要的烃源岩层段,分析沙四段顶面(沙三段底面)的地层温度,可以了解烃源岩的热演化情况。可以看出,沙四段顶面地层温度在57~178℃之间,平均113℃左右,与界面埋藏深度直接相关。沙四段顶界面最大埋深超过4500m。各凹陷区沙四段顶界面温度普遍大于90℃,其中一些深洼区界面温度大于150℃,如临邑、利津、民丰、孤北等深洼区沙四段顶面已进入原油裂解阶段。但一些沙三段缺失或厚度较小的斜坡地带,界面温度仍维持在 90℃以下，如东营南坡、滨县凸起区等(图 5-5)。

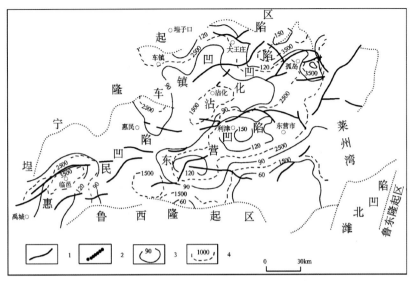

1.断裂；2.盆地边界；3.等温线/℃；4.等深线/m

图 5-5 济阳坳陷沙河街组沙三段底界面温度分布(据龚育龄等,2009)

沙二段底界面埋深平均约 2371m,最大处超过 3500m。该组段底界面温度在 55～150℃ 之间,平均约为 97℃。其中沾化凹陷的地层界面温度相对较高,平均为 112℃ ,而东营和惠民 凹陷相对较低,平均为 92℃左右。各凹陷区地层界面温度普遍在 90～150℃之间,具有良好 的生油温度条件。仅在部分沙二段缺失或界面埋深较浅处,不具备石油高度成熟的温度条件 (图 5-6)。

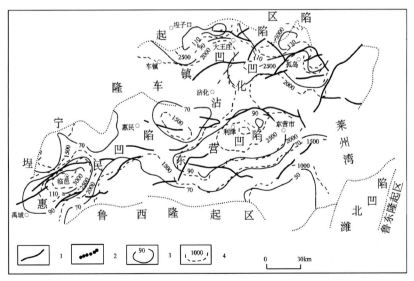

1.断裂；2.盆地边界；3.等温线/℃；4.等深线/m

图 5-6 沙河街组沙二段(Es_2^2)底界面温度分布(据龚育龄等,2009)

二、古地温

应用镜质组反射率法、磷灰石裂变径迹法恢复古地温,济阳坳陷古地温梯度在新生代是逐渐降低的,其中,古近纪降幅较大,新近纪降幅明显较小。对济阳坳陷进行 85 口井热史模拟,孔店组时期地温梯度为 $54.0 \sim 50.0 ℃/km$,沙河街组为 $50.0 \sim 40.0 ℃/km$,东营组为 $40.0 \sim 38.5 ℃/km$,新近纪为 $38.5 \sim 35.5 ℃/km$,第四纪以来基本未变(图 5-7)。

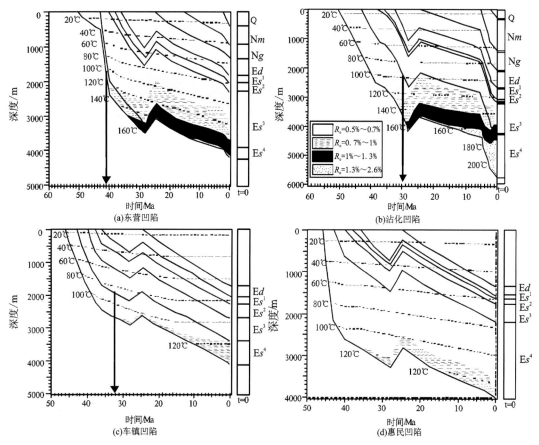

图 5-7　济阳坳陷 4 个凹陷埋藏史地热史曲线(据韩立国等,2008)

东营凹陷在孔店组时期的地温梯度是较高的,平均为 $52.0 \sim 48.0 ℃/km$;沙河街组时期,地温梯度逐渐降低,至沙河街组末,地温梯度降至 $40.0 ℃/km$ 左右;东营组末至馆陶组末期,地温梯度基本不变;此后,地温梯度逐渐降低至现今。根据 715 个测温数据拟合得到东营凹陷现今地温梯度为 $36.2 ℃/km$。

惠民凹陷在孔店组时期的地温梯度为 $55.0 \sim 45.0 ℃/km$,沙河街末期地温梯度降至 $4.0 \sim 37.0 ℃/km$,但在东营组末期地温梯度有所增高,这可能与东营组末期的抬升有关;馆陶组末期降至 $37.0 \sim 32.0 ℃/km$。现今为 $35.0 \sim 33.0 ℃/km$。

沾化凹陷在孔店组时期的地温梯度为 51.0～57.0℃/km,沙四段末期下降到 46.5℃/km,沙一段末期 42.0℃/km,东营组末期,地温梯度已降至现今状况为 35.5～36.0℃/km。沾化凹陷不同洼陷之间的热演化历史差异较大。其中,渤南洼陷孔店组末期为 49.0℃/km,沙河街末期地温梯度降至 39.0℃/km,在东营组末期降至 37.0℃/km;馆陶组末期降至 35.0℃/km。现今为 33.0℃/km。桩西—五号桩洼陷孔店组末期为 43.5℃/km,沙河街末期地温梯度降至 38.0℃/km,在东营组末期降至 35.5℃/km;馆陶组末期降至 32.0℃/km。现今为 30.5℃/km。孤南—孤东洼陷孔店组末期为 48.0℃/km,沙河街末期地温梯度降至 42.0℃/km,在东营组末期降至 37.0℃/km;馆陶组末期降至 35.0℃/km。现今为 32.0℃/km。

车镇凹陷沙河街组时期的地温梯度为 48.0～39.0℃/km,东营组末期降至 36.0℃/km,馆陶组末期降至 33.0℃/km,此后基本未变。

埕北凹陷孔店组末期的地温梯度为 52.0℃/km,沙河街末期地温梯度降至 46.5℃/km,在东营组末期降至 43.0℃/km;馆陶组末期降至 40.0℃/km。现今为 37.5℃/km(邱楠生等,2006;韩立国等,2008;柳忠泉等,2008)。

第二节 地层水

一、地层水化学特征

济阳坳陷沙河街组 2215 口井的地层水分析资料表明沙河街组地层水矿化度分布范围比较大,从 0～350g/L 都有。其中,东营、惠民凹陷地层水矿化度各个层段都较高,范围在 20～54g/L;沾化、车镇凹陷则相对较低,范围在 9.7～11.8g/L。东营、惠民凹陷以 $CaCl_2$ 型为主,沾化、车镇凹陷以 $NaHCO_3$ 为主(表 5-2)。

济阳坳陷沙一段地层水矿化度平均 14.2g/L,最高为 90.9g/L;沙二段地层水矿化度平均 24.1g/L,最高 261.8g/L;沙三段地层水矿化度平均 28.3g/L,最高 339.3g/L;沙四段地层水矿化度 41.2g/L,在民丰洼陷丰 8 井处最高达 355.5g/L。

济阳坳陷沙四段地层水矿化度在凹陷中心最高。其中,东营凹陷矿化度最高平均 54g/L,惠民凹陷平均 51g/L,沾化凹陷平均 11.6g/L,车镇凹陷平均 11mg/L(图 5-8)。东营、惠民凹陷湖盆咸化特征明显,海侵作用明显。其中,东营凹陷矿化度最高的区域在利津洼陷、民丰洼陷及牛庄洼陷东北部,矿化度均超过 300g/L,高值区与膏盐岩厚度分布趋于一致。博兴洼陷矿化度最低。

将沙四段地层水与现今海水、河水进行对比,发现济阳坳陷沙四段地层水中 $K^+ + Na^+$、Ca^{2+}、Cl^-、HCO_3^- 含量均高于现今海水,Ca^{2+} 含量是海水的近 9 倍,HCO_3^- 含量是海水的 6 倍,SO_4^{2-} 含量约为海水的 20%,而 Mg^{2+} 含量明显低于现今海水(表 5-3)。这可能是由于深部水岩反应、深部热液上涌混合、地层盐岩溶解等原因,形成了氯化钙型地层水。

表5-2 济阳坳陷不同层位地层水化学特征表（据刘瑞娟,2019）

凹陷	层系	$K^+ + Na^+$	Ca^{2+}	Mg^{2+}	HCO_3^-	SO_4^{2-}	Cl^-	矿化度	酸碱度	水型	r_{Na^+}/r_{Cl^-}	$r_{SO_4^{2-} \cdot 100}/r_{Cl^-}$
东营	沙四段	13 759.4	2 161.6	307.6	714.5	521.6	25 251.3	54 000.0	7.1	$CaCl_2$	0.77	1.53
	沙三段	9 414.9	1 329.1	234.8	820.2	376.2	16 954.8	29 112.0	7.3	$CaCl_2$	0.79	1.64
	沙二段	11 748.7	1 318.5	181.9	948.3	398.4	16 777.7	28 685.5	6.6	$CaCl_2$	0.99	1.32
	沙一段	6 677.3	579.6	377.5	586.2	239.7	11 687.9	20 072.7	6.9	$CaCl_2$	0.81	1.52
沾化	沙四段	3 617.4	163.3	365.9	1 274.6	770.9	5 293.4	11 550.2	7.7	$NaHCO_3$	0.97	10.77
	沙三段	3 906.1	199.1	172.5	1 755.9	380.6	5 027.4	11 849.8	7.5	$NaHCO_3$	1.10	5.60
	沙二段	2 982.5	58.1	52.8	2 253.2	249.1	3 198.6	9 762.7	7.8	$NaHCO_3$	1.32	5.76
	沙一段	4 855.2	102.9	56.3	2 504.3	219.7	4 532.3	11 156.3	7.5	$NaHCO_3$	1.52	3.56
惠民	沙四段	16 261.3	2 991.9	286.4	566.5	378.9	30 614.3	51 099.3	7.3	$CaCl_2$	0.75	0.92
	沙三段	9 481.0	1 166.8	165.8	943.8	234.3	16 407.5	28 426.0	7.3	$CaCl_2$	0.82	1.06
	沙二段	11 793.1	822.1	179.1	1 044.3	526.0	19 328.9	33 477.9	7.1	$CaCl_2$	0.87	2.01
	沙一段	9 483.9	483.3	113.8	1 169.4	124.5	15 134.8	26 398.6	6.0	$CaCl_2$	0.89	0.61
车镇	沙四段	3 546.0	343.8	137.2	1 347.9	537.3	5 149.1	10 978.2	7.5	$NaHCO_3$	0.98	7.72
	沙三段	4 115.6	216.0	91.4	1 032.4	331.2	5 897.7	11 833.9	7.2	$NaHCO_3$	0.99	4.15
	沙二段	4 825.0	202.7	139.7	1 851.9	405.1	6 322.1	13 465.0	7.6	$NaHCO_3$	1.08	4.74
	沙一段	3 707.7	71.9	148.4	2 545.6	210.1	4 367.0	10 000.1	7.8	$NaHCO_3$	1.21	3.56

注：r_{Na^+}为钠离子当量；r_{Cl^-}为氯离子当量；$r_{SO_4^{2-} \cdot 100}/r_{Cl^-}$为脱硫酸系数,反映地层水的氧化还原环境。

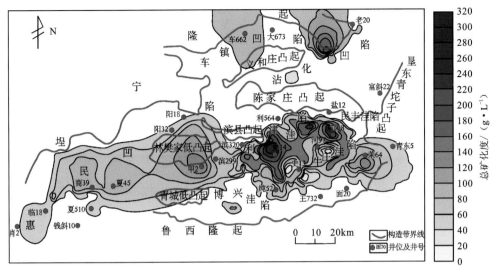

图 5-8　济阳坳陷沙河街组四段地层水总矿化度平面等直线图(据赵艳军等,2014)

表 5-3　济阳坳陷沙四段地层水离子含量表(据赵艳军等,2014)

区值	$\rho_B/(g \cdot L^{-1})$						
	$K^+ + Na^+$	Ca^{2+}	Mg^{2+}	Cl^-	SO_4^{2-}	HCO_3^-	矿化度
最小值	0.235	0	0	0	0	0	
最大值	105.32	27.36	30.98	203.84	20.35	17.25	
平均值	22.82	3.58	0.76	42.62	0.57	0.97	41.2
现今海水	11.04	0.42	1.32	19.32	2.69	0.15	35
现今河水	0.006	0.015	0.004	0.003	0.011	0.059	0.098

从沙四段地层水类型上看,$CaCl_2$ 型全区广泛分布,以东营、惠民凹陷居多(图 5-9)。$NaHCO_3$ 型在不同凹陷均有分布。而 Na_2SO_4 型数量较少,主要分布在东营凹陷的博兴洼陷和牛庄洼陷,表明有凸起周缘的淡水渗入。$MgCl_2$ 型则仅在东营凹陷和沾化凹陷发育,且以东营凹陷南部的博兴洼陷最多,该类水型代表了盆地东南部有海水的侵入。

在济阳坳陷盆缘地区,地面淡水通过剥蚀不整合面进入浅部地层,带入的氧离子和硫酸根离子使原油氧化,原油性质变重变稠,含硫量升高。例如,从东营凹陷边缘凸起区的水性系数(Na^+/Cl^-)较高,有的高达 1(图 5-10),这样的地区淡水淋滤作用严重,加速了原油轻质组分的挥发和原油的降解稠化。

二、碱性水成岩作用

济阳坳陷地层水以碱性为主。碱性地层水中,碳酸盐、长石等矿物会发生沉淀;但石英会随着酸碱度增加而增加溶蚀程度,从而形成大量次生孔隙,改善储层物性。在酸性地层水中,石英较为稳定;但碳酸盐、长石等矿物会处于溶蚀状态,较容易形成次孔隙,改善储层物性。

图 5-9　济阳坳陷沙河街组四段不同类型地层水平面分布特征(据赵艳军等,2014)

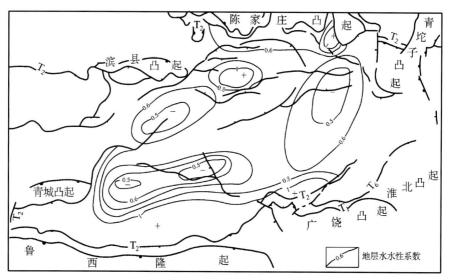

图 5-10　东营凹陷地层水水性系数分布(据汤战宏,2008)

　　谭先锋等(2015)认为济阳坳陷孔店组成岩演化,中成岩 A 期为酸性流体,到了中成岩 B 期转化为弱碱性。此时,上一个时期的碳酸盐胶结物的溶解作用基本结束,随之产生大量的碱性流体,有利于形成大量的方解石胶结物(图 5-11)。

　　济阳坳陷孔店组—沙四下—沙四上沉积了厚度达千米以上的巨厚含(膏)盐地层以及膏盐岩层。宫秀梅等(2003)发现渤南洼陷膏盐层顶、底各发育 1 个次生孔隙带,2 套膏盐岩之间还发育 2 个次生孔隙带。

　　分析认为,巨厚含盐地层可能有利于碱性成岩作用。统计表明,渤南洼陷广泛存在偏碱性—碱性地层水,局部甚至存在强碱性地层水,说明在孔店组—沙四段等层位的次生孔隙发育带可能是碱性成岩作用的结果(邱隆伟等,2007)。

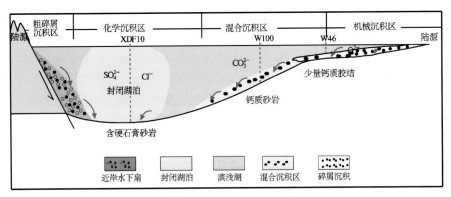

图 5-11 济阳坳陷始新统孔店期原始水介质沉积分异模式图(据谭先锋等,2015)

三、深部热液作用

研究发现,济阳坳陷古近系黏土矿物的转化是深部富烃、富碱、富金热液碱交代(K^+交代)作用的结果,与此伴随的次生石英生成是碱交代过程中排硅的结果。

孔二段沉积(距今约55Ma)之后沉积了累计80m的盐质膏盐层,盐类厚度占地层厚度50%以上。沙四段盐类地层更多,合计203层,厚度326m;钙芒硝14层,厚度18m;杂卤石17层,厚度15.5m。沙三下沉积前后也有大规模成盐事件。联想到西太平洋板块俯冲造成的弧后拉张与地幔上拱,可以推测,自孔店组开始形成的大量盐类,可能是深部热卤水上涌混合成因,而不仅仅是海水蒸发的结果。

东营凹陷西部平方王地区沙四上藻礁中有萤石、天青石、硬石膏、粒状白云岩、铁白云石。沾化凹陷北部义东油田大81-4块沙四上礁复合体也有该类矿物。萤石为典型的热液矿物,含锶的天青石是碱土金属交代的产物。

济阳坳陷原油中金的含量极高,其油渣中的金可达工业品位。这些金不是在古近系和新近系沉积岩生油过程中进入原油的,因为100℃左右的温度不足以使金与有机化合物络合,所以,这些沉积岩中的金与原油中的金不具备因果关系,而是同源于富烃、富碱、富金的地幔热流体(岳伏生等,2003)。

同时,济阳坳陷断裂活动导致的深部热液向上流动渗透,还可能导致了某些高Fe^{2+}、Mg^{2+}的深部卤水,为铁方解石、铁白云石的形成提供了物质基础(谭先锋等,2015)。

第三节 运移动力

济阳坳陷成藏动力,微观上有油气水密度差浮力举升、孔隙裂隙毛细管虹吸效应,宏观上有生烃异常高压驱动、成岩耗水异常低压吸引、构造应力场优势方位推动等。

古近系和新近系隐蔽油气藏的成因,按成藏动力学可分为5类:浮力顺优势通道输导油气聚集成藏、毛细管力引入油气聚集成藏、深盆气体体积膨胀推排油气聚集成藏、分子吸附油气聚集成藏、分子结合力聚集甲烷水合物气藏(庞雄奇等,2007)。

这里重点讨论宏观动力。

一、异常高压

1. 成因机制

济阳坳陷的超压成因机制主要有欠压实、黏土矿物脱水、烃类生成、膏盐上拱。多种机制共同作用,形成了现今的压力状态(许晓明等,2006;王志战等,2009;包友书等,2012;刘传虎等,2013;张善文,2007、2014;王永诗等,2017)。

欠压实:砂泥岩地层孔隙度随埋深增加有规律地减小,地层压力等于静水柱压力。当快速沉积且快速埋藏到一定深度后,砂泥岩中的地层水来不及排出,孔隙度不能随上覆地层增压而有规律地减小,出现实际孔隙度高于正常压实孔隙度的现象,孔隙中的地层水额外承受了一部分上覆地层的压力,导致流体压力高于静水柱压力。这种欠压实现象,形成了深部地层的异常高压和异常高孔隙度。

黏土矿物脱水:成岩作用过程中,蒙脱石受热转变为伊利石,会释放出蒙脱石矿物晶格中的晶间水,从而增加了流体压力,引起异常高压。东营、沾化凹陷伊利石大量出现的深度与异常压力带顶部深度大致相同,足以说明这一成因。

烃类生成:在干酪根热降解成烃过程中,生成大量烃类、非烃类流体,直接使烃源岩孔隙体积和流体压力增加,引起异常高压。岩浆活动的高温烘烤加速了烃源岩的热演化,也会造成局部高压异常。异常高压区与各洼陷地层厚度、沉积中心在空间上都具有较好的对应关系,说明异常高压与巨厚泥岩欠压实及生烃增压密切相关。

膏盐上拱:地层流体在承担上覆地层压力的同时,如果地幔柱上涌,造成盐膏层等塑型地层底劈上拱,也会产生异常高压。

2. 分布规律

纵向上,济阳坳陷地层压力一般分为两段,上部为正常静水柱压力带,往下进入异常高压带。其中,东营凹陷超压带深度点一般出现在2200m,沾化凹陷则为2500m。这一深度点基本对应沙二下与沙二上的区域不整合面(图5-12)。

再往下,超压强度明显增大,在2800～2900m、3700～3800m之间异常高压最为发育,剩余压力(地层压力—静水柱压力)可高达36 MPa以上,地层压力系数达1.84以上。4000m以下,异常高压的频率和强度均有所降低。

济阳坳陷超压带多处于成熟烃源岩发育带,超压发育幅度与烃源岩厚度和有机质热演化程度有较大的关联性。东营、车镇、沾化、惠民凹陷超压发育层系主要在沙四上、沙三下及部分沙一段,均为有效烃源岩段。其中,东营凹陷深洼区沙四上—沙三下烃源岩厚度1000m,地层压力系数达2.0;沾化凹陷深洼区沙四上—沙三下烃源岩厚度600～800m,地层压力系数1.8左右。惠民凹陷深洼区夏942井烃源岩厚度只有300m,地层压力系数不超过1.4。

平面上,东营凹陷沙四上—沙三下地层压力系数大于1.6的范围主要分布在利津洼陷、民丰洼陷、牛庄洼陷深洼区,R_o大于0.8%;压力系数小于1.4的范围主要位于凹陷斜坡区和盆缘,R_o小于0.6%(图5-13)。

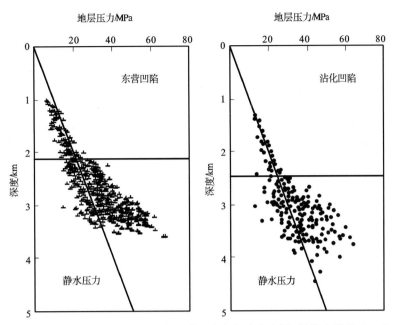

图 5-12　渤海湾盆地东营和沾化凹陷压力与深度交会图(据许晓明等,2006)

沾化凹陷沙一段地层压力系数基本上都小于 1.3,R_o 最大 0.5%;沙三下超压明显,压力系数可达 1.8,R_o 最大值达到 1.0%。

济阳坳陷的超压系统往往也是一个地层封闭系统,也被称为压力封存箱。例如:从顶底界面看,东营凹陷沙四—沙三段超压顶界面主要位于沙三上厚层块状深灰色泥岩、泥质灰岩和砂泥岩互层构成的压力封隔层,底界面则可能是沙四下顶部的多套膏盐层。沾化凹陷纵向上发育 3 套超压系统,沙一段底部白云岩和沙四上顶部膏盐层分割了这 3 套超压系统,尤其是渤南洼陷沙四上顶部膏盐岩与膏泥岩发育较广,是比较稳定的区域压力封隔层。

从侧向边界看,深大断裂控制了超压系统的横向边界。例如,东营凹陷北部陡坡带的陈南断裂、沾化凹陷西部的义东断裂以及东部的孤北断裂,都控制了超压系统的横向分布。断层下降盘发育超压系统,上升盘为常压区(图 5-13、图 5-14)。

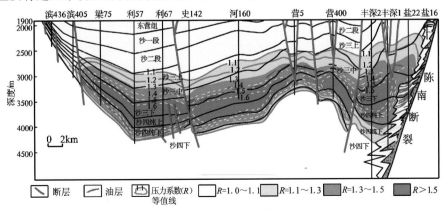

图 5-13　东营凹陷近北东-南西向地层压力剖面(据王永诗等,2017)

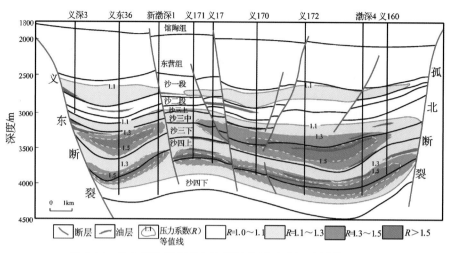

图 5-14　沽化凹陷近东西向地层压力剖面（据王永诗等，2017）

3. 控藏作用

渤南洼陷超压主要分布在沙四上、沙三下—中段，在东营组末期开始形成，到明化镇组末期达到最大。这一阶段与渤南洼陷新近纪以来的成藏期相一致，说明新近纪以来的超压可能是油气成藏驱动力（图 5-15）。

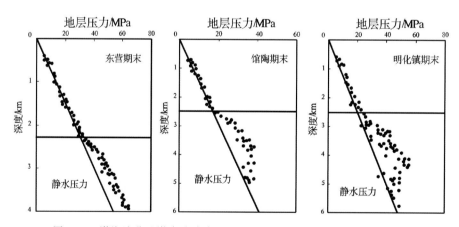

图 5-15　渤海湾盆地渤南洼陷古压力纵向演化特征（据许晓明等，2006）

几乎所有的超压储集层均有一定的油气显示。深洼陷带油气藏剩余压力与油气充满度总体上具有正相关关系。

东营南坡沙四上滩坝砂岩油气藏类型与高压异常具有明显的对应关系。地层压力系数大于 1.3 的高压区以岩性油藏为主，非油即干。地层压力系数 1.2～1.3 的压力过渡区，形成断块岩性油藏，油—干—水层间互发育。地层压力系数小于 1.2 的常压区，以断块构造油藏为主，具有边底水（图 5-16）。

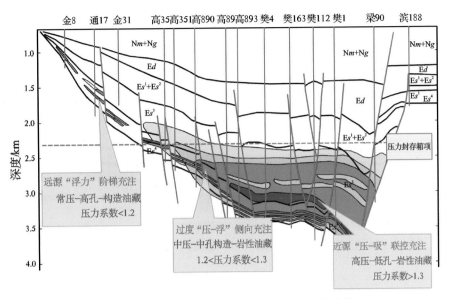

图 5-16　东营凹陷南坡近南北向超压油藏剖面(据刘传虎等,2013)

二、异常低压

济阳坳陷在沙四上、沙三下烃源岩层段也经常见到砂岩体异常低压的情况。例如,东营凹陷利 911 井 3 242.65m 深度的地层压力系数为 0.88,牛 11 井 3 719.00m 压力系数为 0.64,沾化凹陷老 9 井 3 524.4m 压力系数为 0.81,车镇凹陷车 40 井 3 360.40m 压力系数为 0.72。

在压力封存箱内部,造成异常低压的原因,主要是认为在成岩过程中存在主要矿物蚀变的"成岩耗水"现象,即在生烃造成的弱酸性环境中长石向高岭石转化,导致矿物体积缩小 15.4%～19.8%,增加了孔隙度,同时又消耗了地层水,使地层水大量减少,加上没有外部流体补充,造成地层的低压异常。这一现象在济阳坳陷具有普遍性。经理论计算,东营凹陷晚成岩阶段 A 期(埋深 2200～3300m)矿物蚀变的总耗水量就达 $81.25×10^8$ t(张善文,2007、2014)。

烃源岩纵向生排烃范围,也是主要的成岩耗水层段。该层段内,砂岩由于长石的耗水引发孔隙度增加与地层水消耗,导致了储层中的负压状态,且负压状态与烃源岩的生烃增压相匹配,在烃源岩和砂岩储集体之间由于压力的平衡补偿,形成了"压—吸充注"成藏模式。例如,东营凹陷牛庄洼陷牛 13 井—东科 1 井—王 61 井区沙三下烃源岩中的油气通过裂隙充注到浊积砂体中成藏,即为该模式的典型实例(图 5-17)。

三、构造应力

济阳坳陷沙河街组烃源岩的生、排、运、聚成藏过程,同样也是印度板块以北北东方向与欧亚板块碰撞造成华北板块向东逃逸、太平洋板块以北北西向俯冲挤压造成华北地区弧后拉张、郯庐断裂带右旋张扭性走滑造成济阳地区北东向走滑拉张断陷的构造运动过程。在不同的成藏演化期间,济阳坳陷发育了不同的构造应力场,控制形成了不同的油气分布规律。

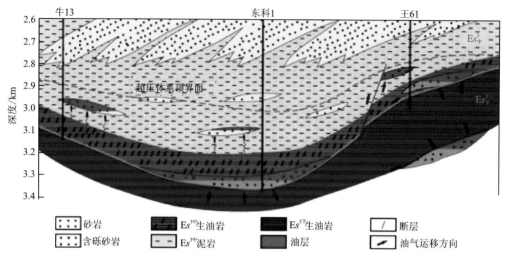

图 5-17　牛庄洼陷牛 13 井区近东西向油藏剖面(据张善文,2014)

东营组末期,在区域最大主压应力方向为南东 102°的构造应力场作用下(万天丰等,2004),济阳坳陷强烈地表现为近南北向伸展。东营、沾化凹陷近东西走向断陷深洼处沙四上烃源岩进入成熟期,所生成的油气,沿着具较好开启性的北东—北东东向断裂大规模向上运移,成为有利的油气排聚期。东营凹陷、沾化—渤南洼陷是东营组时期主要拉张区。

馆下段时期,济阳坳陷东部最大主压应力方向总体上处于北东—东西向,西部则以南北—北西向为主,受郯庐断裂右旋张扭性走滑活动大为减弱的影响,坳陷内断层活动减弱,北东东向断层活动最强,北北东向断层次之,北西向断层活动微弱。济阳坳陷发育两个拉张应力集中释放区,分别位于惠民凹陷西北部、东营凹陷西部—沾化凹陷西部—车镇凹陷一带。

馆下段时期,东营、惠民凹陷沙三下主力烃源岩趋于成熟,沿应力释放区的拉张断裂向上运移,遇到合适的圈闭及盖层遮挡即可封堵成藏。沙一段区域盖层成为广泛的油气遮挡层。在油源充足且断裂沟通的部位,油气继续往上充注到东营组。东营、惠民是馆下段主要拉张期。东营凹陷西部的高青断裂带以垂向运移为主。沾化凹陷拉张规模较小,油气运移幅度不大。车镇凹陷拉张量较大,但此时沙三段生油岩埋藏较浅,尚未成熟,未能形成有效运移聚集。

馆上段时期,济阳坳陷构造应力场变化频繁。这一时期,济阳坳陷断层活动性进一步减弱,惠民、东营凹陷一般往上断至馆上段消失,沾化、车镇凹陷断层活动时间更长。沾化凹陷是馆上段主要拉张区。

馆上段时期,济阳坳陷主要生油洼陷沙三下、沙一段烃源岩均已进入成熟期,大量排出。东营凹陷西南斜坡滨南低凸起、林樊家地区和北坡陈家庄凸起,以及惠民凹陷中央隆起带和西南斜坡带,垦东凸起区是主压应力集中区,油气以侧向运移为主,运移方向为最小主应力的方向。沾化凹陷浅层油气开始大规模垂向运移。惠民凹陷显示由四周向曲堤地垒和中央隆起带运移,曲堤油田、临盘油田馆陶组油气开始运聚成藏。东营凹陷西斜坡油气运移方向主要是北东向,高青油田、林樊家油田、滨南油田、单家寺油田馆陶组油气开始运聚成藏。东营中部地区油气主要向北部运移,胜坨—宁海油田浅层油藏开始形成;东营东部油气主要向北西方向运移,盐家地区浅层油藏开始形成。

明化镇组时期,济阳坳陷断层活动性进一步减弱,惠民、东营凹陷断层趋于不活动,沾化、车镇凹陷可断至明化镇组上部消失。沾化凹陷和滩海地区浅层拉张断层非常发育,拉张应力场由西南往东北增强,油气垂向运移能力也由西南向东北递增。埕岛地区是明化镇组主要拉张区。

明化镇组时期,也是济阳坳陷油气大规模运移期,沾化凹陷和埕北地区油气垂向运移仍然明显。陈家庄凸起、滨县凸起、惠民凹陷西部仍然是油气运移的主要方向。这一时期是孤岛、埕东、孤东、埕岛、林樊家等新近系大型披覆背斜的最终形成期,也是早期各类圈闭的最终定型期。车镇凹陷西部的车西洼陷北部陡坡带在明化镇组时期变为弱挤压应力场,不利于油气的运移,尽管车西洼陷沙三下烃源岩进入成熟期,但浅层成藏条件并不利。

第四节　成藏期次

总体来看,济阳坳陷南北地区成藏时间差异大。东营凹陷存在三期油气充注,深层沙四下烃源岩在沙一段之前就开始生成油气,但规模较小;沙四上烃源岩广泛且规模较大的运移成藏期是在东营组时期,不同构造部位差异较大;沙四上—沙三下烃源岩在明化镇至第四纪持续运移聚集成藏。沾化凹陷成藏期分两期,分别是馆陶组、明化镇组—第四纪(图 5-18);这两期之间,有的地区时间间隔较短(0~12Ma),两期合并仅相当于东营凹陷最晚一期的成藏阶段。

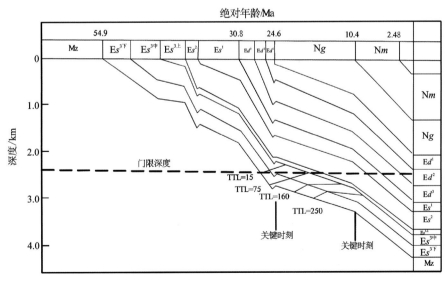

图 5-18　沾化凹陷埋藏史及生排烃史(据刘见宝等,2017)

东营凹陷北带流体包裹体资料最为丰富,均一化温度显示,油气包裹体主要形成于 3 个温度段:80～115℃、130～140℃、150～170℃。恢复埋藏深度分别对应 2600m、3200m、4000m,对应的成藏时期分别为沙一段、东营组、明化镇—第四纪。东营中央背斜带包裹体均一化温度主要有两个温度段,80～100℃和 110～130℃,形成深度分别为 1800m、2500m,对应成藏期为东营组、明化镇组—第四纪。东营南部斜坡带包裹体均一化温度主要为 94～125℃，形成深度为 2000m，对应的成藏期为明化镇组—第四纪(黎萍等，2007)。

沾化凹陷渤南洼陷深洼部位的 170 井、渤深 3 井均一化温度段为 95～115℃、130～145℃，形成深度分别为 2400m、3600m。沙四上咸化环境烃源岩早期生烃、两期充注，分别是东营组沉积初期(29.6～26.5Ma)、明化镇组沉积初期—第四纪(6～0Ma)(曹忠祥等，2016)。渤南洼陷较浅部位的义 100、义 108、义 251 等井均一化温度段为 80～110℃，对应的成藏时期为明化镇组—第四纪。其中，三合村油田就是东营组时期油气运移的典型实例(曹忠祥等，2016)。

三合村洼陷位于渤南洼陷以南，两者之间被北东东走向的垦西断层隔开。渤南洼陷是富集生烃区，三合村洼陷处于沾化凹陷盆缘，其自身不具备生烃能力。在现今构造图上，垦西断层北侧上升盘像一道山峰阻挡了北部渤南洼陷油气往南运移。按照沾化凹陷晚期成藏的传统认识，三合村洼陷缺乏油气运移条件，导致多年未取得勘探突破。

通过重新研究渤南洼陷沙四上咸化环境烃源岩，分析其生烃埋藏史及流体包裹体均一化温度，认为其具有早生早排、生排烃时间长等特点，在东营组沉积初期(29.6～26.5Ma)已经达到大量排烃门限。恢复古构造和古沉积环境发现，东营组沉积时期，三合村洼陷与渤南洼陷是一个整体，没有分割，三合村洼陷处于渤南生油洼陷区的南部斜坡高部位，是有利的油气运移指向区。以此为指导，2013 年三合村油田被发现，储量规模超 $3000 \times 10^4 t$。

第五节　输导体系

输导体系是指连接烃源岩和油气藏的油气运移通道。济阳坳陷输导体系包括断裂带、砂体(储层)、不整合面 3 大基本要素，可组合成网毯式、阶梯式、"T"字形、裂隙型等不同类型。断裂构造、沉积体系、成岩作用等条件共同控制了输导体系的类型与分布。总体来看，古近纪断陷期陡坡带以"T"字形输导为主，中央背斜带以网毯式输导为主，洼陷带以裂隙型输导为主，缓坡带以阶梯式输导为主；新近纪拗陷期则以网毯式输导为主。多种输导体系类型共同作用构成了济阳坳陷复式输导体系(张善文等，2003、2008；李丕龙等，2004；王永诗等，2007；李运振等，2007；刘见宝等，2017)。

成藏期断裂裂缝的应力性质、风化不整合面岩性以及各输导要素之间是否连通决定了输导体系的有效性。

一、输导要素

1. 断层

1)断层活动与油气生成
济阳坳陷断层十分发育，但不同时期的断层活动在区域上有一定的变化规律。

孔店组—沙四下时期,南部的惠民、东营凹陷断层数量及活动强度大于北部的沾化、车镇凹陷。此时,东营、惠民凹陷地层沉积厚度大,为济阳坳陷沉积中心,孔二段—沙四下烃源岩主要发育在这两个凹陷。

沙四上—沙二下时期,全区主干断层发育完整,数量多,规模大,基本都处于活动状态,活动强度则是明显的南强北弱。此时,济阳坳陷地层厚度普遍较大,出现多个沉积中心。沙四上烃源岩仍以东营、惠民凹陷最为发育,但在沾化、车镇凹陷也有分布。沙三下烃源岩则在全区均有分布。

沙二上—东营组时期,大部分断层仍有较强活动性,但活动强度表现出北强南弱的特点。此时,济阳坳陷沉积中心明显开始向北迁移,沾化凹陷为全区沉积中心,沙一段烃源岩主要分布在沾化凹陷。

进入新近纪,活动断层数量减少,强度普遍减弱,至馆陶组末期基本停止活动,而沾化凹陷的断层数量及活动强度明显大于其他地区。

从平面上看,车镇凹陷仅埕南断层控制了生烃中心,因其走向的变化自西向东形成了车西、套尔河、郭局子3个生烃洼陷。惠民凹陷的阳信北断层、临商断裂带、夏口断层均控制了生烃中心,形成了阳信、临南两个主力生烃洼陷。东营凹陷被高青—平南、陈南、石村、中央背斜带等断层分割形成了利津、民丰、博兴、牛庄、青南5个生烃洼陷。沾化凹陷被义东、埕南、孤西、五号桩、长堤、桩南、垦西、垦利等断层分割形成了四扣—渤南、孤北、五号桩、桩南、孤南、富林等生烃洼陷。

2)断层活动与油气富集

平面上,东营凹陷古近系断层活动强度最大,古近纪期间平均活动速率超过40m/Ma,断层数量也多,生烃量最多。沾化凹陷古近纪断层活动强度相对较小,但控洼断层数量多,生烃洼陷数量多,生烃量居第二。惠民、车镇凹陷古近纪断层活动性较弱,断层数量较少,生烃量总体也较少。统计表明,断层活动强度与数量影响了凹陷生烃量,断层活动强度越大、数量越多,凹陷生烃量越大。生烃量越大,油气越富集,探明储量也越高。

纵向上,新近纪断层的活动控制了油气富集的层位。可以说,断层活动到哪个层位,油气就能运移到哪个层位。惠民、东营凹陷断层一般在馆陶组末期就停止了活动,且新近纪时期断层活动速率均较低,两个凹陷沙河街组油气储量占绝对优势,浅层储量比例较低。车镇、沾化凹陷新近纪断层停止活动时间相对较晚,部分至明化镇组末期才停止活动,沾化凹陷活动速率最大接近10m/Ma,断层数量也最多,储量以浅层新近系为主,占比超过2/3。车镇凹陷新近系断层活动强度较大,但数量较少,储量以中浅层的沙河街组、新近系油气为主,浅层储量占比接近1/3。

断裂构造带类型上,车镇凹陷缓坡带、沾化凹陷潜山披覆带、东营和惠民凹陷中央隆起带为油气富集区带(孙波等,2015)。其中,车镇凹陷南部断裂缓坡带与成熟烃源岩接触面积最大,构造活动相对较弱,有利于油气的保存。东营、惠民凹陷中央隆起带均被多个生烃洼陷包围,油源充足,储层发育,断块构造发育。沾化凹陷潜山披覆背斜带与输导断层直接沟通,断层晚期较强的活动性提升了油气的输导能力,成为最有利的油气聚集区。

断层封闭性上,统计顺向断块中断层倾角与地层倾角,得出以下 3 点结论。①当断层视倾角为 60°、地层视倾角为 10°时,顺向断块易于成藏。②当断层视倾角大于 70°时,不论地层视倾角有多大,顺向断块均未成藏。③当断层视倾角为 65°时,出现两种情况:一是地层视倾角为 10°时,顺向断块成藏;二是地层视倾角为 30°时,顺向断块难以成藏。归纳起来,断层视倾角小于 65°且地层视倾角小于 20°时,顺向断层封堵性较好(徐春华,2020)。

万天丰(2004)认为,分析断层在成藏期的作用,最重要的是弄清油气充注期与后期保存期最大主压应力方向与断层走向夹角的大小。当最大主压应力方向与断层走向几乎垂直时,断层趋于闭合状态,断层能对油气起到有利的遮挡作用。当最大主压应力方向与断裂走向几乎平行时,断层趋于开裂状态,不利于遮挡油气,但有利于油气输导。当最大主压应力方向与断裂走向斜交时,夹角越小,断层封闭性越差,油气输导能力越强;夹角越大,断裂封闭性越好,越有利于遮挡成藏(表 5-4)。当然,构造应力强度越大,断层输导/封闭机制的变化就越明显。

表 5-4 最大主压应力方向与断裂走向间夹角所对应的闭合系数取值(据万天丰,2004)

锐夹角/(°)	封闭性	闭合系数
0~15	极差	0~1
15~30	差	>1~2
30~45	较差	>2~3
45~60	较好	>3~4
60~75	好	>4~5
75~90	极好	>5~6

据此分析,济阳坳陷近北北东—北东东向断层,临商断裂带、东营中央背斜断裂带、孤南断裂带、渤南洼陷义 170 断裂带、桩南断裂带、桩海断裂带等,在东营组时期封闭性较好;但在明化镇组油气大规模排烃期封闭性为差—极差,有利于油气运移;现今油藏保存阶段又转变为较好的封闭断层,成为济阳坳陷油气富集构造带。

2. 不整合面

1)不整合面结构与输导性

济阳坳陷古近系与新近系地层不整合可分为截超、平超、截平、平行不整合 4 类样式。根据不整合面上下地层的岩性,可继续细分为 16 种不整合结构(图 5-19)。

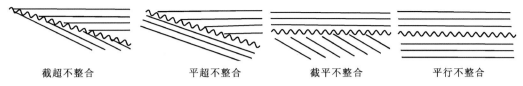

截超不整合　　　　平超不整合　　　　截平不整合　　　　平行不整合

图 5-19　济阳坳陷古近系与新近系不整合样式示意图(据隋风贵等,2006)

济阳坳陷不整合面多具有明显的三层空间结构,即不整合面之上的底砾岩层、不整合面之下的风化黏土层—半风化岩石层(图 5-20、图 5-21)。

不整合面之下如果是砂岩、碳酸盐岩、变质岩等,裂缝、孔隙发育,容易形成高孔、高渗带,是有效的油气运移通道。不整合面之下如果是泥岩,其裂缝、孔隙容易被成岩期的重结晶矿物充填,不具渗透性,不具备油气运移能力,反而是有效的油气封盖层。不整合面之上的底砾岩,有时与不整合面之下的半风化岩石孔洞缝空间系统共同构造油气运移通道。

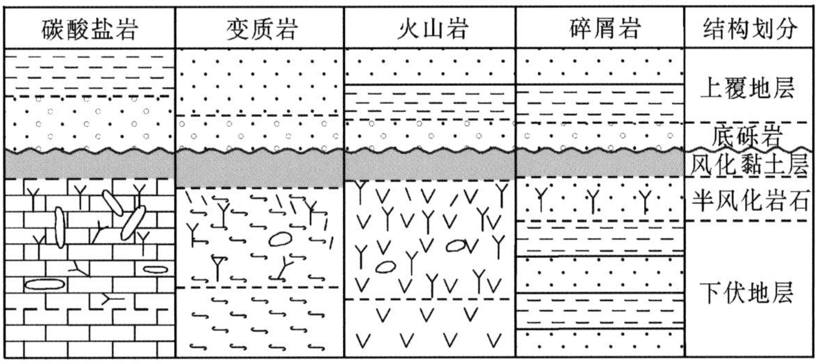

碳酸盐岩	变质岩	火山岩	碎屑岩	结构划分
				上覆地层
				底砾岩
				风化黏土层
				半风化岩石
				下伏地层

(a)陆相断陷盆地不整合空间结构划分示意图

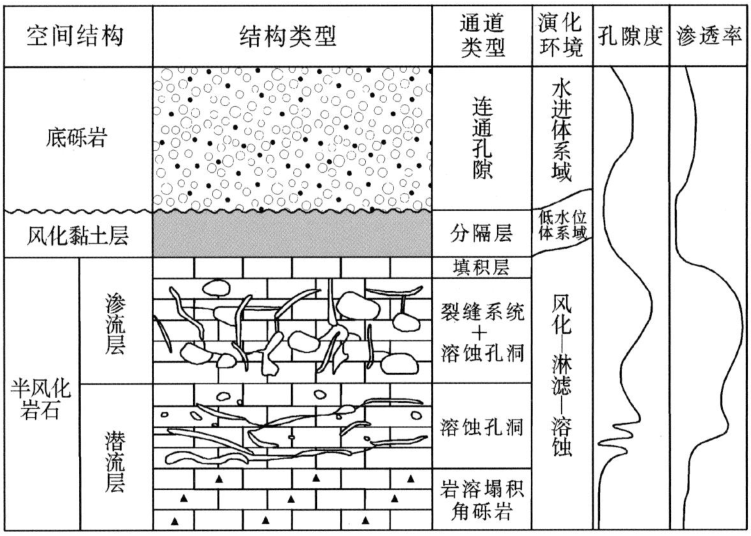

空间结构		结构类型	通道类型	演化环境	孔隙度	渗透率
底砾岩			连通孔隙	水进体系域		
风化黏土层			分隔层	低水位体系域		
半风化岩石	渗流层		填积层	风化-淋滤-溶蚀		
			裂缝系统+溶蚀孔洞			
	潜流层		溶蚀孔洞			
			岩溶塌积角砾岩			

(b)陆相断陷盆地不整合微观运移通道类型

图 5-20　济阳坳陷不整合纵向结构划分图(据高长海,2009)

(a)中生界风化壳顶部风化黏土层，杂色泥岩，沾北2井，1 431.2m，岩芯；（b）中生界半风化粉砂岩，微裂缝发育，缝中见油迹，沾北2井，1 433.6m，薄片，单偏光，5×5倍；(c)中生界半风化安山岩，网状裂缝发育，裂缝附近黏土化现象明显，桩120井，3 310.0m,岩芯；（d）石炭—二叠系风化壳顶部风化黏土层，铝土质泥岩，罗22井，1 430.7m，岩芯；（e）石炭—二叠系半风化泥岩，裂缝发育，缝中见油迹，沾北1井，1409m，岩芯；（f）奥陶系风化灰岩，网状裂缝发育，部分裂缝被钙质充填，通古11井，1 814.0m,岩芯；(g)奥陶系半风化灰岩顶部致密"硬壳"，裂缝被泥岩、钙质充填，沾10井，1 320.0m，岩芯；（h）太古宇半风化片麻岩，网状裂缝发育，部分裂缝被钙质充填，郑362井，1 219.7m,岩芯

图 5-21　济阳坳陷不整合面附近岩性特征(据宋国奇等，2010)

2）不整合面运移距离

可以明确的是,作为侧向运移通道的不整合面油气散失量远比作为垂向运移通道的断层要高得多,所以平面上油气一般为近源分布。

不整合面的运移距离,取决于上部底砾岩或下部半风化岩孔渗性、连通层及平面分布。连片稳定分布范围越大,运移距离越远。在断陷盆缘斜坡区,构造掀斜作用造成不整合面上、下地层呈明显夹角接触,不整合面上、下的渗透层横向连续性较差,油气横向输导范围有限。

陆相断陷盆地不整合面附近频繁变化的砂泥岩地层,导致了不整合面作为油气输导层在横向上连续性往往较差,输导范围有限,很难作为油气长距离运移的通道（宋国奇等,2010）。

根据物理模拟与钻井统计,断陷盆地油气沿不整合面发生侧向运移的最大距离可达50km,有利的成藏距离在5～20km之间。例如,运移距离最远的是牛庄洼陷生成的油气,在经过20～40km较长距离运移后,在南部斜坡带王家岗、草桥、八面河等不同部位形成了油藏。总体来看,东营凹陷平面运移距离多在20～30km,沾化凹陷多在7～14km,车镇凹陷多在6～14km（表5-5）。

表 5-5   济阳坳陷典型不整合油气藏与油源距离统计表（据高长海,2009）

油田/油藏名称	含油层位	油藏类型	油源	运移距离/km
乐安油田	Ng、O	超覆、削截、潜山	牛庄洼陷 Es^4	20.8～37.5
郑家-王庄油田	Es^1、Es、Ar、Ps	超覆、削截、潜山	利津洼陷 Es^1、Es^4	13～20
林樊家油田	Ng、Ed	超覆、削截	利津洼陷 Es^2	30～50
金家油田	Es^1	削截	博兴洼陷 Es^1、Es^4	15.5～26.5
广饶油田	O	潜山	牛庄洼陷 Es^4	22～30
草桥油田	Es^1、O	削截、潜山	牛庄洼陷 Es^4	28.5～40
八面河油田	Ek、O	超覆、潜山	牛庄洼陷 Es^4、Ek	38.5～42.3
王家岗油田	Ms、O	削截、潜山	牛庄洼陷 Ek	11～17.7
永安油田	Ng、Ed、Es^{1-3}、Ar	超覆、削截、潜山	民丰洼陷 Es^1、Es^4	4～9.5
尚店油田	Ng	超覆	利津洼陷 Es^1、Es^4	20～28
平方王油田	$\in$-O	潜山	利津洼陷 Es^1、Es^4	25～35
单家寺油田	Ng、Es^1、Es^4	超覆	利津洼陷 Es^1、Es^4	10～15
通王潜山	$\in$-O	潜山	牛庄洼陷 Es^1、Es^4、Ek	30～45
太平油田	Ng、O	超覆、潜山	四扣洼陷 Es^2、Es^4	15～25.5
陈家庄油田	Ng、Ed、Es^1、O	超覆、潜山	邸家洼陷 Es^4	5～17
邸家油田	Ed、Es^1	超覆	四扣洼陷 Es^4	12～21
罗家油田	Es^1	超覆、削截	潜南洼陷 Es^4	6～18

续表 5-5

油田/油藏名称	含油层位	油藏类型	油源	运移距离/km
义北油田	Mz	潜山	郭局子洼陷 Es^1	5～8
义东油田	Ng、Ed	超覆	四扣、潜南洼陷 Es^4	5～10
义和庄油田	Ng、Ed、Es^4、O	超覆、削截、潜山	四扣洼陷 Es^4	3～6
孤北油田	Mz	潜山	孤北、潜南洼陷 Es^1	6～10
孤南油田	Mz	潜山	潜南洼陷 Es^1	8～11
老河口油田	Es^4	削截	埕北洼陷 Es^1	1～3
孤岛油田	Ed、Es、O	超覆、潜山	潜南、孤南洼陷 Es^1	4～6
埕岛油田	Es、Mz、$C\text{-}P$、$\in\text{-}O$	超覆、削截、潜山	沙南、潜中洼陷 Es^1	1～15
高青油田	Ek	削截	博兴洼陷 Es^1、Es^4	16.5～23
水平油田	$C\text{-}P$	削截	埕北洼陷 Es^1	4.5～12.5
长堤油田	Mz	潜山	孤北洼陷 Es^1	3～8.5
桩西油田	Mz、$\in\text{-}O$	潜山	埕北洼陷 Es^1	3.5～8
埕东油田	Ng	超覆	四扣、潜南洼陷 Es^4	7.5～15
垦利油田	$\in\text{-}O$	潜山	富林洼陷 Es^1	12.5～23.5
沾北 2 井区	Es^1、Ms	超覆、削截	四扣洼陷 Es^4	5
富台油田	$\in\text{-}O$、$C\text{-}P$	潜山	车西、大王北洼陷 Es^1	4.5～10.5
大王北油田	$\in\text{-}O$	潜山	大王北洼陷 Es^1	3～13
英雄滩油田	$\in\text{-}O$	潜山	大王北、郭局子洼陷 Es^1	3～12
套尔河油田	O	潜山	车西洼陷 Es^1	14.5～20
东风港油田	O	潜山	车西洼陷 Es^1	5～12
大王庄油田	Es^1、Mz、$C\text{-}P$	削截、潜山	大王北、郭局子洼陷 Es^1	6～15

3. 砂体（储层）

与纵向上输导断层，或横向上具有输导能力的不整合面直接接触沟通的砂岩等储集体，均可作为有效的油气运移通道。

二、输导类型

1. 网毯式

网毯式油气输导体系，是指新近系油气来自古近系烃源岩，下部的油气通过断裂/不整合面进入新近系地层，首先在馆下段稳定分布的块状砂砾岩中聚集、调整、发散，重新分布后，通过新近系地层中的开启断层,再次运移到新近系的各类圈闭中成藏。

"网"包括上、下两层,下层指的是油源断层与不整合面组成的油气运移通道网,又称立体输导网;上层指的是新近系次级断裂沟通的砂岩透镜体组成的油气聚集网,又称枝状聚集层。

"毯"是指稳定分布的馆下段巨厚层辫状河流相块状砂砾岩,下部油气经过运移通道网进入其中蓄积如毯状,又称毯状仓储层(图 5-22)。

由于构造活动的幕式特征,油气分多期通过下部垂向输导层进行运移,经过中间横向仓储层再分配和发散运移,进入上部立体聚集层,沿树枝状次级断裂输送到相对孤立的砂体中聚集成藏。

该模式较好地解释了济阳坳陷东北部馆上段、明化镇组的油气分布规律。这一模式也适用于任何具备 3 层运聚体系的油气藏。

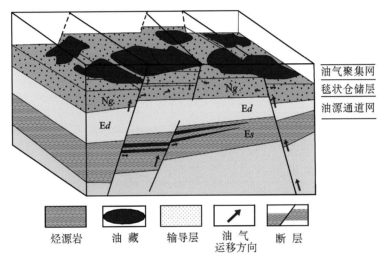

图 5-22　网毯式油气成藏体系概念模式(据张善文等,2008)

2. 阶梯式

阶梯式输导体系是由断层和砂岩层共同组成、油气由低势区向高势区运移的连续输导系统。在断裂斜坡带位置,断层与砂层相互配置,形成若干个断阶。油气可以经过低部位断阶的砂岩层,经运移断层继续往高部位断阶的砂岩层运移,可以穿断层横向运移,也可以沿断层往上运移,直到遇到封闭性断层遮挡才会形成油藏。

这是济阳坳陷非常普遍的油气输导类型,在靠近洼陷的部位,表现为断层+砂岩层的组合,在盆地边缘则表现为断层+不整合+砂岩层的组合。在阶梯式边界断层,油气主要沿高角度断层作垂向运移。在座椅式边界断层,油气主要靠主干断层上盘发育的次级调节性断层运移油气。在铲式边界断层,边界断层走向和倾向的变化引起了封闭性的差异,形成了差异性油气运移特征(图 5-23)。

3."T"字形

"T"字形输导体系是指油气从源岩经过输导断层进入浅部大中型地层圈闭的主要方式。

垂向输导断层与横向不整合面在剖面上构成了"T"字形。

这一输导类型,更多地分布在古近系与新近系之间的区域不整合面附近,广泛存在于断陷盆地陡坡带成藏过程中。

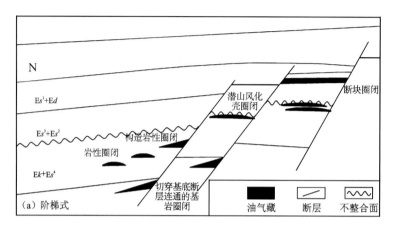

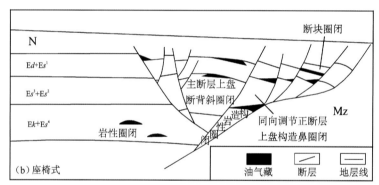

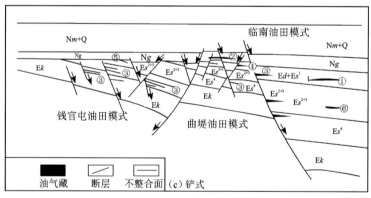

①铲式边界断层上盘的滚动背斜圈闭;②共轭正断层形成的小型地堑断块上覆地层形成的披覆背斜圈闭;③盆倾正断层上盘的构造鼻及断块圈闭;④反盆倾正断层下盘构造鼻及断块圈闭;⑤不整合面下的削截地层圈闭;⑥坡折带下方的岩性圈闭

图 5-23 不同类型陡坡边界油气圈闭分布模式(据刘见宝等,2017)

4. 裂隙型

裂隙型输导体系是指油气从烃源岩向与其相邻的储集层中的运移通道,主要包括节理面、微层理面和微裂隙。除构造裂隙外,由欠压实、黏土矿物脱水、水热增压、烃类生成等导致的流体超压裂缝,也是重要的类型。

模拟实验与勘探实践表明,裂隙型输导体系可以形成穿层的大规模油气运移过程。如东营凹陷坨143砂体属于沙三中泥岩层系的浊积砂岩透镜体岩性油藏,地球化学对比表明,其油源主要来自沙四上有效烃源岩,其次为沙三下烃源岩。但目前的地震资料难以识别出源岩与砂体之间的微小断层或裂缝裂隙,由此推断,两者之间必然存在裂隙等隐蔽输导体系相连。这种情况在各个洼陷的岩性油藏中普遍存在。牛庄洼陷牛13井—东科1井—王61井区沙三中—下浊积岩油藏也属于裂隙型输导成藏。

钻探证实,厚层烃源岩界面附近属于正常压实作用,但在烃源岩内部则出现欠压实,并维持较高的孔隙度,同时出现烃类滞留难以排出的现象(图5-24)。例如,利津洼陷利14井2 318.5～2341m井段厚22.5m的烃源岩层向上排烃厚度17m,向下排烃厚度4m,二者之间的烃类滞留层厚1.5m,其中的氯仿沥青"A"、烷烃、芳烃、总烃等含量在2336m深度出现相对高值。牛38井2 884.5～2906m井段的单层泥质烃源岩中也出现了烃类滞留的现象,从泥岩层顶部向内部,随排烃系数减小,单位有机碳中测得的可溶烃含量非线性增大,在2903m附近为高值带。

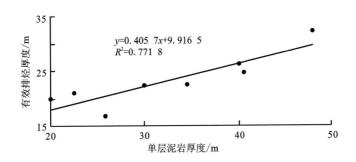

图5-24　济阳坳陷烃源岩单层厚度与有效排烃厚度关系图(据陈中红等,2003)

同样,在一些断裂不太发育的斜坡带,利用构造动力学,可以判断出微断裂与裂缝的优势发育方向与发育区,这都是有利的油气运移聚集指向区。在这种部位,油气更像是以"弥漫扩散"的方式进行运移。

5. 复合型

更多时候,济阳坳陷发育由断层、砂体(储层)、不整合面共同组成的复式输导体系(图5-25)。

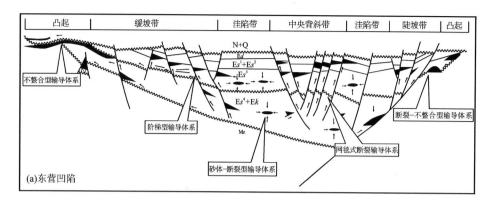

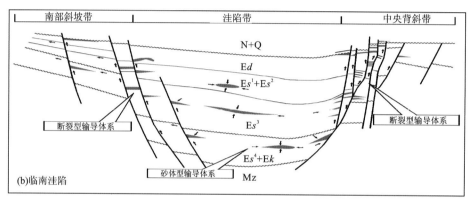

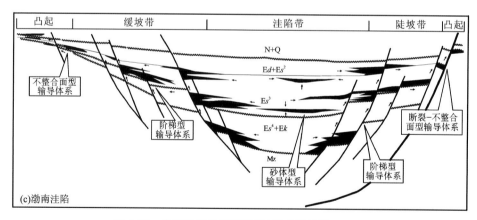

图 5-25　典型输导体系剖面图（据李运振等，2007）

第六节　盖　层

盖层是与储层相对的地层，渗透性低，可封隔储层之中的油气不往上逸散。

盖层多由泥岩、页岩、膏岩、盐岩或泥灰岩等构成。封闭能力由好至差大致为盐岩＞富含干酪根页岩＞黏土质泥岩＞石膏＞硬石膏＞粉砂质页岩＞泥灰岩＞碳酸盐岩。

一、盖层岩性

济阳坳陷古近系和新近系为典型的陆相湖盆沉积,随着水体环境、物源区性质、气候条件、搬运距离等变化,在不同部位沉积了不同的地层。

孔店组—沙四下是断陷湖盆初期在干旱—半干旱环境中沉积的一套河流、滨浅湖盐湖相的红色陆相碎屑岩,岩性包括砂砾岩、盐膏岩、灰质泥岩、泥岩等。盐膏岩和膏泥岩主要分布在洼陷中心,局部连续分布,整体连续性较差,向斜坡带渐变为含膏泥岩、泥岩。盐膏岩单层厚度较小,一般为3~5m,且多与砂岩、泥岩呈不等厚互层。膏盐岩、泥岩均为有利的盖层。

沙四上接受海侵沉积了一套咸化湖相的砂砾岩、滩坝砂、深灰色—灰褐色泥岩、油页岩、泥质灰岩,中下段发育盐岩石膏层,顶部夹生物灰岩和白云岩。其中的泥岩、泥质灰岩、油页岩、膏盐岩等均可作为有利的盖层。

沙三段中—下亚段主要沉积了一套深湖相灰黑色泥岩、油页岩夹浊积砂体。厚层泥岩分布于整个凹陷区,分布稳定,连续性好;纵向上泥岩累计厚度最大可达900m以上,单层泥岩连续厚度可达100m以上,泥岩占地层厚度的75%左右;埋藏深度大于2000m,黏土矿物成分以伊/蒙混层矿物为主。沙三中—下的厚层稳定泥岩,是下伏地层良好的区域盖层。

沙一段主要沉积了一套半深湖相灰黑色泥岩、生物粒屑灰岩滩、砂质滩坝等。半深湖相灰色泥岩遍布于整个济阳坳陷湖相沉积区,分布稳定,呈厚层状,累积厚度可达150~300m,占地层厚度80%左右。沙一段泥岩中灰质、白云质含量较高,一般10%~15%,增强了泥岩致密性,黏土矿物以伊/蒙混层矿物为主,是济阳坳陷重要的区域盖层。

明化镇组主要沉积了一套河流泛滥平原相的泥岩、含砂泥岩、砂岩等。泥岩覆盖范围遍布于整个华北—渤海湾地区,分布稳定,累计厚度400~600m。泥岩占地层厚度的77%左右,是济阳坳陷最上部的一套区域盖层(申立春,2006;尹丽娟,2012)。

根据岩性,济阳坳陷盖层可分为3类。①孔店组—沙四段盐膏岩、灰质泥岩,为局部盖层。②沙三中—下、沙一段厚层灰黑色泥岩,为区域性盖层。③明化镇组厚层红、绿、浅灰色泥岩,为区域性盖层。

二、封盖能力

1. 泥岩微观结构

济阳坳陷古近系与新近系泥岩往往含砂、碳酸盐,纯泥岩并不多见。矿物多为高岭石、蒙脱石、水云母等黏土矿物,以及少量石英、长石、碳酸盐岩等矿物碎屑。据X射线衍射分析,泥岩中黏土矿物含量大于67.2%;其中,蒙脱石(蒙皂石)占黏土矿物的82.5%,其次为伊/蒙混层,混层比平均69.3%;伊利石、高岭石和绿泥石含量相对较小。扫描电镜观察发现,泥岩结构有三种,一种是网状结构;一种是棉絮状,成分为蒙脱石;一种是波片状,波片的边缘有些弯卷,以伊/蒙混层为特征。由于黏土矿物是二维延伸的层片状,层片搭架形成网状、棉絮状、波片状,因此矿物之间的微孔隙发育。泥岩孔隙类型多样,但以片状孔隙为主,粒间孔、粒内孔及成岩溶蚀孔较少。泥岩孔隙多而小,孔隙分布较为均匀。除此之外,泥岩中多处见到微裂缝发育。

2. 泥岩物性

济阳坳陷沙三中—下厚层泥岩的孔隙度为 $10\%\sim15\%$,孔隙中值半径为 $4.1\sim6.5$nm,突破压力为 $3.6\sim6.4$MPa,可封闭的最大气柱高度为 667m。

沙一段含灰质、白云质泥岩的孔隙度为 $10\%\sim15\%$,孔隙中值半径为 $4.1\sim7.11$nm,渗透率小于 $0.001\times10^{-3}\mu$m^2,突破压力为 $1.17\sim11.4$MPa,可封闭的最大气柱高度为 1017m。

济阳坳陷东营组辫状河—辫状河三角洲沉积体系中,单层泥岩厚度大于 2.5m 即可封盖住油气。以东营凹陷现河庄油田为例,统计 7 个油藏,均为辫状河三角洲主体区,砂地比较高,一般为 $50\%\sim70\%$。能封盖住油气的泥岩厚度为 $3\sim20$m,一般不小于 3m。目前已钻遇的油气显示井主要集中在泥岩隔层较多的区域。可以说,高砂地地区,泥岩隔层越多,越有利于油气聚集(向立宏,2019)。

总体来看,泥岩物性较差,空气渗透率一般小于 $0.1\times10^{-3}\mu$m^2。

纵向上,泥岩孔隙度、渗透率、孔隙比表面积随埋深增大而逐渐变小,比重随埋深增大而逐渐增大,相关性明显。以埋深 3000m 为界。

埋深小于 3000m 时,孔隙度大于 10%。其中,在埋深 $700\sim3000$m、深度差 2000m 左右时,孔隙度由 24.16% 下降到 10.25%,下降明显。

埋深大于 3000m 时,孔隙度小于 10%。其中,在埋深 $3000\sim5000$m、深度差同样为 2000m 左右时,孔隙度由 7.24% 下降到 0.52%,下降缓慢较慢。

埋深 3000m 也是泥岩渗透率的变化界线。

埋深小于 3000m 时,渗透率为 $0.124\sim0.015\times10^{-3}\mu$m^2。

埋深大于 3000m 时,渗透率大多小于 $0.01\times10^{-3}\mu$m^2。

泥岩的孔隙度与渗透率之间相关性不明显。从图 5-26 可以看出,泥岩同样具有随孔隙度增大而渗透率变大的趋势,但两者的关系要比砂岩的相关性差得多。这可能与泥岩特有的片状孔隙结构有关。

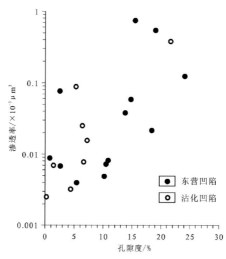

图 5-26　济阳坳陷古近系—新近系泥岩孔隙度与渗透率关系图(据苗建宇等,2003)

根据泥岩孔隙度与埋深变化趋势(图 5-27),可将泥岩压实程度随埋深的变化分为 4 个阶段。①高孔快速压实段:埋深 0～1000m,孔隙度为 23%～31%。②中孔缓慢压实段:埋深 1000～2000m,孔隙度为 15%～26%。③低孔快速压实段:埋深 2000～2700m,孔隙度为 5%～15%。④超低孔缓慢压实段:埋深大于 2700m,孔隙度为 1%～5%。

根据泥岩的岩石力学性质与裂缝发育特征,可将泥岩岩石力学性质随埋深的变化分为 3 个阶段。①塑性压实段:埋深 0～1000m。②弹塑性压缩段:埋深 1000～2000m。③破裂段:埋深>2000m,易形成裂缝。

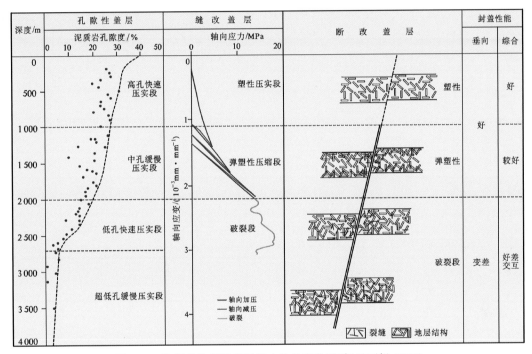

图 5-27　济阳坳陷泥岩盖层纵向物性变化图(据尹丽娟,2012)

3. 泥岩封闭性能

基于岩芯资料开展了浅层盖层与储层突破压力的测试(表 5-6),埋深 1000m 左右的浅层泥岩盖层突破压力多大于 1.0MPa,而同样埋深的浅层气藏剩余压力一般小于 0.5 MPa,因此,能够有效遮挡浅层气藏。

将实验结果换算成油柱高度,浅层泥岩封盖的气柱高度为封盖油柱高度的 2/3,说明如果浅层气藏的气柱高度超过了盖层封堵极限,其中的小分子成分仍可穿过泥岩盖层向上运移。

据研究,甲烷通过泥岩的扩散系数为 $6.32×10^{-7} cm^2/s$,利用 Fick 定律计算甲烷纵向扩散速度,表明每百万年甲烷纵向运移距离达 240m,而浅层气成藏期在 3～2Ma,说明浅层气成藏之后理论上可以向上穿越 480～720m 的泥岩厚度。钻探表明,济阳坳陷浅层稠油油藏埋深 1000～1500m,泥岩盖层厚度 500～800m,因此浅层原油脱气之后,天然气通过扩散作用可以向上长距离运移。

表 5-6　济阳凹陷泥岩封闭能力参数(据张伟忠等,2019)

样品编号	深度/m	层位	突破压力 (标准盐水)/MPa	突破压力计算 等效半径/m	封气柱 高度/m	封油柱 高度/m
1	1 686.5	Ng	1.50	9.33×10^{-8}	165.67	250.64
2	1 242.7	Ng	1.20	1.17×10^{-7}	132.53	200.51
3	1251	Ng	1.20	1.17×10^{-7}	132.53	200.51
4	1184	Nm	3.60	3.89×10^{-8}	397.60	601.53
5	846	Ng	1.20	1.17×10^{-7}	132.53	200.51
6	973	Ng	0.60	2.33×10^{-7}	66.27	100.26
7	1046	Nm	2.51	5.58×10^{-8}	277.22	419.53
8	1109	Ng	1.75	8.00×10^{-8}	193.28	292.50
9	1105	Nm	1.43	9.79×10^{-8}	157.94	239.01
10	965	Nm	1.30	1.08×10^{-7}	143.58	217.29
11	1105	Ng	1.07	1.31×10^{-7}	118.18	178.84
12	1035	Nm	0.97	1.44×10^{-7}	107.13	162.13
13	971	Nm	0.70	2.00×10^{-7}	77.31	117.00
14	1064	Nm	0.69	2.03×10^{-7}	76.21	115.33
15	1087	Nm	0.44	3.18×10^{-7}	48.60	73.54
16	1111	Ng	0.36	3.89×10^{-7}	39.76	60.17
17	998	Nm	0.24	5.83×10^{-7}	26.51	40.11

利用压汞—吸附法,计算济阳坳陷新近系泥岩盖层的最大突破压力为 2.69MPa,平均 0.95MPa;气柱高度为 10～240m,平均 86.3m。

阳信—花沟—平南地区的 CO_2 气藏均为常压气藏,压力系数为 0.92～1.05。泥岩突破压力均大于气藏剩余压力,为有效盖层。以花沟西部高 53 块为例,馆陶组泥岩突破压力为 2.0～10.54MPa,而气藏剩余压力 0.11～0.35MPa,前者远大于后者,孔隙中值半径 3.8～8.59nm,气柱高度最高可达 1021m,盖层封闭性能较好(表 5-7)。

表 5-7　济阳坳陷阳信—花沟—平南地区 CO_2 气藏盖层封闭性能(据程有义,2001)

盖层特性	花沟西部	平方王		平南
盖层位 产层位	$\dfrac{Ng}{Ng}$	$\dfrac{Es^3}{Es^4}$	$\dfrac{Es^1}{Es^1}$	$\dfrac{C}{O}$
突破压力　P_a/MPa 剩余压力　P_t/MPa	2.0～10.54 0.11～0.35	0.69～3.07 0.02～0.90	1.17～11.4 1.73～3.32	1.35～6.38 −0.1～0.15

续表 5-7

盖层特性	花沟西部	平方王		平南
中值半径 R_m/nm 盖层类型	$\dfrac{3.8\sim8.59}{\text{I}}$	$\dfrac{7.29\sim46.6}{\text{I}-\text{II}}$	$\dfrac{2.8\sim7.1}{\text{I}}$	$\dfrac{4.85\sim6.39}{\text{I}}$
封盖饱和度 S_g/% 盖层类型	$\dfrac{83\sim93.5}{\text{I}}$	$\dfrac{58\sim91}{\text{I}}$	$\dfrac{87.9\sim96.5}{\text{I}}$	$\dfrac{82\sim88.5}{\text{I}}$
气柱高度 H_g/m	194~1021	67~298	104~1017	170~541
遮盖系数 K_f/%	323~1700	45.6~196	70.7~69	157~180

根据天然气藏盖层定量评价的 6 项指标:突破压力(P_a)、孔隙中值半径(R_m)、微孔隙半径小于 630Å 的含量百分比(S_c)、微孔隙半径分布类型、气柱高度(H_g)、遮盖系数(K_f:气柱高度/气藏闭合高度),可将济阳坳陷天然气盖层分为三级(表 5-8):一、二级都是良好的区域性盖层,如明(明化镇组)一段、明九段、沙一段、沙三段泥岩盖层都属于此类;三级为某个气田某个气层的局部盖层。

表 5-8　济阳坳陷古近系与新近系天然气藏泥岩盖层分级(戴贤忠等,1991)

分级标准 指标	P_a/ $\times10^5$Pa	R_m/Å	S_c/%	微孔隙 半径分 布类型	H_g/m	K_f/%	盖层层位	气田实例及 其埋藏深度/m
一级	>10	<200	>80	I	>100	>80	Nm^7,Nm^9 Es^1,Es^3	孤岛气田 470.2~1 192.1 平方王气田 1351~1520
二极	10~5	200~300	60~80	II	60~100	50~80	同上	同上
三极	<5	300~600	<60	III,IV	<60	<50	Nm^5,Nm^6	孤岛气田

4.膏盐岩封闭性能

济阳坳陷孔店组—沙四下—沙四上沉积过程中,在干旱—半干旱气候条件下发育了间歇性盐湖—盐湖—海侵咸水湖泊等沉积地层,形成了厚度达上千米的巨厚含(膏)盐地层以及膏盐岩层。据统计,济阳坳陷孔二段(距今约 55Ma)以后发育的盐质膏盐层中各种盐类的厚度占地层厚度的 50% 以上,沙四段盐类地层更多,共计 203 层,厚 326m;钙芒硝 14 层,厚 18m;杂卤石 17 层,厚 15.5m。沙三下沉积前后也有大规模成盐事件(岳伏生等,2003)。

膏盐岩作为盐岩、石膏等矿物从高浓度盐水中结晶析出而成的蒸发岩类,与泥岩相比,更加致密,封闭性更好。孔隙度多数为 0.1%~0.3%,渗透率为 $10^{-9}\mu m^2$ 级,最大吼道半径小于 1.8nm,具有极高的毛管突破压力(李永豪等,2016)。

东濮凹陷北部古近系膏盐层厚度大,分布广,对油气的封堵能力很强,膏盐岩发育区大部分油气藏分布于 0～50m 厚的膏盐层之下。仅 50m 厚的膏盐层就能封堵累计 500m 的含油或含气高度。相比较而言,膏盐层封堵油柱的高度在 100～500m 之间,而封堵气柱的高度小于 100m,或者在 100～200m 之间,说明膏盐层封堵油的高度要明显大于封堵气的高度(刘景东 等,2012)。

第七节　油气藏类型

济阳坳陷油气藏类型丰富多样。从层系看,自太古宇至明化镇组均有分布;从平面看,自凹陷中心到盆缘和凸起均有发育;从圈闭成因看,包含了潜山、地层、岩性、构造等类型;从油气成因看,既有有机成因油气藏,也有无机成因 CO_2 气藏;从油气类型看,既有稀油油气藏,也有稠油、凝析油气藏;从储层成因看,既有碎屑岩、碳酸盐岩,也有火山岩、变质岩;从储层物性看,既有常规油气藏,也有致密油气藏、页岩油藏。

这里以含油气层系为主,分类介绍油气藏研究进展。

一、寒武—奥陶系油气藏

1. 下古生界潜山圈闭

1)圈闭类型

济阳坳陷寒武—奥陶系海相碳酸盐岩层系,经过印支、燕山、喜马拉雅运动的叠加改造,经历了"挤-拉-滑-剥"多种构造作用,发育了断块、(倒转)褶皱、滑脱、剥蚀残丘等若干种圈闭类型(图 5-28)。

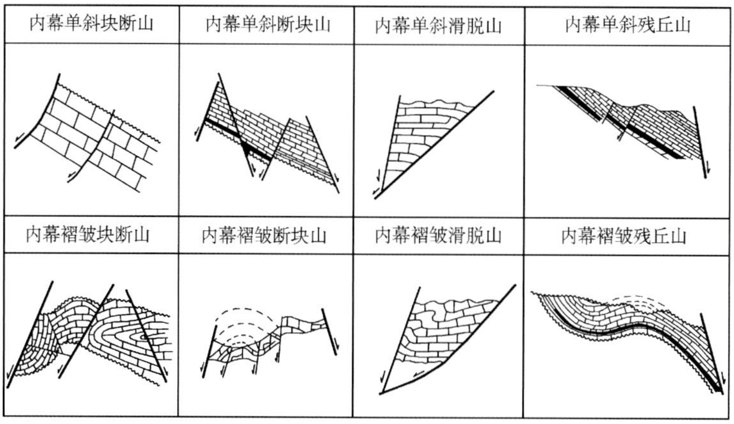

图 5-28　济阳坳陷下古生界潜山成因-结构分类(据李丕龙等,2004)

济阳坳陷北断南超的箕状断陷构造,使下古生界潜山自北向南形成了北部陡坡带的滑脱潜山带、洼陷带内部的块断潜山带、南部斜坡带的断块潜山带、盆缘凸起带的残丘潜山带。在济阳坳陷东部,受郑庐断裂带的活动影响强烈,发育挤压型内幕褶皱潜山带(图 5-29)

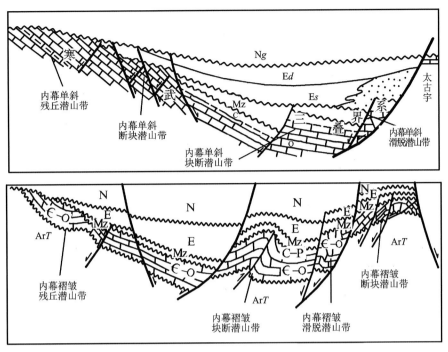

图 5-29　断陷盆地潜山带分布模式(据李丕龙等,2004)

2)构造成因

挤压、拉张、走滑、剥蚀运动控制了济阳坳陷下古生界潜山类型及分布(徐国盛等,2002;李丕龙等,2004;赵锡奎等,2004;宋明水等,2019;宋明水等,2020)。

挤压运动主要发生在 4 个构造运动期,造成下古生界的褶皱、逆冲、隆升。①加里东期,自中奥陶世开始的南北向挤压,在济阳地区形成轴向近东西的宽缓褶皱,整体抬升剥蚀并发育北西向逆冲断层。②印支期,中—晚三叠世,济阳地区受到来自扬子板块北北东向的强烈挤压,夹持在郯庐、兰聊两条左行走滑断裂之间,整体强烈逆冲褶皱隆升,沿滋镇—仁风断层、阳信—石村断层、车西—罗西—陈南断层、埕南—孤西断层、埕北—五号桩断层 5 条北西向逆冲断层发育大量逆冲背斜,断层西南侧上升盘的下古生界遭受风化剥蚀,在古生代构造格局基础上形成了剥蚀潜山带和洼地。③燕山末期,晚白垩世,西太平洋板块转变成北西向正向俯冲,导致济阳地区软流圈上涌、岩石圈减薄、郯庐断裂带左行压扭活动,造成济阳坳陷大规模挤压隆升,再次形成大规模北西向冲断带,而挤压强度较低的地区多形成褶皱背斜。④东营运动期,印度板块的强烈碰撞挤压与西太平洋板块的侧向俯冲共同作用,华北东部地区整体处于近东西向(方位 102°)挤压应力场控制下,郯庐断裂带为逆冲兼较大规模右旋走滑,加上华北东部地幔柱上升,导致济阳坳陷发生局部正反转,完成了早古生代潜山最后一次规模稍大的构造调整。

拉张运动主要发生在两个构造运动期,造成地层块断、负反转、滑脱。①燕山期,侏罗纪—早白垩世,济阳地区形成北西向断陷,下古生界在正断层上升盘形成大量断块构造,部分出露地表风化剥蚀形成残丘山,奠定了现今早古生代潜山构造的基本格局。②济阳运动期,印度板块以北北东方向开始与欧亚板块碰撞,太平洋板块俯冲挤压方向由北北西向转为北西西向,郯庐断裂带从大型左旋压扭性走滑转变成右旋张扭性走滑,华北地区最大主压应力方向为108°、拉张应力方向为19°,济阳地区从北北西向块断型盆地转变为北东—近东西向断陷盆地。燕山期早古生代潜山构造格局被北东向断层改造,凹陷南部地层上翘成为凸起接受风化剥蚀,如广饶、陈家庄、孤岛、埕东、埕岛、义和庄等;同时也形成了大量潜山断块、滑脱潜山断块。部分印支期、燕山期褶皱受强烈负反转作用发生构造倒转,如桩西潜山。

进入新近纪,济阳地区坳陷沉降,早古生代潜山整体深埋定型。

郯庐断裂带在不同构造期的走滑运动,都对济阳坳陷产生了重要的影响,造成了下古生界在断层两侧的张裂或挤压。每一次的抬升隆起都遭受风化剥蚀,发育形成了岩溶残丘。

2. 海相碳酸盐岩储层

济阳坳陷早古生代碳酸盐岩潜山储集空间,除构造裂缝外,还有大量的溶蚀孔、洞、缝,这些孔、洞、缝的发育程度与构造部位、储层岩性、构造改造等有关。因此,可将潜山储集系统划分为断裂裂缝带、不整合面岩溶带、内幕溶蚀带3类,再细分为构造裂缝带、断裂溶蚀带、风化壳淋滤带、垂直渗流带、水平溶蚀带、内幕孔洞带6种。

新生代拉张运动形成许多近北东—东西向断层,部分印支期和燕山期北西向老断层继续活动,导致了潜山带断裂、裂缝及断裂带溶蚀孔洞的形成。构造裂缝带多发于褶皱背斜核部,早期缝充填程度高、晚期缝充填程度低。海相碳酸盐岩岩溶作用垂直分带现象明显。下古生界在有上古生界覆盖的情况下,岩溶带大面积成层发育;无上古生界覆盖时,风化壳岩溶带的溶蚀孔、洞、缝极为发育。

3. 源—储关系

济阳坳陷下古生界潜山的油气来源,经钻探并地化分析证实,主要有石炭—二叠系海陆过渡相煤系烃源岩和沙河街组湖相烃源岩;未经证实的还有寒武—奥陶系、中生界烃源岩。根据潜山与烃源岩层系的接触关系及运移通道,把济阳坳陷晚古生代潜山的源—储关系分成下生上储、上生下储(倒灌)、源储侧向对接、(新近系)藏(下古)储侧向对接、源储分离、自生自储6类。

(1)下生上储,沙河街组烃源岩的油气通过断层往上运移到下古生界潜山中成藏。如桩西、富台、垦利、义和庄、桩海潜山等。

(2)上生下储(倒灌),沙河街组或上古生界烃源岩在异常高压驱动下,往下充注进下古生界储层而成藏。如富台油田为典型的沙三段油源往下充注生成的下古生界潜山油藏(图5-30)。

(3)源储侧向对接,是沙河街组或石炭—二叠系源岩,通过断层侧向直接与晚古生代潜山地层对接,油气侧向充注成藏。如车古201潜山等(图5-31)。

(4)(新近系)藏(下古)储侧向对接,是指新生代砂岩储层与晚古生代潜山储层通过断层侧向对接,储层相互连通,两者共同成藏。

(5)源储分离,油气源通过不整合面—断层—砂体—构造脊复杂输导体系运移到晚古生代潜山中成藏。如广饶潜山等(图5-32)。

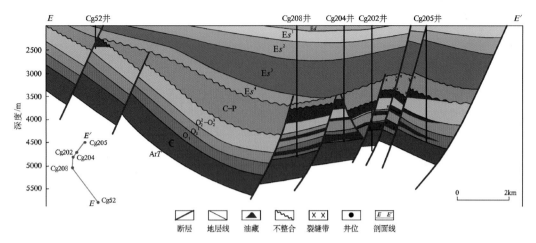

图 5-30 车镇北带车古 208—车古 205 井近南北向晚古生代潜山油藏(据王勇等,2020)

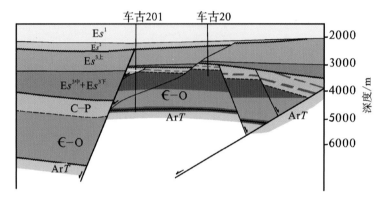

图 5-31 车镇北带车古 201—车古 20 井潜山近南北向油藏剖面(据高平等,2009)

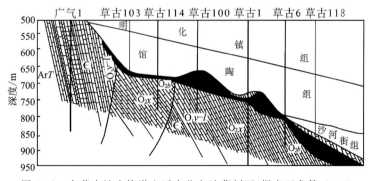

图 5-32 东营南坡广饶潜山近南北向油藏剖面(据李丕龙等,2004)

(6)自生自储,是指下古生界自身发育油气烃源岩,例如,桩西古潜山有超深油藏,埕岛地区胜海古 3、埕北 30、埕北古 5 等潜山为高成熟油气藏,不排除有海相成油气或者二次、多次生成油气的现象和成分。

4. 油气藏类型

下古生界潜山油气藏类型,按照潜山圈闭成因,可分为断块、褶皱、滑脱、剥蚀残丘等 4 类(图 5-33);按照储层类型,可分为断裂裂缝带、不整合面岩溶带、内幕溶蚀带 3 类;按照源—储关系,可分为下生上储、上生下储、源储侧向对接、藏储侧向对接、源储分离、自生自储 6 类。

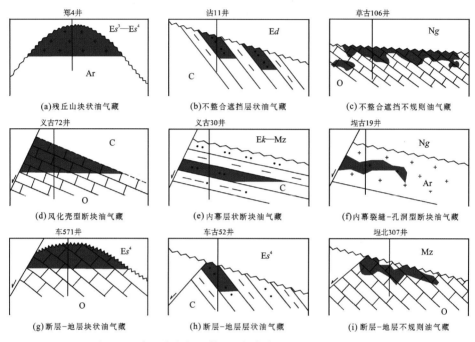

图 5-33　济阳坳陷主要潜山油气藏类型(据宋明水等,2019)

这里,根据勘探实践的需要,综合考虑潜山形态描述、储层类型判断以及油气充注成藏,将下古生界潜山分为风化壳型潜山油藏、断块型潜山油藏、内幕型潜山油藏 3 类。

1)风化壳型潜山油藏

油气主要聚集在寒武—奥陶系顶部的碳酸盐岩风化壳内,自上而下发育表层岩溶带、垂直渗流带、水平潜流带,油气储集空间为溶蚀孔洞。地层不整合面之下为碳酸盐岩的风化黏土层,之上为上古生界、中生界、古近系或新近系,上覆地层越新,风化壳储集性能越好。盆缘凸起上的潜山多为这一类型(图 5-34)。风化壳型潜山油藏发现储量最多,占全部储量的 80%。

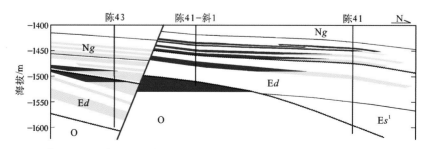

图 5-34　渤海湾盆地济阳坳陷陈家庄地区陈 41-斜 1 潜山油藏剖面(据马立驰等,2020)

2）断块型潜山油藏

由于断层切割，下古生界破碎成若干个断块。断面暴露处、断裂带内部受表层大气淡水淋滤溶蚀，孔洞缝发育，成为有利的油气储集空间。桩西、埕岛、长堤等地区，下古生界上覆较厚的中生界，多发育此种类型潜山（图5-35）。

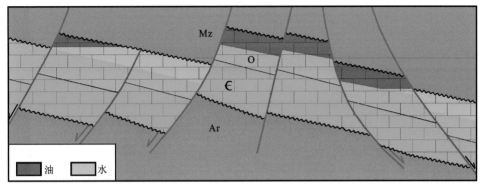

图 5-35　渤海湾盆地济阳坳陷潜山传统成藏模式（据马立驰等，2020）

3）内幕型潜山油藏

由于寒武—奥陶系不同层组之间的岩性有所不同，白云岩含量高的地层有利于储集，而泥质含量高的地层封闭性较好，从而在海相碳酸盐岩层系中发育了似层状的潜山油藏。例如，同样的岩溶作用，凤山组、冶里—亮甲山组岩溶改造较强，八陡组、马家沟组岩溶改造较弱。埕北302井区的垒块构造、埕北313井区的堑状构造都钻遇了该种油藏类型（图5-36）。

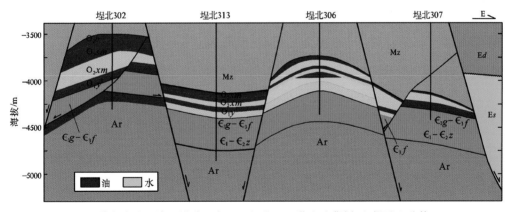

图 5-36　渤海湾盆地济阳坳陷埕岛地区埕北313潜山油藏剖面（据马立驰等，2020）

5. 油气富集特点

李丕龙等（2004）从成因、圈闭类型、储层类型、封盖层、油气源、输导体系、油气藏、流体性质8个方面，总结、建立了济阳坳陷潜山多样性理论体系。

从构造部位看，济阳坳陷下古生界潜山主要分布于盆缘凸起、陡坡带、缓坡带。盆缘凸起潜山，是油气运聚主要指向区，多注供烃，上覆地层一般为东营组、新近系地层，盖层条件影响了潜山的油气富集程度。但远离油源，不是最有利的富集区带。陡坡带潜山，近源供烃，油源富集,储层与输导体系共同控制了油气富集,是最为有利的潜山富集区,如车镇北带、埕北—桩西、孤岛—垦利、长堤、垦东等潜山。缓坡带潜山,离油源较远,生烃洼陷的供烃能力及输导体系的有效性共同控制了潜山的油气规模,油气也较为富集,如广饶、义北、埕东潜山(图5-37)。

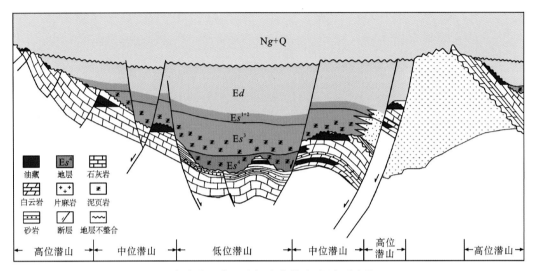

图 5-37   断陷盆地潜山油气成藏模式(据宋明水等,2020)

从地区分布看,目前下古生界潜山勘探成果最好的是沾化凹陷、车镇凹陷、桩海—埕岛地区,油气源充足,已发现潜山油气藏数量和类型多,仍是今后主要的勘探有利区。东营凹陷油气源丰富,但潜山类型少。惠民凹陷油气源较差,凹陷深度大,部分构造带隆升过高,在断裂发育区,如王判镇地区,保存条件较差。因此,总体来看,济阳坳陷潜山带油气富集条件是东北好、西南差。

二、石炭—二叠系油气藏

济阳坳陷石炭—二叠系油气藏,是指以上古生界海陆过渡相砂岩为储层的油气藏,盖层可能是古近系、新近系、上古生界、中生界泥岩,油气源可能是上古生界煤系烃源岩、沙河街组湖相烃源岩等。也称为潜山油气藏。

形成以石炭—二叠系煤系烃源岩为气源、以上古生界砂岩为储层的自生自储型油气藏,需具备3个条件。①印支期处于凹陷范围、燕山期处于被深埋的部位,石炭—二叠系保存完整。②第三纪时期,处于构造低部位的上古生界烃源岩才具有较大的"二次生烃"能力。③燕山期、喜马拉雅期形成的上古生界背斜、断块等构造,如果聚集了上古生界煤系烃源岩生成的油气,且在东营运动没有遭受断裂等破坏,就能具备较好的自生自储成藏条件。例如,高青潜山带花古102油藏、孤北潜山带义155、渤93等气藏,都属于这种类型。

据此分析,林樊家构造带、孤北潜山带、长堤潜山带、高青—平南潜山带、滋镇洼陷、东营南坡等地区为上古生界有利探区,阳信洼陷和车西洼陷为较有利探区。

三、侏罗—白垩系油气藏

济阳坳陷侏罗—白垩系油气藏是指以中生界陆相砂岩为储层的油气藏,盖层可能是古近系、新近系、中生界泥岩,油气源可能是上古生界、中生界煤系烃源岩、沙河街组湖相烃源岩等,也被称为潜山油气藏。

　　统计 70 口钻遇中生界油气层的井,其中油气层为坊子组的 9 口,占 13.0%;三台组 43 口,占 62.3%;蒙阴组 2 口,占 2.8%;西洼组 15 口,占 21.7%。表明三台组细砂岩和含砾砂岩、西洼组凝灰岩和凝灰质砂岩是有利的储层。

　　目前发现的侏罗—白垩系油藏均为新近系油源。根据圈闭成因,可分为 5 种油藏(图 5-38)。

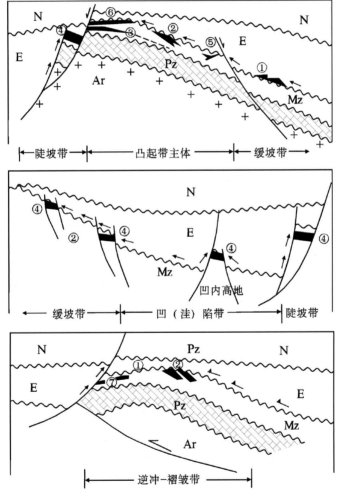

①小残丘型;②削切不整合型;③内幕孔洞(不整合)型;④断块型;
⑤裂缝型;⑥顶面风化壳型;⑦可能的逆冲-褶皱内幕型

图 5-38　济阳坳陷中生界油气藏类型剖面图(据张青林等,2007)

　　(1)断块构造油气藏:主要是拉张断层上升盘的中生界断块,侧向直接或通过断层与沙河街组烃源岩对接。如垦利、义和庄、孤北、埕岛、长堤等中生界油藏。

　　(2)断鼻构造油气藏:主要是断层和鼻状构造共同组成中生界油藏,多处于断裂与褶皱强烈发育地带。典型的如义 136 井中侏罗统三台组河口坝砂岩油藏。

（3）逆冲-褶皱油气藏：主要是印支期、燕山期构造挤压作用下形成的逆冲褶皱，主要分布在长堤—孤东、垦东、埕岛等地区。

（4）剥蚀不整合油气藏：燕山晚期、济阳运动、东营运动等的强烈抬升，造成中生界遭受风化剥蚀，改善了剥蚀面之下的储层物性，受上覆泥岩地层遮挡，形成了有利的剥蚀地层不整合圈闭，沙河街组油气通过断层或不整合面进入而成藏。这类油气藏中中生界产状普遍变陡，倾角一般在50°左右，多套储层近平行排列，平面上形成条带状油气藏。典型的如东营凹陷南坡王96井、长堤地区桩202、桩205井等。由于差异风化等原因，有的形成高低起伏的砂岩或火山岩小残丘，如桩西地区桩101井、富林洼陷南斜坡的富7井等。

（5）中生界内幕层状油气藏：是指中生界内部砂岩、火山岩储层，主要依赖于断面接受沙河街组烃源岩油气的充注而成藏，多分布于张性断层发育的部位。如桩西地区的桩古7、桩古15井、孤北地区义132井、孤南地区孤南2-10井、埕岛地区埕北古6井、桩西地区老21—新桩101—桩古32井区等。

四、古近系与新近系油气藏

针对济阳坳陷古近系与新近系油气藏的形成与分布，可以用复式油气藏、隐蔽油气藏两大油气成藏聚集理论进行分析。

复式油气藏聚集理论，是指在陆相断陷盆地中有规律地发育了多种类型的油气聚集带，每种油气聚集带都具有多套源岩供烃、多类储层储集、多套盖层遮挡、多期油气运聚、多种圈闭共存、多种油气藏共生的特点，称为复式油气聚集带，各种复式油气聚集带共同构成了复式含油气盆地，若干个复式含油气盆地共同构成了复式油气区。

隐蔽油气藏成藏理论，是指在陆相断陷盆地中，发育"断坡控砂"沉积模式、发育"复式输导"运移体系、具备"相势控藏"成藏机理，三者协调统一，揭示了岩性、地层、复杂断块等隐蔽性砂岩油气藏在断陷盆地中的形成与分布规律（李丕龙等，2004）。

1. 断陷层系油气藏

按照箕状断陷盆地的构造带划分，分析济阳坳陷孔店组、沙河街组、东营组3大古近系断陷层系的油气藏特点。

1）北部陡坡带砂砾岩扇体油藏

北部陡坡带边界断层背靠凸起物源区、面向生烃深洼区，边断边连续沉积，活动久、强度大、延伸长、断距大，纵向连接沟通多期近岸水下扇体，成为陡坡带砂砾岩扇体油气成藏的关键要素。

从扇根封堵能力看，物源岩性、搬运沉积速度、碱/酸性流体转化、常压充注动力、埋藏深度共同决定了储层物性、扇根封堵能力与油藏类型（图5-39）。

低封堵能力构造油藏带：埋深1700～2300m，处于早成岩A阶段，扇根封堵能力较差，多发育靠断层封堵的构造油藏，油气充满度较低，浅层发育稠油油藏，含油高度为10～70m，油藏宽度为200～1000m。

中等封堵能力构造—岩性油藏带：埋深为2300～3280m，处于早成岩B阶段，扇根封堵能力较上部明显提升,发育构造—岩性油藏,油气充满度中等,常处于油水过渡带,含油高度为20～90m,油藏宽度为300～1500m。

较高封堵能力常规岩性油气藏带:埋深为3280～4300m,处于中成岩A阶段,扇根封堵能力强,发育成岩封堵的岩性油藏,为常规原油,充满度高,含油高度为80～190m,油藏宽度为600～2500m(宋国奇等,2014)。

高封堵能力凝析油气藏带:埋深为4300～5300m,处于中成岩B阶段,扇根封堵能力强,发育成岩封堵的岩性油藏,原油开始裂解,凝析油气充满度高,含油气高度为100～200m,油藏宽度为800～3000m。

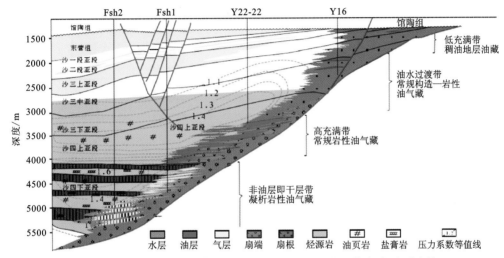

图5-39　济阳坳陷陡坡带砂砾岩油气成藏有序性、差异性演化模式(据宋明水等,2020)

从边界断层构造样式看,不同类型断层形成了不同的储层及油气富集特征(图5-40)。

板式陡坡带:如车西北带。断层不发育,不利于形成滚动背斜、断块等大型构造圈闭,不利于形成高效输导体系,因此,尽管砂砾岩储层物性较好,但油气富集程度不高。

铲式陡坡带:以盐家地区最为典型。剖面上,自下而上,扇根封堵能力减弱、油气充满度由高变低,从凝析油气→常规油气→稠油,表现为下干→中油→上水的含油结构。平面上,由洼陷中心→边缘相带→凸起依次发育深水浊积扇岩性油气藏、近岸水下扇＋背斜＋断层的构造岩性油气藏、不整合面遮挡的剥蚀地层型油气藏。

阶梯式陡坡带:以胜坨地区最为典型。在平面上,由洼陷中心→边缘相带→凸起依次分布扇体岩性油气藏、构造油气藏、剥蚀地层油气藏等,稀油→稠油→气环自洼陷中心往外呈环带状分布。在胜北断层下降盘以岩性、构造等高压油气藏为主,单个油气藏面积较小,但产能高、丰度较大,如宁海地区坨71岩性油藏、坨128-10油藏。在上升盘以常温常压油气藏为主,油气藏面积较大、产能较高、丰度也较大,如坨85油藏、利563油藏。在边界凸起附近,以稠油、特稠油藏为主,如郑361油藏。

坡坪式陡坡带:如利津断裂带。台阶断层下降盘紧邻生油洼陷,加上断裂发育,有利于形成岩性、构造—岩性油藏。滑脱古潜山背景上形成的扇三角洲易成藏,如大358沙三段砂砾岩油藏。

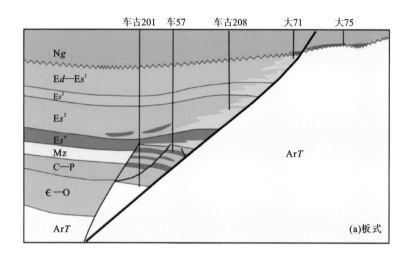

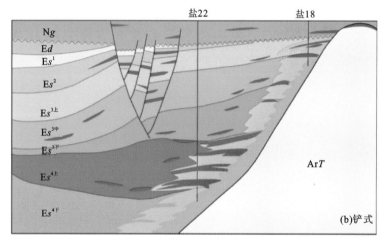

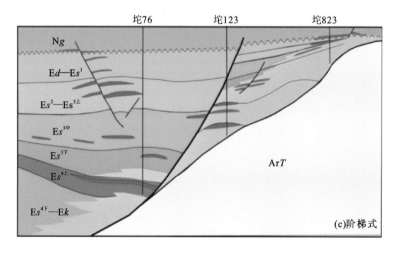

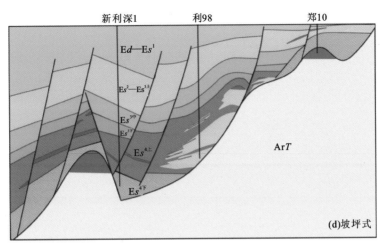

新利深1　　利98　　郑10

Ed—Es¹

Es²—Es³ᴸ

Es³ᴹ

Es³ᶠ

Es⁴ᴸ

Es⁴ᶠ

ArT

(d)坡坪式

图 5-40　不同类型陡坡带油气富集模式(据尹丽娟,2012)

2)洼陷带岩性油藏

济阳坳陷断陷期在各个洼陷带的深湖—半深湖部位,都或多或少发育了浊积岩扇体,其中沙四上、沙三下、沙三中浊积岩最为发育。

洼陷带浊积岩含油性取决于油源、输导体系、浊积岩储层物性 3 个方面。

油源方面,处于有效烃源岩之中,或处于油气运移路径之上的浊积岩均有利于成藏。统计表明,烃源岩层系排烃强度大于 350×10^4 t/km² 时,普遍发育异常高压,更有利于包裹在烃源岩之中的砂岩透镜体成藏。钻探证实,超过 3/4 的含油砂岩体地层压力系数大于 1.2。不在烃源岩内部的砂岩体,最佳源岩距离是向上约 200m(宋国奇等,2014)。总体来看,包裹在有效烃源岩之中的砂体,其含油气性好于与烃源岩呈侧向接触的砂体。同样被烃源岩包裹,离有效烃源岩中心距离越近,含油气性越好,反之越差;有效排烃范围内,砂岩透镜体油气充满度与烃源岩排烃强度有明显的正相关性。

输导体系方面,沟通油源与砂岩体的断裂(微裂缝)越发育,油气充注能力越强。洼陷带内部断层往往不太发育,因而裂缝系统起着重要的输导作用。当岩石承受的流体压力超过了破裂压力后,就会产生裂隙。东营凹陷烃源岩层段泥岩破裂深度为 2900～3000m,对应地层压力系数大于 1.38。网状裂缝在烃源岩与其内部的浊积砂岩之间构成了隐蔽性油气输导网络,促进了砂体成藏。

浊积岩储层物性方面,物性越好、油气充满度越高。济阳坳陷含油气砂体储层物性存在一个临界值,即砂体孔隙度为 12%,空气渗透率为 1×10^{-3} μm²。随着勘探不断有新发现,物性门槛也在不断降低。

统计牛庄、郝家、现河庄、东辛、渤南、五号桩等洼陷沙三段 152 个透镜体,其中 82 个含油,占总数的 53.9%,砂岩平均孔隙度 12%～22%,物性与油气充满度成正比关系。因此,含油气砂体储层物性存在门槛值,即当砂体孔隙度大于 12% 时,油气才能有效地进入砂体成藏(姜振学等,2003;李丕龙等,2004)。

统计 123 个砂岩透镜体油藏发现,属于浊积扇体的砂岩透镜体含油气性最好,充满度高,平均可达 40％以上。统计牛庄、博兴、利津、渤南、五号桩洼陷 21 个砂岩透镜体油藏,油气充满度为 26.8％～94.1％,平均 55％。其中,绝大部分充满度大于 40％,充满度大于 80％的有 3 个。

从平面上看,东营凹陷砂岩透镜体油藏充满度最高,达 60％以上;沾化凹陷仅为 44％;车镇凹陷无砂岩透镜体油藏。

从层位上看,沙三段砂岩透镜体油藏充满度最高,平均 59％,其次为沙二段,平均 50％,沙四段最低,平均 33％。

从浊积扇成因看,深水浊积砂岩体油气充满度最高,平均 59％,三角洲前缘滑塌浊积岩体油气充满度稍小,平均 53.7％。从埋藏深度看,含油砂岩透镜体一般分布在 2500～4000m,主要为 3000～3300m。

从地层温度看,砂岩透镜体油气藏在 108～132℃之间,充满度与温度关系不大。

从地层压力看,砂岩透镜体油气藏多数为异常高压区,且异常压力大、油气充满度也大,其中充满度大于 80％的两个砂岩体的压力系数都大于 1.6(曾溅辉等,2002)。

从源储关系看,孤立砂岩体油气充满度大多大于 40％,总体上高于断层侧向沟通的砂体。其中,东营凹陷砂岩体充满度为 6.8％～94.1％,平均 46.5％,其中孤立砂岩体充满度平均 60％,而断层侧向沟通砂体充满度平均 40％左右。沾化凹陷充满度为 7.4％～78％,平均 46.6％;其中,孤立砂体充满度为 51％,断层侧向沟通砂岩体充满度为 44％。车镇凹陷充满度为 5％～60％,平均 19％。

对于断层侧向沟通的砂岩体,其油气充满度在 10％～80％均有分布,但大部分为 40％～60％。其中沾化凹陷最高,平均 46％,东营凹陷次之,平均 40％,车镇凹陷最小,平均仅 19％(张善文等,2004)。

岩性油气藏的成藏能力,可以用相—势耦合控藏指数 FPI 表示:

$$FPI=\frac{1}{\sqrt{2}}\sqrt{FI^2+(1-PI_S)^2}$$

式中,PI_S 为相对界面势能指数,值越低,储层质量越好,越有利于成藏;FI 是孔隙度与渗透率相对值的函数,值越高,储层质量越好,越有利于成藏(霍志鹏等,2014)。

3)复杂断裂带断块油藏

济阳断陷盆地断层发育,在陡坡带、中央背斜带、南部斜坡带均发育复杂断裂带。同一断裂带,通常以一条或几条二、三级断层为主,围绕主断层聚集了数量众多、成因相关、有机组合分布的四、五级断层,不同级别的断层之间控制了相似聚油背景、相似控藏特征的圈闭群,是重要的复式油气聚集带类型。

济阳坳陷共划分 15 个断裂油气聚集带。其中,东营凹陷 6 个,分别为滨南—利津—胜坨—永安、中央断裂背斜带、陈官庄—王家岗、石村断层、高青—平南、博兴断裂带。惠民凹陷 3 个,分别为临邑—商河、曲堤、夏口断裂带。沾化凹陷 4 个,分别为五号桩—桩南、垦利—垦东、孤南—孤北、义东—义南断裂带。车镇凹陷 2 个,分别为曹家庄、大王北断裂带。这 15 个断裂带汇聚了 42 个断块油田,占济阳坳陷断块油藏总储量的 90％以上。

济阳坳陷断块油藏主要受构造形态、应力特征、储层类型、运移距离等因素影响。静态特征如下。

平面上,构造破碎,油藏数量多但规模小,如临盘油田在 85.1km² 范围内,发育 700 多条断层,416 个断块,断块平均面积为 0.2km²,最小面积为 0.001km²。

纵向上,含油小层多,油水关系复杂。近 1/3 断块油藏含油小层在 20 个以上,最多可达上百个。

储层物性方面,非均质性强,同一断块内层间渗透率级差可达 30 倍以上。

原油性质方面,不同断块间、同一断块的不同层系间原油性质差别大。济阳坳陷断块油藏以稀油为主,地面原油黏度大于 500mPa·s 的油藏储量为 $2.8×10^8$t,占总储量的 21.1％。

油藏温度方面,济阳坳陷断块油藏地层温度为 50～120℃,其中大于 80℃ 的断块储量为 $6.98×10^8$t,占断块总储量的 52.4％。

地层水性质方面,总矿化度范围广,为 8000～80000mg/L,其中大于 30000mg/L 的储量为 $4.8×10^8$t,占断块总储量的 35.8％(表 5-9)。

表 5-9　济阳坳陷主要断裂带断块油藏储量统计表(据黄超,2013)

凹陷	断层聚集带	断块油田数量/个	储量/10^4t
东营凹陷	滨南—利津—胜坨—永安断层聚集带	7	24 618
	中央断层聚集带	6	36 976
	陈官庄—王家岗断层聚集带	4	12 162
	博兴断层聚集带	1	2048
	石村断层聚集带	2	1364
	高青—平南断层聚集带	3	5000
惠民凹陷	临邑—商河断层聚集带	2	17 541
	夏口断层聚集带	1	2384
	曲堤断层聚集带	1	1944
沾化凹陷	孤南—孤北断层聚集带	3	5454
	义东—义南断层聚集带	2	3833
	五号桩—桩南断层聚集带	3	8353
	垦利—垦东断层聚集带	3	4213
车镇凹陷	大王北断层聚集带	3	2708
	曹家庄断层聚集带	1	3499

4)南部缓坡带构造岩性油藏

济阳坳陷各个凹陷的缓坡带均具有坡度缓、断层发育、盆缘具有地层超剥带等特点。鼻状构造发育的位置、油源断裂沟通的方向最有利于油气聚集。这里重点介绍东营凹陷南部缓坡带沙四上滩坝砂构造岩性油藏特征。

东营凹陷南坡沙四上广泛发育滩坝砂,在物性较好区、地层压力较高区已探明石油地质储量近 2×10^8 t。油气成藏主要受控于以下 3 方面条件。

(1)构造背景与断裂控制了成藏部位。大型鼻状构造更易于成藏。断裂具有封闭、输导和分配油气的作用,二、三级主断层控制含油区块,四、五级小断层有利于油气输导和改善储层。

(2)有效储层决定了成藏规模。沉积微相、成岩过程、灰质含量控制着滩坝砂体储层的有效性,单层厚、物性好的坝砂最易富集成藏,单层薄、灰质含量低的滩砂也具有较好储集性能。

(3)压力高低控制了油气充满度。异常高压是滩坝砂岩成藏的主要动力,烃源岩排烃强度导致异常高压围绕生烃中心呈内高外低的"环带状"分布,控制着油气富集程度和油藏类型。

平面上,滩坝砂体发育 3 个成藏区:靠近洼陷高压区,地层压力大,油气充满度高,以岩性油藏为主,油气藏无明显边底水,非油即干。盆地斜坡中部,为地层压力过渡区,以构造—岩性油藏为主,油气充满度较高,局部可见油水间互。盆地边缘为常压区,具鼻状构造背景的高部位油藏类型相对单一,以构造油藏为主,油气充满度相对较低,油水间互普遍,具有明显边底水(宋国奇等,2014)。

总体来看,济阳坳陷断陷层系各类油藏自洼陷中心向盆地边缘,依次发育岩性油藏→构造→岩性油藏→岩性-构造油藏→地层油藏,且含油饱和度有减小趋势(郝雪峰等,2016)。

5)断陷顶部过渡层系岩性油藏

东营组在济阳坳陷东部发育跨凹陷的大型辫状河三角洲沉积体系,油藏分布也呈现跨凹陷特征,凹陷的分割性居于次要地层,构造—岩相带则成为主要控藏作用。即南部的盆缘凸起带发育的辫状河三角洲平原亚相发育了盆缘不整合面控制的地层剥蚀不整合油藏,中部东营—沾化凹陷的浅凹—斜坡带辫状河三角洲前缘亚相发育了由油源断层、泥岩盖层、断块—背斜等圈闭控制的构造类油藏,北部沾化—滩海地区深凹带前三角洲滑塌浊积岩发育了由烃源岩及超压体系控制的岩性类油藏(图 5-41)。

据统计,济阳坳陷东营组油藏埋深一般为 924~3430m,其中,盆缘凸起带埋深为 924~2270m,浅凹—斜坡带为 1105~2300m,深凹带为 2000~3430m。埋藏较浅的盆缘凸起带地层油藏和斜坡带构造油藏,压力系数为 0.80~1.10,以常压为主,含油饱和度平均 55%,含油高度平均 25m。埋藏较深的深凹带前三角洲岩性油藏,地层压力系数为 1.1~1.30,含油饱和度平均 60.8%,含油高度平均 30m。

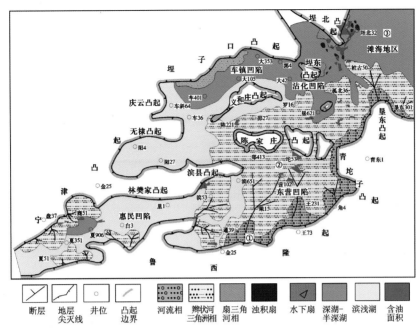

①盆缘凸起-辫状河三角洲平原构造岩相带；②浅凹-斜坡带辫状河三角洲前缘构造岩
相带；③深凹带-前辫状河三角洲构造岩相带

图 5-41　济阳坳陷东营组构造岩相带与油气藏分布图（据向立宏，2019）

2. 坳陷层系油气藏

济阳坳陷新近系油藏的油气均来自沙河街组烃源岩，区域盖层为馆一段、明化镇组泛滥平原相泥岩，储层为以馆陶组、明化镇组丰富的辫状河、曲流河为主的含砾砂岩、砂岩，油气运移通道为油源断层、新近系断层、不整合面、馆下段厚层砂体等共同组成的网状输导体系，凹陷之间的凸起、凹陷内部低凸起、凹陷边缘断裂斜坡带、盆缘地层超覆带、孤立河道砂体等都是油气运移的有利指向区。

1）成藏模式

根据构造背景、储盖组合、油气藏类型，可分为 4 种成藏模式。

（1）双断凸起带成藏模式：在潜山基础上，自古近系开始形成披覆背斜构造。两边以陡倾断层沟通生烃洼陷，油气沿断层垂向运移。因浅层温压降低，轻质组分分离且继续向上运移，重质组分则在下部聚集，形成下部油藏、上部气藏的分布。馆一段、明下段泛滥平原相泥岩为盖层。馆陶组、明化镇组河流相砂岩为储层。主要发育披覆背斜油气藏、河道砂岩透镜体油气藏。典型的如孤岛、孤东油气藏。

（2）单断凸起带成藏模式：在潜山基础上，新近系形成披覆构造，一边以断层、一边以不整合面分别与生烃源岩相接，油气沿上述通道作纵横向运移。储层以馆上段、明化镇组下部河流相砂岩为主，砂岩单层厚度小，横向分布广，埋藏浅，储集物性好。盖层为馆陶组至明化镇组泛滥平原相泥岩。主要发育河道砂岩透镜体油气藏、断层—岩性油气藏、披覆背斜油气藏、地层超覆不整合油气藏、砂岩上倾尖灭油气藏等。典型的如陈家庄、单家寺、高青油田等。

（3）断裂带成藏模式：以不同级别、多期活动的断层与古近系烃源岩相接，油气沿断层面作垂向运移，以馆一段和明化镇组下部泛滥平原相泥岩为盖层，以馆陶组河流相砂岩作为储层。主要发育断块油气藏、逆牵引背斜油气藏、断块—岩性油气藏、河道砂岩透镜体油气藏等。典型的如花沟、高青、胜坨、永安镇、邵家、垦西等油田。

（4）斜坡带成藏模式：以角度不整合面与生烃洼陷相连，有利于油气作长距离横向运移。馆一段和明化镇组下部泛滥平原相泥岩为盖层，馆陶组河流相砂岩作为储层。主要发育断块油气藏、地层超覆不整合油气藏、河道砂岩透镜体油气藏、砂岩上倾尖灭油气藏等。由于该带盖层较薄，粗碎屑含量高，盖层质量较差（如东营南斜坡），同时，构造走向线多与地层超覆线、尖灭线近平行，导致油气容易沿不整合和地层层面向上倾方向运移、散失。因此，斜坡带多形成一些小规模、低产能油气藏。典型的如金家、飞雁滩等。

2）盆缘超剥带地层油藏

由于东营运动的影响，济阳坳陷盆地边缘广泛发育了数量可观的地层油藏，其中，地层超覆油藏与不整合遮挡油藏的比例接近5∶1。新近系超覆油藏特点如下。

（1）平面分布：集中于凹陷边缘大型鼻状构造附近，如广饶凸起乐安油田、东营凹陷南坡金家鼻状构造金家油田、林樊家凸起林樊家油田、陈家庄凸起陈家庄油田、滨县凸起单家寺油田、义和庄凸起义和庄油田、埕东凸起埕东油田等。

（2）纵向分布：新近系超覆油藏主要分布在一级不整合面附近。例如，太平、乐安、陈家庄等地层超覆油藏，探明储量占地层油藏总储量的91%。

（3）储层：以馆陶组、明化镇河流相碎屑岩为主，多为砾状砂岩、砂岩、粉细砂岩等。储层有效厚度为 2.1～44m，平均 9.5m。砂岩成份成熟度和结构成熟度较高，由于埋藏浅，成岩作用较弱，多以高孔、高渗为主。孔隙度为 15%～35%，空气渗透率为 $(80～5000) \times 10^{-3} \mu m^2$。

（4）盖层：顶板为馆陶组上部、明化镇组下部厚层泥岩等区域盖层，底板为风化黏土层、半风化泥岩、半风化岩石"硬壳"或不整合顶板泥岩。古近系与新近系之间不整合面附近的地层超覆油藏中，其侧向遮挡层为寒武—奥陶系半风化灰岩"硬壳"、太古宇半风化片麻岩"硬壳"的约占 45.6%；侧向遮挡层为中生界和石炭—二叠系风化黏土层、半风化泥岩的约占 54.4%。

（5）输导体系：新近系油藏接受来自源岩区的油气，主要通过 3 种输导方式，即：断层＋砂体、断层＋不整合面＋砂体、断层＋不整合面。多数地层油藏圈源距离较远，如林樊家油田、陈家庄油田、乐安油田等地层油藏，距离均大于 20km；只有少数距离较近，如单家寺、桩西等地层油藏，距离小于 1km。

（6）原油物性：新近系油藏埋藏浅、原油物性差，随埋深增加原油性质变好。济阳坳陷新近系油藏埋深一般为 600～1500m。处于盆缘且远离生油洼陷，以稠油油藏为主，如尚店、陈 8 块、林樊家等油田。同一地区，埋藏较深的原油性质相对较好。

（7）含油高度：新近系超覆油藏多数未充满。目前发现的油藏含油高度为 20～136m，多数为 35～65m。据统计，济阳坳陷地层油藏含油高度一般低于圈闭幅度，且含油高度均小于盖层最大封盖高度，说明地层油藏含油高度主要与油气来源是否充足有关（赵乐强，2011）。

3）稠油油藏与浅层气藏

稠油是指地层原油黏度大于 50mPa·s、原油密度大于 0.92g/cm³ 的原油。

济阳坳陷新近系稠油油藏往往与浅层气藏伴生分布，即稠油油藏上方或上倾方向常发育浅层气藏，浅层气藏下伏或下倾方向往往发育稠油油藏（图 5-42）。

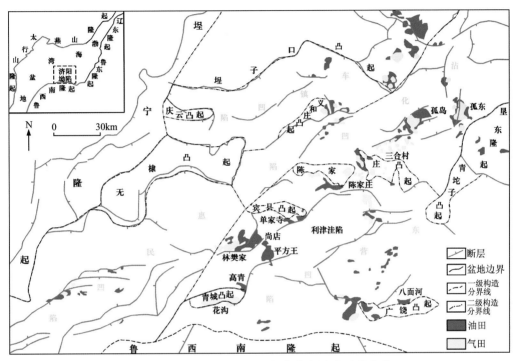

图 5-42　济阳坳陷稠油与浅层天然气藏分布图（据高长海等，2020）

地球化学分析表明，济阳坳陷浅层气的碳同位素序列存在倒转，具有原油降解气成因特征，稠油油藏是生物降解与油溶气释放等原因共同形成的。究其原因，是浅层地下水或地面大气水把氧气与微生物带入油藏，微生物有选择地消耗某些烃类，使原油遭受生物降解。生物降解的结果往往使原油中的烃类组分部分或全部损失，含氮、氧、硫的非烃和沥青质组分增加，从而使原油变稠、变重。由于其正构烷烃大多被降解损失，含蜡量均偏低，具有非烃和沥青质含量均高的特点，属于普通稠油到特稠油、超稠油的范围。济阳坳陷出现的严重生物降解油划分为两种类型：原油遭受生物降解后产生丰富的 25-降藿烷系列和原油生物降解后不含有 25-降藿烷系列。在原油遭受严重降解时，γ蜡烷也会降解生成 25-降γ蜡烷等新的化合物（宋长玉，2006；宋一涛等，2007；段海凤，2011；王兴谋等，2014、2015；张伟忠等，2019）。

例如，罗家—垦西地区沙四—沙三段稠油分为两类：一类为普通稠油，原油密度为 0.942 4～0.974 0g/cm³，地面黏度为 180～775mPa·s。另一类为特稠油，原油密度为 1.037 5～1.072 6g/cm³，地面黏度为 15 296～25 808mPa·s。原油含硫量为 2.95%～8.15%。

罗家—垦西地区高含硫稠油有完整的正、异构烷烃分布，C_{29} 甾烷立体异构化参数为 0.41～0.54，高于一般低熟油。但仍具有盐湖环境低熟油生标特征，并含有异常丰富的 C_{21}、C_{22} 孕甾烷，罕见的 C_{28}、C_{30}-二降藿烷，甲基藿烷系列，含硫藿烷及硫在 C_{16}、C_{22} 位的含硫甾烷。高硫特稠油的正、异构烷烃有不同程度损失，笛、萜类及绝大部分芳烃类化合物特征与稠油相同。油源对比表明，高硫稠油主要来源于渤南洼陷沙四上膏盐沉积环境的 I、II_1 型优质烃源岩，生油高峰的 R_o 为 $0.55\%\sim0.60\%$。生油高峰时可溶有机质占总有机质的 85%，因此高硫稠油主要来自可溶有机质，属于非干酪根晚期热降解成因的低熟油。

济阳坳陷新近系天然气藏主要分布在凸起带、断裂带、斜坡带，自洼陷中心向盆缘呈溶解气→气顶气→气层气的多环状环洼分布，主要受地层温度和压力控制。

济阳坳陷浅层天然气组分以甲烷为主，干燥系数超过 95%，属于典型的干气。根据同位素、轻烃等指标对比，浅层天然气主要来源于沙河街组烃源岩。轻烃中的正构烷烃含量低、异构烷烃含量高，为具有生物降解特征的油型气。甲烷碳同位素值偏轻（$-55.7\%\sim-42.3\%$），乙烷、丙烷碳同位素值出现倒转，同时 CO_2 碳同位素值偏重，具有典型原油降解气特征以及湿气组分改造的特征。主要气源由原油降解气和油溶释放气组成，其中原油降解气所占比例超过 60%，生物气也可以提供部分气源。影响原油脱气的主要因素是压力、温度和油气性质，其中以压力为主，济阳坳陷脱气点深度是 $1500\sim2000m$，当圈闭埋深为 $500\sim2000m$，地层饱和压力差小于 3MPa 时，才会形成气顶或气层（项希勇等，2006；高长海等，2020）。

盆缘新近系披覆构造、断裂鼻状构造、断裂带、河道砂体都是天然气的主要圈闭类型和优势运移方向。储层为馆陶组、明化镇组河流及泛滥平原相砂岩。断层、不整合面、骨架砂体共同构成了天然气输导体系。实践表明，济阳坳陷已发现的气藏大多受断层控制或与断层有关。

济阳坳陷中浅层天然气成藏同样可以分为 4 种成藏模式：双断式凸起带，如孤岛、孤东气田；单断式凸起带，如陈家庄、单家寺气田；断裂带，如花沟、高青、胜坨、永安镇、邵家等气田；斜坡带，如金家、草桥、八面河、飞雁滩等气田（图 5-43）。

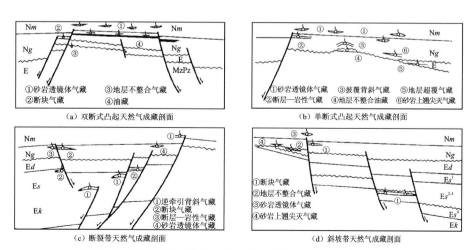

图 5-43　济阳坳陷中浅层天然气藏成藏模式（据宋国奇，2002）

据统计,济阳坳陷大多数为小型气藏。含气量大于 $50 \times 10^8 m^3$ 的只有平方王气藏;为 $(30 \sim 50) \times 10^8 m^3$ 的有孤东、孤岛、垦西 3 个气藏;为 $(10 \sim 20) \times 10^8 m^3$ 的气藏有永安镇、飞雁滩和花沟气藏;小于 $10 \times 10^8 m^3$ 的气藏有 22 个。气藏埋藏浅,多数小于 1500m,多呈透镜状分布,砂体分布零散,面积小、储量小。砂岩埋藏浅,成岩作用弱,孔隙度一般在 30% 左右,空气渗透率为 $(800 \sim 1500) \times 10^{-3} \mu m^2$,属高孔高渗储层(段海凤,2013)。

五、特殊成因油气藏

1. 低熟油藏

济阳坳陷东营凹陷和沾化凹陷寒武系、沙河街组、馆陶组均发现了低熟油藏。

济阳坳陷低熟油具有低饱和烃/芳烃、高非烃/沥青质的特征,甾、萜化合物保留高含量原始生物构型。正烷烃的 C_{21}/C_{22} 小于 1,芳烃以四、五环化合物为主,二、三环化合物丰度低,存在 $5\beta(H)$ 粪甾烷、重排甾烯类和脱羟基维生素 E 等化合物,显示出有机质早期低温初级转化的低成熟特征。咸化强还原环境富含低等藻类的烃源岩最有利于形成低熟油。从原油密度上看,低熟原油既有轻质原油,也有重质、特重原油。分布范围可分为 3 类。

(1)第一类:主要分布在东营凹陷南斜坡的八面河油田、草桥油田,油源为牛庄洼陷沙四上烃源岩,具有高植烷,低姥/植比,萜类化合物中富含 γ 蜡烷,C_{35} 升藿烷大于 C_{34},以及甾烷异构化程度低、脱羟基维生素 E 的 α/δ 比值低、族组成和单体烃碳同位素轻等特点。岩石有机质丰度高类型好,干酪根腐泥组分无定型比例大于 70%,大多为 I 型干酪根,TOC 大于 1%,最高为 4.13%,氯仿沥青"A"含量大于 0.1%,最高为 1.095%,属强还原咸化环境,富含低等水生藻类的优质烃源岩。

(2)第二类:在沾化、车镇凹陷各层位均有分布,与本地区沙一下烃源岩关系密切。其生物标志物具有较高植烷,较低姥/植比(0.50~0.70),富含 γ 蜡烷和甲藻甾烷,以及甾烷异构程度低、脱羟基维生素 E 的 α/δ 比值低、族组成和单体烃碳同位素较轻等特点。尤其是 C_{27}、C_{28}、C_{29} 规则甾烷相对高 C_{28} 甾烷的分布特征(即 $C_{27} \geq C_{28} > C_{29}$)更加明确了该类低熟油与沙一段烃源岩的亲缘关系。沙一段烃源岩为暗色泥岩、油页岩及薄层藻粒白云岩和藻白云岩互层,富含颗石藻和其他渤海藻属化石。岩石干酪根组成中 90% 为藻质体,属 I 型干酪根,R_o 为 0.37~0.47%,TOC 为 2.3%~7.0%,氯仿沥青"A"含量为 0.2%~0.8%。属于强还原咸化水湖泊环境。第一、二类低熟油占济阳坳陷低熟油储量 95% 以上,主要为盐湖相烃源岩。

(3)第三类:主要分布在孤北洼陷、垦东地区、阳信洼陷,但仅有部分出油井,主要来源于临近洼陷的沙三段烃源岩。特点是姥/植比接近或大于 1,γ 蜡烷含量甚微,γ 蜡烷/C_{30} 藿烷小于 0.2,发育 4-甲基甾烷而甲藻甾烷含量甚微或无,规则甾烷 C_{27}、C_{28}、C_{29} 相对丰度主要呈"V"字形分布,反映在正烷烃碳数分布曲线呈显 C_{17} 和 C_{25} 双峰形态。脱羟基维生素 E 的 α/δ 比值高、族组成和单体烃碳同位素较重。此外也发现这类源岩藿烷/甾烷比值较高,说明细菌有机质有较大贡献。沙三段烃源岩为淡水—微咸水弱还原环境湖相泥岩,局部夹有薄层油页岩,有机质丰度高,TOC为1.5%～3.2%,有机质多为Ⅱ型。该类低熟油,不管有机质是以富集形式(如油页岩、钙质页岩)还是以分散形式(如块状泥岩)存在,都不易形成未熟—低熟油,其有机质生烃主要为干酪根晚期热降解。

低熟油藏形成时间晚,主要集中在新近纪中晚期,成藏期短,仅5～6Ma,以油藏为主。气藏规模小,原始气油比低,地饱压差小,多数油井自喷能力差或不能自喷。原油密度大,凝固点变化范围大,多受细菌降解。

低熟油藏在纵向上埋深多数小于2800m,其分布与低熟烃源岩密切相关,明显受沙四段、沙一段咸化湖相烃源岩控制(张林晔等,2000、2005)。

2. 生物气藏

济阳断陷在阳信、邵家、里则镇、高青—花沟等浅洼陷及陈家庄凸起南部都发现了生物气,纵向上主要分布在沙一段地层。气藏埋藏浅,单层厚度小,层数多,平面上叠合连片。生物气中甲烷含量平均值为97.30%,重烃C^{2+}含量平均0.14%,干燥系数$C_1/(C_2+C_3)$平均804.7,$\delta^{13}C_1$平均-59.31‰,与典型生物气地化特征相似。例如,阳信洼陷阳16井沙一段获得工业气流,以CH_4为主,$\delta^{13}C_1$含量小于-55‰。

研究认为,济阳坳陷生物气主要有未熟—低熟烃源岩的原生生物气、油藏中的原油降解生物气两种来源。原生生物气主要分布在埋藏浅的次级洼陷和凹陷浅层,原油降解生物气则与浅层凸起带与斜坡带的稠油油藏密切相关(图5-44)。

形成沙一段生物气烃源岩需要合适的地温与水体环境。

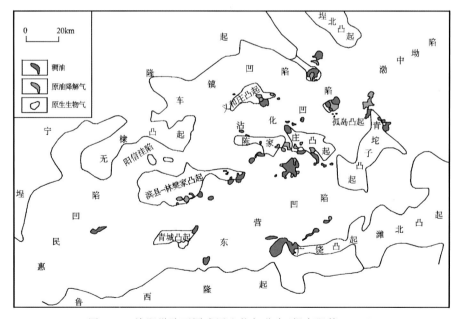

图5-44 济阳坳陷不同成因生物气分布(据高阳等,2011)

（1）地温条件：温度升高时，微生物细胞内的化学反应和酶促反应速度都会加快，微生物的新陈代谢也会越快；超过一定温度时，蛋白质、核酸及细胞组分则会受到不可逆的破坏。产甲烷菌等微生物适宜温度是 $0\sim75℃$。阳信洼陷沙一段烃源岩地温为 $52\sim63℃$，正处于生物气窗内。实验模拟表明，$45℃$、$65℃$ 是济阳坳陷烃源岩的生气高峰温度。将 $75℃$ 作为生物气生成下限，则生物气门限深度为 1850m。

（2）水体环境：咸化还原水体环境适宜发育生物气烃源岩，模拟实验也证实了咸水环境沉积的泥岩样品产气率高于淡水环境的泥岩。淡水环境缺乏盐类对微生物降解作用的抑制，有机质易降解组分在浅埋藏阶段就被过度消耗，导致泥岩产气率低。济阳坳陷沙一段烃源岩形成于半咸水—咸水湖相水体环境，Pr/Ph 为 $0.43\sim0.77$，γ-蜡烷含量为 $6.72\%\sim24.83\%$，γ 蜡烷/C_{30} 藿烷为 $1.01\sim1.87$，$C_{28}-C_{30}$ 4-甲基甾烷呈倒"V"字形，富含甲藻甾烷。这种咸化还原环境能有效地抑制甲烷菌对有机质的早期分解，减缓了有机质向生物气的早期转化，是济阳坳陷生物气富集的重要原因。

根据成因分析，济阳坳陷生物气主要分布在陈家庄凸起、东营凹陷（花沟次洼）、滨县—林樊家凸起、沾化凹陷（邵家次洼）、惠民凹陷北部（阳信、滋镇洼陷）5 个构造单元（表 5-10），层位为沙一段，岩性主要为灰色泥岩、深灰色油页岩和油泥岩等，横向分布稳定，气源岩厚度为 $50\sim250m$，分布面积约 $3000km^2$；有机碳含量高，TOC 为 $0.22\%\sim11.80\%$，平均 4.26%；氯仿沥青"A"为 $0.181\,8\%\sim0.239\,9\%$，平均 $0.209\,7\%$；有机质腐泥组含量为 $76.7\%\sim97.7\%$，壳质组和镜质组含量较低，干酪根类型主要为 I、II 1 型，有机质类型好；R_o 为 $0.27\%\sim0.45\%$。

表 5-10   济阳坳陷生物气评价单元划分（据高阳等，2011）

序号	评价单元	面积/km²	生物气成因类型	已发现生物气藏个数
1	陈家庄凸起	450	原油降解气	82
2	东营凹陷	5850	原生生物气	21
3	滨县—林樊家凸起	780	原油降解气	19
4	沾化凹陷	3610	原油降解气为主	71
5	惠民凹陷北部	3500	原生生物气	16

模拟实验表明，济阳坳陷腐泥型有机质最大产气率达 $160m^3/t$，济阳坳陷西部阳信、滋镇、流钟、里则镇等浅洼陷为生物气生烃中心，生气强度最大为 $100\times10^8\,m^3/km^2$。东营、沾化凹陷以及惠民凹陷临南洼陷等烃源岩埋藏较深，超过生物气门限深度 1850m，以生成热解油气为主。经测算，济阳坳陷浅洼陷生物气资源量约 $1500\times10^8\,m^3$（图 5-45）。

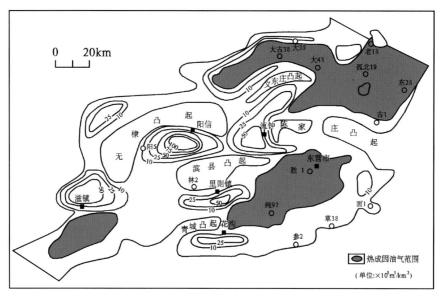

图 5-45　济阳坳陷沙一段生气强度图(据杨显成等,2008)

据统计,在济阳坳陷 414 个浅层气藏中识别出生物气藏 201 个。应用分形方法预测济阳坳陷生物气总资源量$(231.75 \sim 463.49) \times 10^8 m^3$,应用翁氏旋回法预测总资源量 $556.44 \times 10^8 m^3$,待发现生物气资源量 $401.68 \times 10^8 m^3$(高阳等,2010)。

3. 凝析油气藏

当天然气中凝析油含油量等于或大于 $50 g/m^3$,气油比为 $800 \sim 1000 m^3/m^3$ 时,就称为凝析气藏。在东营北带民丰洼陷、利津洼陷、渤南洼陷孤西断裂带下降盘及桩海等地区深层均钻遇到了凝析油气藏,层位见于太古宇、奥陶系、石炭系、二叠系、沙四段等,其中奥陶系、沙四段是主要富集层位(表 5-11)。

表 5-11　济阳坳陷凝析油成熟度表(据陈致林等,2008)

井名	层位	MAI(1-MA/1-MA+2-MA)	MDI(4-MD/1-MD+3-MD+4-MD)	R_o/%
孤北古1	P	0.78	0.45	1.48
央6	Ek^2	0.64	0.40	1.32
永21	Es^3	0.47	0.39	1.29
坨165	Es^4	0.69	0.42	1.38
桩海15	O	0.60	0.38	1.26
渤深6	Q—∈	0.54	0.41	1.35
渤古1	O	0.53	0.38	1.26
丰8	Es^4	0.63	0.45	1.48
丰深1	Es^4	0.66	0.44	1.45

注:MAI 为单金刚烷指标;MA 为单金刚烷含量;MDI 为双金刚烷指标;MD 为双金刚烷含量;括号中内容为指标计算公式。

东营凹陷北带沙四下凝析气藏埋深为 4 271.2～4 448.0m，为岩性气藏，地层温度为 166.34～169.87℃，地层压力为 41.90～75.41MPa。单井产量高，例如，新利深 1 井试油，25mm 油嘴日产凝析油 99.9m³，凝析气 25.45×10⁴m³，属于中等—高含凝析油。

渤南洼陷孤西潜山带奥陶系凝析气藏埋深为 3 603.0～4 406.0m，为构造气藏，地层温度为 146.99～179.35℃，地层压力为 26.08～40.75MPs，气油比为 568～2178m³/m³。属于高含凝析油。

埕岛桩海潜山带奥陶—太古宇凝析气藏埋深 2 573.0～2 778.0m，为构造气藏，地层温度为 122.73～133.01℃，地层压力为 26.36～28.01MPa，气油比高达 14 006m³/m³。属于低含凝析油。

济阳坳陷凝析气藏天然气组分甲烷含量为 79.95％～90.66％，重烃 C_{2+} 含量为 2.41％～18.3％，干燥系数（C_1/C_{1-5}）为 0.81～0.97，组分性质为湿气，天然气相对密度为 0.626～0.721，凝析油密度为 0.707～0.834g/cm³。

与东营北带利津洼陷、渤南洼陷孤西潜山、埕岛潜山相比，东营北带民丰洼陷天然气甲烷碳同位素（δC_1）要轻，为 －4.2‰～－12.2‰、乙烷碳同位素（δC_2）要轻，为 －5.6‰～－10.5‰，说明民丰洼陷凝析气主要来源于沙四段古油藏裂解气，混合了部分干酪根裂解气；利津洼陷、孤西潜山、埕岛潜山凝析气主要是来源于干酪根裂解气（杨显成等，2011）。

民丰洼陷丰深 1 井、丰深 2 井、丰 8 井区凝析气藏储层孔隙大量分布热蚀变焦沥青，恢复生烃史也表明，深层沙四下砂砾岩体存在沙一段末期古油藏，并自明化镇组至今发生热裂解形成深层凝析气藏。同时，在古油藏边缘的丰深 3 井区存在干酪根裂解与原油裂解的混合气，测算原油裂解气占 52％，干酪根裂解气占 48％。

利津洼陷新利深 1 井的甲烷碳同位素偏重，为 －41.80‰（PDB），与丰深 1 井差异较大，其乙烷碳同位素值为 －23.50‰，代表是干酪根的裂解产物（李延钧等，2010）。

根据济阳坳陷烃源岩中双金刚烷指标与镜质组反射率实测值，建立了两者的数值关系，确定了凝析油均属于成熟—高成熟阶段的产物，R_o 大于 1.26％。

4. 幔源 CO_2 气藏

济阳坳陷已发现 6 个幔源 CO_2 气藏（图 5-46），分别是高青—平南深断裂中南段的花 17 气藏、花沟气田、平方王气田、平南气田，阳信洼陷西北缘的八里泊气田，商店火山岩穹隆构造内的阳 25 气藏。其中，花 17 井、阳 25 井日产 CO_2 气超过万立方米。

其中，平方王气藏为 CO_2 与 CH_4 混合气，CO_2 含量为 70％～80％，CH_4 含量为 20％～30％。其余气藏是高纯度的 CO_2 气（CO_2 含量为 93％～99％）。

总体来看，CO_2 气体含量高，为 74.92％～99.50％，CH_4 含量低，为 5％～20％，He 含量高，为 0.03％～0.08％，$\delta^{13}CCO_2$ 值低，为 －5.67‰～－3.35‰，$CH_4/^3He$ 值为（1.01～5.65）×10⁸，$^3He/^4He$ 值低，为（2.80～4.49）×10⁻⁶，即 R/Ra 为 2.00～3.73，$^{40}Ar/^{36}Ar$ 值为 317～1791，$CO_2/^3He$ 值为（0.25～2.61）×10⁹。表明，CO_2 主要来源于地幔，且幔源 CO_2 在成藏过程中有损失，或者有壳源 CO_2 的加入（程有义，2001；林松辉，2005；郭栋等，2006；邱隆伟等，

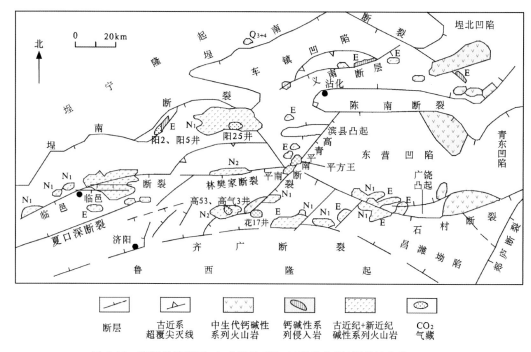

图 5-46　济阳坳陷断层、火成岩及 CO_2 气藏分布图（据林治家等，2006）

2006；林治家等，2006；杜灵通等，2007；李祥权等，2008；申宝剑等，2009；李理等，2016）。

　　济阳坳陷 CO_2 气藏具有晚期成藏的特点，主要是与新生代中晚期岩浆活动，尤其是新近纪的碱性玄武岩密切相关。深大断裂作为运移通道控制了 CO_2 气藏带，凹陷边界断裂及其派生断裂作为次级运移通道则控制了 CO_2 气藏的形成与分布。济阳坳陷北东—北东东向伸展断裂带，特别是与北西—北西西向断裂交会部位最有利于富集。幔源岩浆在侵入过程中，隐伏地下深处的岩浆脱气，并以岩浆作为 CO_2 运移的载体，通过深大断裂输导至浅层形成 CO_2 气藏。

　　纵向上，拆离带内多为糜棱岩，在岩石圈上部巨大压力下呈韧性，是良好的封盖层，沿岩石圈下部裂缝上升的岩浆和幔源 CO_2 气体等在拆离带之下聚集。惠民、东营凹陷的边界断层在 $10 \sim 12km$ 深度，倾角变得平缓，并以韧性剪切方式沿拆离带向下延深，成为幔源 CO_2 气的成气断裂，高青—平南断层、林樊家断层、商店—平方王断层、临邑—商河断层、齐河—广饶断层等成为沟通成气断层的次级输气断层（图 5-47）。

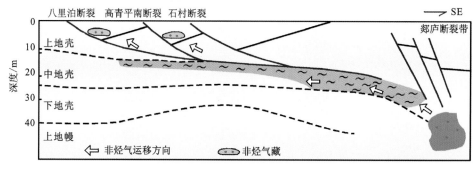

图 5-47　济阳坳陷 CO_2 气纵向成藏运移模式（据郭栋等，2006）

济阳坳陷 CO_2 气藏主要有 3 种成藏模式,侵入体—断裂—储集层转折成藏模式,如高青气藏;侵入体—储集层直接成藏模式,如平南气藏;埋藏火山通道—储集层直接成藏模式,如阳 25 气藏。

CO_2 气藏的盖层以泥岩为主,致密砾岩次之。沙三段、沙一段、馆上段至明化镇组下部是泥岩集中段,是 CO_2 气藏最重要的三大区域盖层。沙四段致密砂砾岩盖层主要分布在八里泊潜山顶部。与甲烷相比,CO_2 分子半径较大,因而对盖层的要求比甲烷气藏低。

参考文献

安峰,2004.济阳坳陷火成岩油藏储集层特征与油气成藏研究[D].青岛:中国海洋大学.

白群丽,2003.济阳坳陷石炭—二叠系煤成气成藏模式分析[J].油气地质与采收率,10(5):28-30.

包友书,张林晔,李钜源,等,2012.济阳坳陷古近系超高压成因探讨[J].新疆石油地质,33(1):17-21.

鲍倩倩,吴智平,李伟,等,2009.济阳坳陷东营组沉积末期正反转构造研究[J].特种油气藏,16(3):31-34.

蔡佑星,2008.济阳坳陷断裂发育特征及其对油气成藏的控制作用[J].天然气地球科学,19(1):56-61.

操应长,2003.济阳坳陷古近系层序地层及其成因机制研究[D].广州:中科院地球化学研究所.

曹忠祥,2004.济阳坳陷第三纪侵入岩成藏研究[J].油气地质与采收率,11(2):15-17.

曹忠祥,张宇,蔡攀,等,2016.济阳坳陷精细勘探新成果与启示[J].中国石油勘探,21(3):14-23.

曾溅辉,张善文,邱楠生,等,2002.济阳坳陷砂岩透镜体油气藏充满度大小及其主控因素[J].地球科学(中国地质大学学报),27(6):729-732.

陈宝宁,白全明,周香翠,等,2005.陆相断陷盆地断裂系统与异常压力分布特征初探——以济阳坳陷东营凹陷为例[J].石油实验地质,27(6):601-605.

陈宝宁,王宝言,李保,等,2005.济阳坳陷陡坡带层序地层特征[J].油气地质与采收率,12(6):13-15.

陈建渝,彭晓波,张冬梅,等,2002.济阳坳陷古新世孔店组生烃潜能评价[J].石油勘探与开发,29(3):17-20.

陈洁,2003.济阳坳陷第三系构造层序及其演化[J].地球物理学进展,18(4):700-706.

陈洁,2004.济阳孔店构造转型期沉积盆地的特征及勘探意义[J].地球物理学进展,19(2):392-398.

陈亮,2019.济阳坳陷新生代断裂活动对油气成藏的影响[D].青岛:中国石油大学(华东).

陈涛,蒋有录,2008.地层不整合油气输导模式探讨——以济阳坳陷为例[J].新疆石油地质,29(5):578-560.

陈婷,罗睿,王君泽,2011.济阳坳陷沙河街组和孔店组烃源岩地球化学特征[J].重庆科技学院学报(自然科学版),13(6):23-25.

陈妍,2008.济阳坳陷石炭—二叠系储层特征与有利储层预测[D].青岛:中国石油大学(华东).

陈致林,刘旋,金洪蕊,等,2008.利用双金刚烷指标研究济阳坳陷凝析油的成熟度和类型[J].沉积学报,26(4):705-708.

陈中红,查明,2003.济阳坳陷古近系烃源岩结构及排烃的非均一性[J].石油勘探与开发,30(6):45-47.

陈中红,查明,宋国奇,2008.利用古成熟度方程初步恢复济阳坳陷晚三叠世印支运动剥蚀量[J].地质学报,82(8):1036-1045.

程荣,2008.渤海湾盆地燕山期地层发育特征及控制因素[D].北京:中国石油大学(北京).

程有义,2001.济阳坳陷阳信—花沟—平南地区 CO_2 气藏的储层和盖层[J].沉积学报,19(3):405-409.

崔杰,张伟,2015.牛庄洼陷沙三中亚段浊积岩储层特征及油气富集规律[J].科技导报,33(15):32-37.

丁桔红,2013.济阳坳陷不同区带构造样式发育与油气富集差异性分析[J].华南地质与矿产,29(1):79-83.

丁丽荣,周丽,徐佑德,2008.利用自生矿物探讨济阳坳陷新生代古地温[J].海洋石油,28(1):26-30.

杜灵通,吕新彪,陈红汉,2006.济阳坳陷二氧化碳气藏的成因判别[J].新疆石油地质,27(5):629-632.

杜灵通,王利,2007.济阳坳陷无机成因 CO_2 气藏成藏条件[J].天然气工业,27(1):6-8.

段海凤,2011.济阳坳陷浅层天然气勘探技术[J].石油天然气学报(江汉石油学院学报),33(1):85-89.

段海凤,2013.济阳坳陷凸起带浅层气成藏主控因素及模式[J].天然气技术与经济,7(3):13-16.

樊瑞,徐冲,何绍勇,2011.济阳坳陷印支-燕山期负反转构造特征分析[J].西部探矿工程,23(1):30-33.

范昆,2008.渤海湾盆地济阳坳陷上古生界油气成藏主控因素研究[D].北京:中国地质科学院.

范昆,张林炎,黄臣军,等,2008.济阳坳陷上古生界烃源岩二次生烃特征[J].天然气地球科学,19(1):23-28.

范昆,张林炎,周新桂,等,2008.济阳坳陷上古生界烃源岩生烃演化特征[J].海洋油气地质,13(1):25-32.

方旭庆,蒋有录,罗霞,等,2013.济阳坳陷断裂演化与油气富集规律[J].中国石油大学学报(自然科学版),37(2):21-27.

房贤云,2016.济阳坳陷南部晚侏罗世以来斜滑正断层研究[D].青岛:中国石油大学(华东).

房煴,2014.非近海河流相层序地层学探讨——以济阳坳陷新近系为例[J].油气地质与采收率,21(6):10-14.

高平,姜素华,王志英,2009.济阳坳陷潜山油藏形成机理与成藏模式[J].海洋地质动态,25(3):1-6.

高阳,金强,王浩,2010.应用统计法预测济阳坳陷生物气资源量[J].特种油气藏,17(6):25-28.

高阳,金强,王浩,等,2011.济阳坳陷待发现生物气资源量预测新方法[J].断块油气田,18(3):326-329.

高长海,2009.断陷盆地不整合输导油气有效性研究——以济阳坳陷和冀中坳陷为例[D].青岛:中国石油大学(华东).

高长海,张云银,王兴谋,2020.渤海湾盆地济阳坳陷浅层天然气成因及其来源[J].天然气工业,40(5):26-33.

葛瑞全,2004.济阳坳陷新生界海绿石的存在及其地质意义[J].沉积学报,22(2):276-280.

耿新华,耿安松,2011.济阳坳陷下古生界碳酸盐岩二次生烃及其动力学研究[J].海相油气地质,16(1):56-62.

宫秀梅,曾溅辉,2003.南洼陷古近系膏盐层对深层油气成藏的影响[J].石油勘探与开发,30(5):24-27.

龚育龄,王良书,刘绍文,2009.济阳坳陷新生代主要生油岩系底界面温度分布[J].大地构造与成矿学,33(3):427-431.

龚育龄,王良书,刘绍文,等,2003.济阳坳陷地温场分布特征[J].地球物理学报,46(5):652-658.

郭栋,邱隆伟,姜在兴,2004.济阳坳陷火成岩发育特征及其与二氧化碳成藏的关系[J].油气地质与采收率,11(2):21-24.

郭栋,王兴谋,张金功,2006.山东济阳坳陷二氧化碳气成藏模式分析[J].现代地质,20(3):441-448.

郭栋,夏斌,王兴谋,等,2006.济阳坳陷断裂活动与CO_2气成藏的关系[J].天然气工业,26(2):40-42.

国景星,2002.济阳坳陷上第三系沉积体系研究[D].徐州:中国矿业大学.

韩会军,刘华,刘长江,等,2007.济阳坳陷石炭二叠系储层特征及其沉积控制[J].中国矿业大学学报,36(4):522-526.

韩立国,2009.济阳坳陷构造体制转换与郯庐断裂带的关系探讨[J].岩性油气藏,21(1):72-74.

韩立国,柳忠泉,徐佑德,等,2008.济阳坳陷新生代地温场特征研究[J].海洋石油,28(1):19-26.

韩思杰,桑树勋,刘伟,2014.济阳坳陷石炭—二叠系致密砂岩气形成条件与成藏模式[J].石油天然气学报(江汉石油学院学报),36(10):50-54.

韩思杰,桑树勋,周培明,2017.济阳坳陷深部煤层吸附效应及含气性特征[J].中国石油勘探,22(5):33-42.

韩振玉,2011.沂沭断裂带两侧中、新生代构造应力场数值模拟[D].青岛:中国石油大学(华东).

郝雪峰,尹丽娟,林璐,2016.济阳坳陷油藏类型及属性分布有序性[J].油气地质与采收率,23(1):8-13.

郝运轻,2006.济阳坳陷冶里—亮甲山组次生白云岩储集空间成因分析[J].油气地质与采收率,13(1):14-16.

洪太元,马士忠,祁玉平,等,2004.济阳坳陷早古生代岩石地层特征及古潜山界面的识别[J].地层学杂志,28(4):374-384.

侯读杰,张善文,肖建新,等,2008.济阳坳陷优质烃源岩特征与隐蔽油气藏的关系分析[J].地学前缘,15(2):137-146.

侯旭波,吴智平,李伟,2010.济阳坳陷中生代负反转构造发育特征[J].中国石油大学学报(自然科学版),34(1):18-23.

胡惟,朱光,宋利宏,等,2013.郯庐断裂带渤海段第四纪活动规律探讨[J].地学前缘,20(4):137-150.

黄超,2013.济阳坳陷断层聚集带划分及断块油藏分布规律[J].特种油气藏,20(6):59-63.

霍志鹏,庞雄奇,范凯,等,2014.济阳坳陷典型岩性油气藏相—势耦合控藏作用解剖及应用[J].石油实验地质,36(5):574-582.

贾红义,于建国,王金铎,2007.济阳坳陷深层构造层序划[J].油气地球物理,5(3):45-50.

贾志明,2016.济阳坳陷石炭—二叠纪沉积演化与储层展布研究[D].北京:中国石油大学(北京).

姜惠超,肖永军,周丽,2008.济阳坳陷新生代古地温分析[J].中国地质,35(2):273-278.

姜素华,李金山,夏冬明,等,2011.剥蚀厚度恢复法在渤海湾盆地济阳坳陷孔店组应用[J].中国海洋大学学报,41(4):97-102.

姜秀芳,2010.济阳坳陷沙四段湖相碳酸盐岩分布规律及沉积模式[J].油气地质与采收率,17(6):12-15.

姜秀芳,2011.济阳坳陷湖相碳酸盐岩沉积主控因素[J].油气地质与采收率,18(6):23-27.

姜振学,陈冬霞,苗胜,等,2003.济阳坳陷透镜状砂岩成藏模拟实验[J].石油与天然气地质,24(3):223-227.

焦叶红,2006.山东济阳坳陷石炭、二叠纪地层特征与分布研究[D].青岛:山东科技大学.

金宠,2007.黄骅坳陷和济阳坳陷中生界构造特征、演化及动力机制[D].青岛:中国海洋大学.

库丽曼,刘树根,徐国盛,等,2007.济阳坳陷下古生界碳酸盐岩储层形成机理和发育特征[J].成都理工大学学报(自然科学版),34(2):111-120.

劳海港,陈清华,2012.济阳坳陷南部横向变换带构造演化及其油气聚集规律[J].地质论评,58(5):893-900.

黎萍,张学军,韩冬梅,等,2007.济阳坳陷油气成藏期次差异性研究[C].地质流体和流体包裹体研究国际学术会议暨第十五届全国流体包裹体会议,57-58.

李东海,姜在兴,李继山,2003.济阳坳陷东部新近系馆陶组下段辫状河三角洲沉积研究[J].石油大学学报(自然科学版),27(3):10-13.

李理,赵利,董大伟,2018.斜滑断层的成因及其沉积响应——以渤海湾盆地济阳坳陷为例[J].石油实验地质,40(2):149-158.

李理,钟大赉,杨长春,等,2008.渤海湾盆地济阳坳陷滑脱构造研究[J].地球物理学报,51(2):521-530.

李理,钟大赉,杨长春,等,2016.断层与幔源二氧化碳气藏的形成和分布——以渤海湾盆地济阳坳陷为例[J].岩石学报,32(7):2209-2224.

李明娟,张洪年,胡宗全,等,2004.济阳坳陷古生界层序地层研究[J].石油与天然气地质,25(1):106-110.

李明娟,郑和荣,张海清,2006.济阳坳陷晚古生代岩相古地理[J].石油地质与工程,20(5):6-10.

李丕龙,2004.济阳坳陷"富集有机质"烃源岩及其资源潜力[J].地学前缘,11(1):317-322.

李丕龙,庞雄奇,陈冬霞,等,2004.济阳坳陷砂岩透镜体油藏成因机理与模式[J].中国科学 D 辑地球科学,34(增刊 I):143-151.

李丕龙,张善文,宋国奇,等,2004.断陷盆地隐蔽油气藏形成机制——以渤海湾盆地济阳坳陷为例[J].石油实验地质,26(1):3-10.

李丕龙,张善文,王永诗,等,2004.断陷盆地多样性潜山成因及成藏研究——以济阳坳陷为例[J].石油学报,25(3):28-31.

李荣西,廖永胜,周义,2001.济阳坳陷石炭—二叠系热演化与生烃阶段[J].地球学报,22(1):85-90.

李伟,高日胜,2010.济阳坳陷正反转构造发育特征与油气成藏[J].中国石油勘探,15(5):17-27.

李伟,吴智平,赵文栋,2010.渤海湾盆地区燕山期构造特征与盆地转型[J].地球物理学进展,25(6):2068-2077.

李伟,吴智平,周瑶琪,2005.济阳坳陷中生代地层剥蚀厚度、原始厚度恢复及原型盆地研究[J].地质论评,51(5):507-516.

李祥权,路慎强,崔世凌,2008.济阳坳陷 CO_2 气藏主控因素分析[J].大庆石油地质与开发,27(2):28-31.

李延钧,宋国奇,李文涛,等,2010.济阳坳陷东营凹陷北带丰深 1 井区深层沙四下古油藏与天然气成因[J].石油与天然气地质,31(2):173-179.

李永豪,曹剑,胡文瑄,等,2016.膏盐岩油气封盖性研究进展[J].石油与天然气地质,37(5):634-643.

李勇,钟建华,温志峰,等,2006.济阳坳陷古近系湖相生物礁油气藏研究[J].沉积学报,24(1):56-67.

李运振,刘震,赵阳,等,2007.济阳坳陷断陷湖盆类型与输导体系发育特征的关系分析[J].西安石油大学学报(自然科学版),22(4):47-52.

李增学,曹忠祥,余继峰,等,2006.济阳坳陷煤成气富集成藏的盆地动力学特征[J].煤田地质与勘探,34(4):26-29.

李增学,刘华,余继峰,等,2006.山东济阳石炭—二叠系煤成气储层沉积研究[J].沉积学报,24(4):502-510.

李政,2006.济阳坳陷石炭系—二叠系烃源岩的生烃演化[J].石油学报,27(4):29-35.

林红梅,2017.济阳坳陷东部中生代构造层的重新厘定[J].中国煤炭地质,29(2):11-14.

林松辉,2005.断裂及岩浆活动对幔源CO_2气成藏的作用——以济阳坳陷为例[J].地球科学(中国地质大学学报),30(4):473-479.

林治家,陈衍景,黄智龙,等,2006.济阳坳陷CO_2气藏同位素地球化学特征及成因[J].矿物岩石地球化学通报,25(3):272-278.

刘斌忠,李明龙,2013.济阳坳陷沙四下亚段深层烃源岩的成烃动力学特征研究[J].石油地质与工程,27(6):8-10.

刘朝露,夏斌,2007.济阳坳陷新生代构造演化特征与油气成藏组合模式[J].天然气地球科学,18(2):209-215.

刘传虎,韩宏伟,2012.济阳坳陷古近系红层沉积成藏主控因素与勘探潜力[J].石油学报,33(增刊1):63-70.

刘传虎,王永诗,韩宏伟,等,2013.济阳坳陷致密砂岩储层油气成藏机理探讨[J].石油实验地质,35(2):115-119.

刘见宝,宋志敏,崔树军,等,2017.济阳坳陷新生代构造边界对油气成藏的控制[J].能源与环保,39(10):42-48.

刘见宝,闫云明,宋志敏,等,2017.济阳坳陷孔店期沉积盆地的构造控制[J].能源与环保,39(7):1-6.

刘建国,孙钰,李世银,等,2007.济阳坳陷断拗转换期基本特征研究[J].特种油气藏,14(1):34-36.

刘景东,蒋有录,2012.东濮凹陷膏盐岩对油气的控制作用[C].2012年博士后学术论坛——油气成藏理论与勘探开发技术,37-50.

刘明,2015.民丰洼陷沙三段浊积岩储层展布规律研究[D].青岛:中国石油大学(华东).

刘宁,郝运轻,王世进,2009.渤海湾盆地济阳坳陷太古界岩石组合及储集特征研究[J].矿物岩石地球化学通报,28(增刊):517.

刘鹏,王永诗,宋明水,等,2021.渤海湾盆地济阳坳陷断裂变形带微观特征[J].地质论评,64(增刊1):61-62.

刘庆,张林晔,宋国奇,等,2011.济阳坳陷古近系沙四段上亚段烃源岩沉积有机相研究[J].高校地质学报,17(4):586-593.

刘瑞娟,2019.济阳坳陷沙河街组地层水化学特征分析及与成藏关系探讨[J].中国石油大学胜利学院学报,33(4):1-5.

刘士林,林舸,郑和荣,等,2010.济阳坳陷喜马拉雅运动Ⅱ幕地层剥蚀厚度恢复[J].新疆石油地质,31(4):358-360.

刘帅,2018.济阳坳陷盆缘洼陷新生代构造-热演化研究[D].北京:中国石油大学(北京).

刘旋,2006.济阳坳陷奥陶系烃源岩生物标志物地球化学特征[J].油气地质与采收率,13(3):12-15.

柳洋杰,吉翔,2016.济阳坳陷上古生界油气藏成藏机制及主控因素[J].中国石油和化工,(s1):228.

柳忠泉,韩立国,徐佑德,等,2008.济阳坳陷新生代热演化特征研究[J].地质学报,82(5):663-668.

罗霞,王延斌,李剑,等,2008.济阳坳陷深层天然气成因判识[J].天然气工业,28(9):13-16.

吕大炜,李增学,房庆华,等,2008.济阳坳陷上石盒子组煤成气砂岩储层研究[J].中国矿业大学学报,37(3):389-395.

吕剑虹,缪九军,张欣国,等,2008.济阳—临清东部地区石炭—二叠系煤系烃源岩二次生烃研究[J].江苏地质,32(2):102-108.

马立驰,2013.曲流河河道砂体油气选择性充注原因——以济阳坳陷新近系为例[J].油气地质与采收率,20(4):17-19.

马立驰,王永诗,景安语,2020.渤海湾盆地济阳坳陷隐蔽潜山油藏新发现及其意义[J].石油实验地质,42(1):13-18.

孟涛,2015.济阳坳陷太古界潜山油气成藏及有利勘探区[J].特种油气藏,22(1):66-69.

孟涛,郭峰,穆星,等,2016.济阳坳陷东部中生界二次埋藏型储层成岩作用[J].特种油气藏,23(6):16-20.

苗建宇,祝总祺,刘文荣,等,2003.济阳坳陷古近系—新近系泥岩孔隙结构特征[J].地质论评,49(3):330-336.

缪九军,2008.济阳—临清东部C-P煤系源岩二次生烃机制及潜力分析[D].成都:成都理工大学.

穆星,赵海华,2021.隐性走滑断层的识别方法及其走滑量的计算——以渤海湾盆地济阳坳陷为例[J].石油物探,60(1):157-166.

潘元林,宗国洪,郭玉新,等,2003.济阳断陷湖盆层序地层学及砂砾岩油气藏群[J].石油学报,24(3):16-23.

庞雄奇,陈冬霞,张俊,2007.隐蔽油气藏成藏机理研究现状及展望[J].海相油气地质,12(1):56-62.

邱桂强,王勇,熊伟,等,2011.济阳坳陷新生代盆地结构差异性研究[J].油气地质与采收率,18(6):1-5.

邱隆伟,王兴谋,2006.济阳坳陷断裂活动和CO_2气藏的关系研究[J].地质科学,41(3):430-440.

邱隆伟,赵伟,刘魁元,2007.碱性成岩作用及其在济阳坳陷的应用展望[J].油气地质与采收率,14(2):10-15.

邱楠生,苏向光,李兆影,等,2006.济阳坳陷新生代构造-热演化历史研究[J].地球物理学报,49(4):1127-1135.

曲志鹏,潘兴祥,吴明荣,2014.济阳坳陷滩坝砂岩地球物理勘探技术发展与应用现状[J].科技视界,6:351-352.

任建业,于建国,张俊霞,2009.济阳坳陷深层构造及其对中新生代盆地发育的控制作用[J].地学前缘,16(4):117-137.

申宝剑,秦建中,胡文瑄,等,2009.济阳坳陷高青—平南断裂带CO_2气藏中稀有气体地球化学特征[J].高校地质学报,15(4):537-546.

申立春,2006.济阳坳陷天然气成藏研究[J].国土资源导刊,增刊一:6-11.

史卜庆,郑凤云,周瑶琪,等,2002.济阳坳陷济阳运动的动力学成因试析[J].高校地质学报,8(3):356-363.

宋国奇,2002.济阳坳陷中浅层天然气运聚模拟试验[J].石油与天然气地质,23(1):30-34.

宋国奇,郝雪峰,刘克奇,2014.箕状断陷盆地形成机制、沉积体系与成藏规律——以济阳坳陷为例[J].石油与天然气地质,35(3):303-310.

宋国奇,隋风贵,赵乐强,2010.济阳坳陷不整合结构不能作为油气长距离运移的通道[J].石油学报,31(5):744-747.

宋国奇,王永诗,程付启,等,2014.济阳坳陷古近系二级层序界面厘定及其石油地质意义[J].油气地质与采收率,21(5):1-7.

宋明水,李友强,2020.济阳坳陷油气精细勘探评价及实践[J].中国石油勘探,25(1):93-101.

宋明水,王惠勇,张云银,2019.济阳坳陷潜山"挤-拉-滑"成山机制及油气藏类型划分[J].油气地质与采收率,26(4):1-8.

宋一涛,廖永胜,王忠,2007.济阳坳陷盐湖沉积环境高硫稠油的特征及成因[J].石油学报,28(6):52-58.

宋长玉,2006.济阳坳陷严重生物降解油的类型与形成途径[J].油气地质与采收率,13(4):15-17.

苏宗富,邓宏文,陶宗普,等,2006.济阳坳陷古近系区域层序地层格架地层特征对比[J].古地理学报,8(1):89-102.

苏宗富,薛艳梅,邓宏文,等,2008.济阳坳陷古近系层序界面构建样式、分布特征及其成因动力学分析[J].地球学报,29(4):459-468.

隋风贵,赵乐强,2006.济阳坳陷不整合结构类型及控藏作用[J].大地构造与成矿学,30(2):161-167.

孙波,陶文芳,张善文,等,2015.济阳坳陷断层活动差异性与油气富集关系[J].特种油气藏,22(4):18-21.

孙波,张善文,王永诗,2013.断层输导能力定量评价及其在油气勘探中的应用——以济阳坳陷青西地区为例[J].油气地质与采收率,20(6):10-14.

孙喜新,2005.济阳坳陷馆陶组构造特征及成藏模式研究[D].广州:中科院广州地球化学研究所.

谭俊敏,李明娟,2007.济阳坳陷早古生代层序划分与石油地质条件[J].新疆石油地质,28(3):307-311.

谭先锋,黄建红,李洁,等,2015.深部埋藏条件下砂岩中碳酸盐胶结物的成因及储层改造——以济阳坳陷始新统孔店组为例[J].地质论评,61(5):1107-1120.

谭先锋,冉天,罗龙,等,2016.滨浅湖环境中"砂—泥"沉积记录及成岩作用系统——以济阳坳陷古近系孔店组为例[J].地球科学进展,31(6):615-633.

汤战宏,2008.济阳坳陷原油物理化学性质的主要影响因素[J].油气地质与采收率,15(3):16-19.

陶宗普,2006.济阳坳陷古近系沙河街组层序地层格架及典型沉积的储层分布、隐蔽油气藏形成规律[D].北京:中国地质大学(北京).

陶宗普,邓宏文,苏宗富,等,2005.层序界面的转换性质与济阳坳陷下第三系三级层序统层[J].石油天然气学报(江汉石油学院学报),27(3):409-412.

万天丰,王明明,殷秀兰,等,2004.渤海湾地区不同方向断裂带的封闭性[J].现代地质,18(2):157-162.

王冠民,林国松,2012.济阳坳陷古近纪的古气候区分析[J].矿物岩石地球化学通报,31(5):505-509.

王冠民,钟建华,姜在兴,等,2005.从济阳坳陷沙一段古盐度的横向变化看古近纪的海侵方向[J].世界地质,24(3):243-247.

王广利,2010.济阳坳陷古近纪分子古生物及其沉积环境[J].中国石油大学学报(自然科学版),34(3):8-11.

王红,2017.济阳坳陷浅层河流相储层流体地震识别技术研究[D].青岛:中国石油大学(华东).

王建国,2007.济阳坳陷中生代沉积特征及其演化[D].青岛:中国石油大学(华东).

王敏,王永诗,朱家俊,等,2017.济阳坳陷上古生界石英砂岩有效储层下限确定[J].地质论评,63(增刊):75-76.

王鹏,2010.反转断层反转率的计算及在济阳坳陷的应用[J].海洋地质动态,26(2):49-54.

王鹏,2010.济阳坳陷孔店组转型期构造演化对原型盆地的控制影响研究[D].青岛:中国海洋大学.

王圣柱,2006.济阳坳陷孔店组油气源及其成藏作用研究[D].青岛:中国石油大学(华东).

王圣柱,林会喜,张奎华,2016.关于不整合作为油气长距离运移通道的讨论[J].特种油气藏,23(6):1-6.

王世虎,夏斌,陈根文,等,2004.济阳坳陷构造特征及形成机制讨论[J].大地构造与成矿学,28(4):428-434.

王鑫,蒋有录,王永诗,等,2017.济阳坳陷生烃洼陷沉降类型及其油气地质意义[J].特种油气藏,24(2):24-29.

王兴谋,刘士忠,张云银,等,2015.济阳坳陷浅层次生气藏与稠油油藏的关系[J].油气地质与采收率,22(6):36-40.

王兴谋,张云银,张明振,等,2014.关于济阳坳陷浅层气藏与稠油油藏联合勘探的思考[J].油气地质与采收率,21(5):14-17.

王学军,郭玉新,王玉芹,等,2016.盆地覆盖区太古宇岩石类型综合判识方法——以济阳坳陷太古宇为例[J].中国石油勘探,21(5):26-32.

王亚琳,2019.济阳坳陷东营运动再认识及其对成藏的控制作用[J].中国石油大学胜利学院学报,33(1):1-5.

王永诗,2009.桩西—埕岛地区下古生界潜山储集层特征及形成机制[J].岩性油气藏,21(1):11-14.

王永诗,高阳,方正伟,2021.济阳坳陷古近系致密储集层孔喉结构特征与分类评价[J].石油勘探与开发,48(2):266-278.

王永诗,郝雪峰,2007.济阳断陷湖盆输导体系研究与实践[J].成都理工大学学报(自然科学版),34(4):394-400.

王永诗,金强,朱光有,等,2003.济阳坳陷沙河街组有效烃源岩特征与评价[J].石油勘探与开发,30(3):53-55.

王永诗,孔祥星,李政,2010.济阳坳陷中生界烃源岩生烃演化[J].天然气工业,30(4):24-28.

王永诗,邱贻博,2017.济阳坳陷超压结构差异性及其控制因素[J].石油与天然气地质,38(3):430-437.

王永诗,吴智平,2009.济阳坳陷中—新生代叠合盆地及油气成藏[J].地质科技情报,28(5):53-59.

王勇,熊伟,林会喜,等,2020.济阳坳陷下古生界潜山油气藏特征及成藏模式[J].石油学报,41(11):1134-1147.

王勇,张顺,2021.细粒沉积体系类型及特征——以济阳坳陷沙四上—沙三下亚段为例[J].地质论评,67(增刊1):135-136.

王勇,钟建华,马锋,等,2008.济阳坳陷陡坡带深层砂砾岩体次生孔隙成因机制探讨[J].地质学报,82(8):1152-1159.

王玉林,2004.济阳坳陷石炭—二叠系烃源岩评价[D].青岛:山东科技大学.

王志战,许小琼,甄建,2009.济阳坳陷异常压力成因研究[J].录井工程,20(2):29-33.

王子昂,贾丛硕,张珍,等,2020.济阳坳陷古地温特征及影响因素分析[J].内蒙古石油化工,12:108-110.

魏巍,ThomasJ.Algeo,陆永潮,等,2021.古盐度指标与渤海湾盆地古近系海侵事件初探[J].沉积学报,39(3):571-593.

温长云,2014.东营凹陷滩坝砂低渗透油藏储层改造方法研究及应用[D].成都:西南石油大学.

吴曲波,龚育龄,林世辉,2008.济阳坳陷岩石圈热结构的二维模拟[J].南华大学学报(自然科学版),22(1):88-92.

吴时国,余朝华,邹东波,等,2006.莱州湾地区郯庐断裂带的构造特征及其新生代演化[J].海洋地质与第四纪地质,26(6):101-110.

夏斌,黄先雄,蔡周荣,等,2007.济阳坳陷印支—燕山期构造运动特征与油气藏的关系[J].天然气地球科学,18(6):832-837.

向立宏,2019.济阳坳陷东营组油气成藏条件及油藏分布序列[J].河南理工大学学报(自然科学版),38(5):49-57.

向立宏,赵铭海,郝雪峰,等,2016.济阳坳陷东营组沉积体系新认识[J].油气地质与采收率,22(3):8-13.

项希勇,李文涛,陈建渝,2006.济阳坳陷中浅层气溶脱机制及成藏规律[J].地质科技情报,25(3):57-60.

肖焕钦,孙锡年,汤冬梅,等,2009.济阳坳陷拗陷期构造带划分及其石油地质意义[J].中国石油勘探,14(1):31-35.

解秋红,戴俊生,马晓鸣,2007.济阳坳陷馆陶组沉积期断裂对油气成藏的控制[J].新疆石油地质,28(4):486-489.

徐春华,2020.顺向断块断层及地层倾角与断层启闭性的关系——以济阳坳陷勘探实践为例[J].断块油气田,27(6):729-733.

徐春华,王亚琳,2017.渤海湾盆地济阳坳陷凹隆结构类型及其对沉积的控制作用[J].石油实验地质,39(5):587-602.

徐春华,王亚琳,杨贵丽,2009.渤海湾盆地济阳坳陷冶里—亮甲山组层状储层成因及其影响因素[J].石油实验地质,31(4):362-365.

徐国盛,李国蓉,王志雄,2002.济阳坳陷下古生界潜山储集体特征[J].石油与天然气地质,23(3):248-251.

徐杰,计凤桔,周本刚,2012.有关我国新构造运动起始时间的探讨[J].地学前缘,19(5):284-292.

徐振中,陈世悦,姜佩仁,2005.济阳坳陷早中侏罗世沉积特征与沉积模式[J].吉林大学学报(地球科学版),35(6):738-744.

徐振中,陈世悦,王永诗,等,2006.济阳坳陷白垩系沉积特征及其控制因素[J].中国石油大学学报(自然科学版),30(2):1-5.

徐振中,陈世悦,王永诗,等,2007.济阳坳陷侏罗纪岩相古地理演化特征[J].中国石油大学学报(自然科学版),31(3):1-6.

徐振中,陈世悦,姚军,等,2008.济阳坳陷中生代构造活动与沉积作用的时空关系[J].大地构造与成矿学,32(3):317-325.

徐振中,陈世悦,姚军,等,2009.残留盆地沉积相研究方法——以济阳坳陷中生代盆地为例[J].世界地质,28(2):199-206.

许晓明,刘震,谢启超,等,2006.渤海湾盆地济阳坳陷异常高压特征分析[J].石油实验地质,28(4):345-349,358.

杨超,陈清华,2005.济阳坳陷构造演化及其构造层的划分[J].油气地质与采收率,12(2):9-12.

杨超,陈清华,吕洪波,等,2008.济阳坳陷晚古生代—中生代构造演化特点[J].石油学报,29(6):859-864.

杨明慧,2008.渤海湾盆地潜山多样性及其成藏要素比较分析[J].石油与天然气地质,29(5):623-631.

杨仁超,李阳,汪勇,等,2021.渤海湾盆地济阳坳陷北部石炭系—二叠系残留地层沉积相[J].古地理学报,23(3):525-538.

杨田,操应长,王艳忠,等,2015.深水重力流类型、沉积特征及成因机制——以济阳坳陷沙河街组三段中亚段为例[J].石油学报,36(9):1048-1059.

杨显成,蒋有录,耿春雁,2014.济阳坳陷深层裂解气成因鉴别及其成藏差异性[J].天然气地球科学,25(8):1226-1232.

杨显成,李文涛,陈丽,等,2009.济阳坳陷上古生界天然气资源潜力评价[J].天然气工业,29(4):30-32.

杨显成,时华星,2011.济阳坳陷凝析气藏形成条件及成藏模式[J].石油天然气学报(江汉石油学院学报),33(11):8-13.

杨显成,隋风贵,2008.济阳断陷盆地生物气藏形成及分布的地质条件[J].大庆石油地质与开发,27(1):43-45.

姚海鹏,2015.济阳坳陷石炭—二叠系太原组有效烃源岩分析[J].山西煤炭,35(2):4-7.

姚益民,徐道一,韩延本,等,2007.山东济阳坳陷始新统—渐新统天文地层界线年龄分析[J].地层学杂志,31(增刊II):483-494.

尹丽娟,2012.济阳坳陷陡坡带油气富集特征[J].海洋石油,32(1):45-48.

尹丽娟,2012.济阳坳陷古近系—新近系泥质岩盖层及其与油气的关系[J].油气地质与采收率,19(2):12-15.

于林平,曹忠祥,李增学,2003.济阳坳陷石炭二叠系烃源岩有机地球化学特征[J].地质地球化学,31(4):68-73.

袁波,陈世悦,袁文芳,等,2008.济阳坳陷沙河街组锶硫同位素特征[J].吉林大学学报(地球科学版),38(4):613-617.

袁静,袁凌荣,杨学君,等,2012.济阳坳陷古近系深部储层成岩演化模式[J].沉积学报,

30(2):231-239.

袁伟文,2011.基于波动方程法的原型盆地分析—以济阳坳陷孔店组为例[D].青岛:中国海洋大学.

袁文芳,曾昌民,陈世悦,2008.济阳坳陷古近纪咸化层段甲藻甾烷和C_{31}甾烷特征[J].沉积学报,26(4):683-688.

袁文芳,陈世悦,曾昌民,2006.济阳坳陷古近系沙河街组海侵问题研究[J].石油学报,27(4):40-44.

岳伏生,张景廉,杜乐天,2003.济阳坳陷深部热液活动与成岩成矿[J].石油勘探与开发,30(4):29-31.

张关龙,陈世悦,王海方,2009.济阳坳陷二叠系储集层特征及其控制因素[J].石油勘探与开发,36(5):575-582.

张关龙,陈世悦,王海方,等,2009.济阳坳陷石炭—二叠系沉积特征及岩相古地理演化[J].中国石油大学学报(自然科学版),33(3):11-17.

张关龙,刘文汇,郑冰,等,2009.济阳坳陷石炭系—二叠系储层成岩作用及孔隙演化[J].海相油气地质,14(3):1-9.

张奎华,马立权,2007.济阳坳陷下古生界碳酸盐岩潜山内幕储层再研究[J].油气地质与采收率,14(4):26-28.

张林晔,陈致林,张春荣,等,2000.济阳坳陷低熟油形成机理研究[J].勘探家,5(3):36-40.

张林晔,孔祥星,张春荣,等,2003.济阳坳陷下第三系优质烃源岩的发育及其意义[J].地球化学,32(1):35-42.

张林晔,宋一涛,王广利,等,2005.济阳坳陷湖相烃源岩有机质化学组成特征及其石油地质意义[J].科学通报,50(21):2392-2402.

张鹏,王良书,丁增勇,等,2006.济阳坳陷中—新生代断裂发育特征及形成机制[J].石油与天然气地质,27(4):467-474.

张鹏飞,刘惠民,曹忠祥,等,2015.太古宇潜山风化壳储层发育主控因素分析——以鲁西-济阳地区为例[J].吉林大学学报(地球科学版),45(5):1289-1298.

张青林,任建业,2007.非碳酸盐岩型潜山油气成藏特征——以济阳坳陷中生界为例[J].地质找矿论丛,22(3):218-223.

张青林,任建业,陆金波,等,2008.济阳坳陷中生界古潜山油气富集规律及有利勘探区预测[J].特种油气藏,15(2):14-17.

张善文,2007.成岩过程中的"耗水作用"及其石油地质意义[J].沉积学报,25(5):701-707.

张善文,2012.中国东部老区第三系油气勘探思考与实践——以济阳坳陷为例[J].石油学报,33(增刊1):53-62.

张善文,2014.再论"压吸充注"油气成藏模式[J].石油勘探与开发,41(1):37-44.

张善文,曾溅辉,肖焕钦,等,2004.济阳坳陷岩性油气藏充满度大小及分布特征[J].地质论评,50(4):365-369.

张善文,王永诗,彭传圣,等,2008.网毯式油气成藏体系在勘探中的应用[J].石油学报,29(6):791-796.

张善文,王永诗,石砥石,等,2003.网毯式油气成藏体系——以济阳坳陷新近系为例[J].石油与天然气地质,30(1):1-10.

张伟忠,张云银,王兴谋,等,2019.济阳坳陷盆缘次生气藏输导模式[J].石油实验地质,41(2):185-192.

张学军,张林哗,徐兴友,等,2005.济阳坳陷孔店组烃源岩地化特征[C].第十届全国有机地球化学学术会议,115-117.

赵凯,蒋有录,胡洪瑾,等,2018.济阳坳陷潜山油气分布规律及富集样式[J].断块油气田,25(2):137-140.

赵乐强,2011.济阳坳陷古近系—新近系地层油藏形成机制与分布规律[D].青岛:中国海洋大学.

赵乐强,张金亮,宋国奇,等,2009.济阳坳陷前第三系顶部风化壳结构发育特征及对油气成藏的影响[J].地质学报,83(4):570-578.

赵利,李理,2017.济阳坳陷内正断层与平移断层关系[J].地质论评,63(1):50-60.

赵锡奎,徐国强,罗志立,等,2004.济阳坳陷前中生界潜山形成的构造过程与油气聚集规律[J].成都理工大学学报(自然科学版),31(6):596-600.

赵艳军,刘成林,靳彩霞,等,2014.渤海湾盆地济阳坳陷沙河街组四段地层水特征及成盐指示[J].地学前缘,21(4):323-330.

郑德顺,吴智平,李伟,等,2005.济阳坳陷中、新生代盆地转型期断裂特征及其对盆地的控制作用[J].地质学报,79(3):387-394.

钟延秋,李勇,郭洪金,等,2006.济阳坳陷古近系同沉积背斜构造及其与油气的关系[J].大地构造与成矿学,30(1):28-40.

朱光,王道轩,刘国生,等,2004.郯庐断裂带的演化及其对西太平洋板块运动的响应[J].地质科学,39(1):36-49.

朱建辉,胡宗全,吕剑虹,等,2010.渤海湾盆地济阳、临清坳陷上古生界烃源岩生烃史分析[J].石油实验地质,32(1):58-63.

朱筱敏,米立军,钟大康,等,2006.济阳坳陷古近系成岩作用及其对储层质量的影响[J].古地理学报,8(3):295-305.

朱筱敏,王英国,钟大康,等,2007.济阳坳陷古近系储层孔隙类型与次生孔隙成因[J].地质学报,81(2):197-204.

朱筱敏,张守鹏,韩雪芳,等,2013.济阳坳陷陡坡带沙河街组砂砾岩体储层质量差异性研究[J].沉积学报,31(6):1094-1104.

卓勤功,蒋有录,解玉宝,2006.论济阳坳陷新构造运动的成藏效应[J].西北地质,39(4):65-73.

卓勤功,宁方兴,荣娜,2005.断陷盆地输导体系类型及控藏机制[J].地质论评,51(4):

416-422.

卓勤功,向立宏,银燕,等,2007.断陷盆地洼陷带岩性油气藏成藏动力学模式——以济阳坳陷为例[J].油气地质与采收率,14(1):7-10.

左胜杰,贾瑞忠,庞雄奇,等,2005.济阳坳陷石油运聚效率定量预测方法及应用[J].西安石油大学学报(自然科学版),20(4):17-20.